高等职业技术教育电子电工类系列教材

# 电 工 基 础

## （第 五 版）

主 编 白乃平

副主编 唐政平

参 编 杨荣昌 刘 军 汪宏武

西安电子科技大学出版社

# 内 容 简 介

  本书是依据教育部最新制定的《高职高专教育基础课程教学基本要求》编写的。主要内容包括：电路的基本概念和基本定律，直流电阻电路的分析计算，电感元件与电容元件，正弦交流电路，三相正弦交流电路，互感电路，非正弦周期电流电路，线性电路的过渡过程，磁路与铁芯线圈等。附录中介绍了常用的电工仪表。

  本书可作为高等职业院校电子电工类专业或相近专业的教材，也可供相关专业的工程技术人员参考。

**图书在版编目(CIP)数据**

电工基础/白乃平主编. —5 版. —西安：

西安电子科技大学出版社，2021.6(2022.7 重印)

ISBN 978 - 7 - 5606 - 6103 - 2

Ⅰ. ①电… Ⅱ. ①白… Ⅲ. ①电工学－高等职业教育－教材 Ⅳ. ①TM1

中国版本图书馆 CIP 数据核字(2021)第 114694 号

| | | |
|---|---|---|
| 策　　划 | 马乐惠 | |
| 责任编辑 | 马乐惠 | |
| 出版发行 | 西安电子科技大学出版社(西安市太白南路 2 号) | |
| 电　　话 | (029)88202421　88201467 | 邮　编　710071 |
| 网　　址 | www.xduph.com | 电子邮箱　xdupfxb001@163.com |
| 经　　销 | 新华书店 | |
| 印　　刷 | 陕西天意印务有限责任公司 | |
| 版　　次 | 2021 年 6 月第 5 版　2022 年 7 月第 28 次印刷 | |
| 开　　本 | 787 毫米×1092 毫米　1/16　印张　15.5 | |
| 字　　数 | 359 千字 | |
| 印　　数 | 147 001～152 000 册 | |
| 定　　价 | 36.00 元 | |

ISBN 978 - 7 - 5606 - 6103 - 2/TM

**XDUP 6405005 - 28**

# 前　　言

随着社会的发展、科技的进步，我国的高等职业技术教育也得到了进一步的发展壮大。2001年正值高职教育大力发展之时，我们组织编写了高等职业技术教育电子电工类专业《电工基础》教材。该书结合高职教育的特点，以精练为原则，注意深度和广度的结合，注意知识的内在联系和相互之间的逻辑关系，避免繁琐的数学分析，加强物理概念的阐述，叙述深入浅出，通俗易懂。《电工基础》一书出版后，受到了全国各高职院校的欢迎，2004年9月被中国大学出版协会评为"全国优秀畅销书一等奖"，2005年被陕西省评为"普通高等学校优秀教材二等奖"。

2021年3月，作者在广泛征求意见的基础上，对2017年出版的修订版内容进行了认真的修改，编写了《电工基础（第五版）》。

本书第1、2、3、5章由杨凌职业技术学院白乃平编写，第4章由西安航空职业技术学院汪宏武编写，第6、7章由咸阳师范学院杨荣昌编写，第8、9章和附录由咸阳师范学院唐政平编写。全书由白乃平统稿。石头河电站薛海平站长、杨凌电站的赵军良站长也对本书内容提出了修改意见，在此谨表谢意。

由于作者水平有限，疏漏之处在所难免，敬请广大师生提出宝贵意见和建议。

编　者

2021 年 5 月

# 第 一 版 前 言

　　本书是依据 1999 年 8 月教育部高教司制定的《高职高专教育基础课程教学基本要求》和《高职高专教育专业人才培养目标及规格》的精神，参照陕西省职业技术教育学会电子电工教学委员会组织讨论并确定的高等职业院校电子电工类专业"电工基础"教学大纲编写的，供高等职业院校电子电工类专业使用。

　　作者在编写本书的过程中，尽量考虑高职的特点，结合自己的教学经验，以精练为原则，注意深度和广度的结合，注意知识的内在联系和相互之间的逻辑关系，避免繁琐的数学分析，加强物理概念的阐述，力求深入浅出，通俗易懂，以便读者阅读。书中带"＊"号的内容和附录可根据实际情况选学。

　　书中有典型例题和习题，每节后还备有思考题，以便读者掌握基本内容，提高分析问题和解决问题的能力。

　　本书第 1、2 章由白乃平编写，第 3、5 章由刘军编写，第 4 章由汪宏武编写，第 6、7 章由杨荣昌编写，第 8、9 章和附录由唐政平编写。全书由白乃平统稿。西安电子科技大学的陈生潭老师审阅了全稿，在此谨表谢意。

　　限于作者编写水平，书中难免存在错误和不妥之处，恳请读者批评指正。

编　者

2001 年 8 月

# 目　　录

# 第1章————

# 电路的基本概念和基本定律

本章介绍了电路和电路模型，电路的主要物理量，电流、电压参考方向的概念，着重阐述了电阻元件、电压源、电流源的元件特性和反映元器件连接特性的基本定律——基尔霍夫定律。

## 1.1　电路和电路模型

### 1.1.1　电路

电路是电流的流通路径，它是由一些电气设备和元器件按一定方式连接而成的。复杂的电路呈网状，又称网络。电路和网络这两个术语是通用的。

电路的组成方式不同，功能也就不同。电路的一种作用是实现电能的传输和转换，各类电力系统就是典型实例。图 1.1($a$) 是一种简单的实际电路，它由干电池、开关、小灯泡和连接导线等组成。当开关闭合时，电路中有电流通过，小灯泡发光，干电池向电路提供电能；小灯泡是耗能器件，它把电能转化为热能和光能；开关和连接导线的作用是把干电池和小灯泡连接起来，构成电流通路。

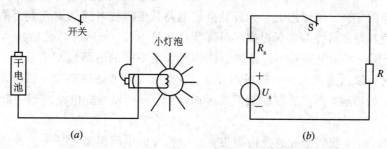

图 1.1　电路的组成

电路的另一种作用是实现信号的处理，收音机和电视机电路就是这类实例。收音机和电视机中的调谐电路是用来选择所需要的信号的。由于收到的信号很弱，因此需要采用放大电路对信号进行放大。调谐电路和放大电路的作用就是完成对信号的处理。

电路中提供电能或信号的器件称为电源，如图 1.1($a$) 中的干电池。电路中吸收电能或输出信号的器件称为负载，如图 1.1($a$) 中的小灯泡。在电源和负载之间引导和控制电流的导线和开关等是传输控制器件。电路是通过传输控制器件将电源和负载连接起来而构成的。电路的基本作用是实现电能传输或信号处理功能。

## 1.1.2　理想电路元件

　　组成电路的实际电气元器件是多种多样的，其电磁性能的表现往往是相互交织在一起的。在研究时，为了便于分析，常常在一定条件下对实际器件加以理想化，只考虑其中起主要作用的某些电磁现象，而将次要现象忽略，或者将一些电磁现象分别表示。例如图1.1($a$)中，在电流的作用下，小灯泡不但发热消耗电能，而且在其周围还会产生一定的磁场，由于产生的磁场较弱，因此，可以只考虑其消耗电能的性能而忽略其磁场效应；干电池不但在其正负极间能保持有给定的电压对外部提供电能，而且其内部也有一定的电能损耗，可以将其提供电能的性能与内部电能损耗分别表示；对闭合的开关和导线则只考虑导电性能而忽略其本身的电能损耗。

　　如上所述，在一定的条件下，我们用足以反映其主要电磁性能的一些理想电路元件或它们的组合来模拟实际电路中的器件。理想电路元件是一种理想化的模型，简称为电路元件。每一种电路元件只表示一种电磁现象，具有某种确定的电磁性能和精确的数学定义。我们常见的电路元件是一些所谓的集中参数元件，元件特性由其端点上的电流和电压来确切表示。当构成电路的元件及电路本身的尺寸远小于电路工作时的电磁波的波长时，称这些元件为集中参数元件。由集中参数元件组成的电路称为集中参数电路。例如，电阻元件是表示消耗电能的元件；电感元件是表示其周围空间存在着磁场且可以储存磁场能量的元件；电容元件是表示其周围空间存在着电场且可以储存电场能量的元件等。

　　上述这些电路元件通过引出端互相连接。具有两个引出端的元件称为二端元件；具有两个以上引出端的元件称为多端元件。

## 1.1.3　电路模型

　　实际电路可以用一个或若干个理想电路元件经理想导体连接起来进行模拟，这便构成了电路模型。图1.1($b$)是图1.1($a$)的电路模型。实际器件和电路的种类繁多，而理想电路元件只有有限的几种，用理想电路元件建立的电路模型将使电路的研究大大简化。建立电路模型时应使其外部特性与实际电路的外部特性尽量近似，但两者的性能并不一定也不可能完全相同。同一实际电路在不同条件下往往要求用不同的电路模型来表示。例如，一个线圈在低频时可以只考虑其中的磁场和耗能，甚至有时只考虑磁场就可以了，但在高频时则应考虑电场的影响，而在直流时就只需考虑耗能了。所以建立电路模型一般应指明它们的工作条件。

　　在电路理论中，我们研究的是由理想元件所构成的电路模型及其一般性质。借助于这种理想化的电路模型可分析和研究实际电路——无论它是简单的还是复杂的，都可以通过理想化的电路模型来充分描述。理想化的电路模型也简称为电路。

❋ **思考题**

　　1. 什么叫电路模型？建立电路模型时应注意什么问题？

　　2. 电工基础课程研究的主要对象是什么？

# 1.2　电流、电压及其参考方向

## 1.2.1　电流及其参考方向

带电粒子(电子、离子等)的定向运动称为电流。电流的量值(大小)等于单位时间内穿过导体横截面的电荷量，用符号 $i$ 表示，即

$$i = \lim_{\Delta t \to 0} \frac{\Delta q}{\Delta t} = \frac{\mathrm{d}q}{\mathrm{d}t} \tag{1.1}$$

式中，$\Delta q$ 为极短时间 $\Delta t$ 内通过导体横截面的电荷量。

电流的实际方向为正电荷的运动方向。

当电流的量值和方向都不随时间变化时，$\mathrm{d}q/\mathrm{d}t$ 为定值，这种电流称为直流电流，简称直流(DC)。直流电流常用英文大写字母 $I$ 表示。对于直流，式(1.1)可写成

$$I = \frac{q}{t} \tag{1.2}$$

式中，$q$ 为时间 $t$ 内通过导体横截面的电荷量。

量值和方向随着时间周期性变化的电流称为交流电流，常用英文小写字母 $i$ 表示。

在国际单位制(SI)中，电流的 SI 主单位是安[培]，符号为 A。常用的电流的十进制倍数和分数单位有千安(kA)、毫安(mA)、微安($\mu$A)等，它们之间的换算关系是

$$1 \text{ A} = 10^3 \text{ mA} = 10^6 \text{ } \mu\text{A}$$

在复杂电路的分析中，电路中电流的实际方向很难预先判断出来；有时，电流的实际方向还会不断改变。因此，很难在电路中标明电流的实际方向。为此，在分析与计算电路时，常可任意规定某一方向作为电流的参考方向或正方向，并用箭头表示在电路图上。规定了参考方向以后，电流就是一个代数量了，若电流的实际方向与参考方向一致(如图1.2(a)所示)，则电流为正值；若两者相反(如图1.2(b)所示)，则电流为负值。这样，就可以利用电流的参考方向和正、负值来判断电流的实际方向。应当注意，在未规定参考方向的情况下，电流的正、负号是没有意义的。

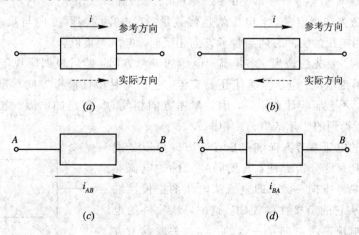

图 1.2　电流的参考方向

电流的参考方向除用箭头在电路图上表示外，还可用双下标表示，如对某一电流，用 $i_{AB}$ 表示其参考方向为由 $A$ 指向 $B$（如图 1.2(c)所示），用 $i_{BA}$ 表示其参考方向为由 $B$ 指向 $A$（如图 1.2(d)所示）。显然，两者相差一个负号，即

$$i_{AB} = -i_{BA}$$

### 1.2.2　电压及其参考方向

当导体中存在电场时，电荷在电场力的作用下运动，电场力对运动电荷做功，运动电荷的电能将减少，电能转化为其他形式的能量。电路中 $A$、$B$ 两点间的电压是单位正电荷在电场力的作用下由 $A$ 点移动到 $B$ 点所减少的电能，即

$$u_{AB} = \lim_{\Delta q \to 0} \frac{\Delta W_{AB}}{\Delta q} = \frac{\mathrm{d}W_{AB}}{\mathrm{d}q} \tag{1.3}$$

式中，$\Delta q$ 为由 $A$ 点移动到 $B$ 点的电荷量，$\Delta W_{AB}$ 为移动过程中电荷所减少的电能。

电压的实际方向是使正电荷电能减少的方向，当然也是电场力对正电荷做功的方向。

在国际单位制中，电压的 SI 单位是伏[特]，符号为 V。常用的电压的十进制倍数和分数单位有千伏(kV)、毫伏(mV)、微伏($\mu$V)等。

量值和方向都不随时间变化的直流电压用大写字母 $U$ 表示。量值和方向随着时间周期性变化的交流电压用小写字母 $u$ 表示。

与电流类似，在电路分析中也要规定电压的参考方向，通常用三种方式表示：

(1) 采用正(+)、负(−)极性表示，称为参考极性，如图 1.3(a)所示。这时，从正极性端指向负极性端的方向就是电压的参考方向。

(2) 采用实线箭头表示，如图 1.3(b)所示。

(3) 采用双下标表示，如 $u_{AB}$ 表示电压的参考方向由 $A$ 指向 $B$。

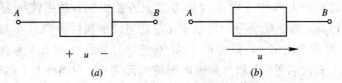

图 1.3　电压的参考方向

电压的参考方向指定之后，电压就是代数量。当电压的实际方向与参考方向一致时，电压为正值；当电压的实际方向与参考方向相反时，电压为负值。

分析电路时，首先应该规定各电流、电压的参考方向，然后根据所规定的参考方向列写电路方程。不论电流、电压是直流还是交流，它们均是根据参考方向写出的。参考方向可以任意规定，不会影响计算结果，因为参考方向相反时，解出的电流、电压值也要改变正、负号，最后得到的实际结果仍然相同。

任一电路的电流参考方向和电压参考方向可以分别独立地规定。但为了分析方便，常使同一元件的电流参考方向与电压参考方向一致，即电流从电压的正极性端流入该元件而从它的负极性端流出。这时，该元件的电压参考方向与电流参考方向是一致的，称为关联参考方向（如图 1.4 所示）。

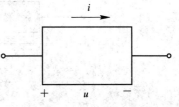

图 1.4　电流和电压的关联参考方向

### 1.2.3　电位

分析电子电路时常用到电位这一物理量。在电路中任选一点作为参考点，则某点的电位就是由该点到参考点的电压。也就是说，如果参考点为 $O$，则 $A$ 点的电位为

$$V_A = U_{AO}$$

至于参考点本身的电位，则是参考点对参考点的电压，显然为零，所以参考点又叫零电位点。

如果已知 $A$、$B$ 两点的电位各为 $V_A$、$V_B$，则此两点间的电压为

$$U_{AB} = U_{AO} + U_{OB} = U_{AO} - U_{BO} = V_A - V_B \tag{1.4}$$

即两点间的电压等于这两点的电位的差，所以电压又叫电位差。

参考点选择不同，同一点的电位就不同，但电压与参考点的选择无关。至于如何选择参考点，则要视分析计算问题的方便而定。电子电路中需选各有关部分的公共线作为参考点，常用符号"⊥"表示。

✲ **思考题**

1. 为什么要在电路图上规定电流的参考方向？请说明参考方向与实际方向的关系。
2. 电压参考方向有哪些表示方法？

## 1.3　电功率和电能

电功率是电路分析中常用到的一个物理量。传递转换电能的速率叫电功率，简称功率，用 $p$ 或 $P$ 表示。习惯上，把发出或接受电能说成发出或接受功率。

下面分析任一支路的功率关系。当支路电流、电压实际方向一致时，因为电流的方向是正电荷运动的方向，而正电荷沿电压方向移动时能量减少，所以这时该支路接受功率。当支路电流、电压实际方向相反时，该支路发出功率。又因

$$i = \frac{\mathrm{d}q}{\mathrm{d}t}, \qquad u = \frac{\mathrm{d}W}{\mathrm{d}q}$$

$$p = \frac{\mathrm{d}w}{\mathrm{d}t} = \frac{\mathrm{d}W}{\mathrm{d}q} \cdot \frac{\mathrm{d}q}{\mathrm{d}t}$$

所以转换能量的速率，即功率为

$$p = u \cdot i \tag{1.5}$$

即任一支路的功率等于其电压与电流的乘积。

用式(1.5)计算功率时，如果电流、电压选用关联参考方向，则所得的 $p$ 应看成支路接受的功率，即计算所得功率为正值时，表示支路实际接受功率；计算所得功率为负值时，表示支路实际发出功率。

同样，如果电流、电压选择非关联参考方向，则按式(1.5)所得的 $p$ 应看成支路发出的功率，即计算所得功率为正值时，表示支路实际发出功率；计算所得功率为负值时，表示支路实际接受功率。

在直流情况下，式(1.5)可表示为

$$P = UI$$

国际单位制(SI)中,电压的单位为 V,电流的单位为 A,则功率的单位为瓦[特],简称瓦,符号为 W,1 W = 1 V·A。常用的功率的十进制倍数和分数单位有千瓦(kW)、兆瓦(MW)和毫瓦(mW)等。

根据式(1.5),从 $t_0$ 到 $t$ 时间段内,电路吸收(消耗)的电能为

$$W = \int_{t_0}^{t} p \, dt \qquad (1.6)$$

直流时,有

$$W = P(t - t_0)$$

电能的 SI 主单位是焦[耳],符号为 J,它等于功率为 1 W 的用电设备在 1 s 内所消耗的电能。在实际生活中还采用千瓦小时(kW·h)作为电能的单位,它等于功率为 1 kW 的用电设备在 1 h(3600 s)内所消耗的电能,简称为 1 度电。

$$1 \text{ kW·h} = 10^3 \times 3600 = 3.6 \times 10^6 \text{ J}$$

能量转换与守恒定律是自然界的基本规律之一,电路当然遵守这一规律。一个电路中,每一瞬间,接受电能的各元件功率的总和等于发出电能的各元件功率的总和;或者说,所有元件接受的功率的代数和为零。这个结论叫做"电路的功率平衡"。

**例 1.1** 图 1.5 所示为直流电路,$U_1 = 4$ V,$U_2 = -8$ V,$U_3 = 6$ V,$I = 4$ A,求各元件接受或发出的功率 $P_1$、$P_2$ 和 $P_3$,并求整个电路的功率 $P$。

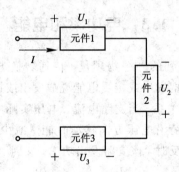

图 1.5　例 1.1 图

**解** 元件 1 的电压参考方向与电流参考方向相关联,故

$$P_1 = U_1 I = 4 \times 4 = 16 \text{ W (接受 16 W)}$$

元件 2 和元件 3 的电压参考方向与电流参考方向非关联,故

$$P_2 = U_2 I = (-8) \times 4 = -32 \text{ W (接受 32 W)}$$

$$P_3 = U_3 I = 6 \times 4 = 24 \text{ W (发出 24 W)}$$

整个电路的功率 $P$(设接受功率为正,发出功率为负)为

$$P = 16 + 32 - 24 = 24 \text{ W}$$

## ✿ 思考题

1. 当元件电流、电压选择关联参考方向时,什么情况下元件接受功率?什么情况下元件发出功率?

2. 有两个电源,一个发出的电能为 1000 kW·h,另一个发出的电能为 500 kW·h。

是否可认为前一个电源的功率大，后一个电源的功率小？

## 1.4　电阻元件和欧姆定律

电路是由元件连接而成的，研究电路时首先要了解各种电路元件的特性。表示电路元件特性的数学关系称为元件约束。

如果一个元件通过电流时总是消耗能量，那么其电压的方向总是与电流的方向一致。电阻元件就是按此而定义的，用来反映能量的消耗。电阻元件是一个二端元件，它的电流和电压的方向总是一致的，电流和电压的大小成代数关系。

电流和电压的大小成正比的电阻元件叫线性电阻元件。元件的电流与电压的关系曲线叫做元件的伏安特性曲线。线性电阻元件的伏安特性为通过坐标原点的直线，这个关系称为欧姆定律。在电流和电压的关联参考方向下，线性电阻元件的伏安特性曲线如图 1.6 所示，欧姆定律的表达式为

$$u = iR \qquad (1.7)$$

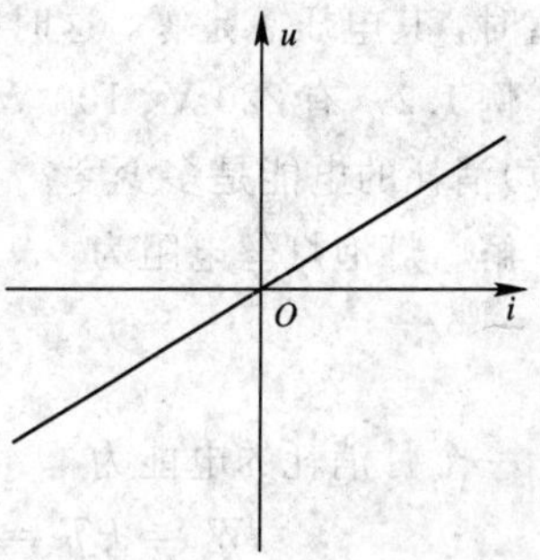

式中，$R$ 是元件的电阻，它是一个反映电路中电能消耗的电路参数，是一个正实常数。式(1.7)中电压用 V 表示，电流用 A 表示时，电阻的单位是欧[姆]，符号为 Ω。电阻的十进制倍数单位有千欧（kΩ）、兆欧（MΩ）等。

图 1.6　线性电阻的伏安特性曲线

电流和电压的大小不成正比的电阻元件叫非线性电阻元件，本书只讨论线性电阻电路。

令 $G = 1/R$，则式(1.7)变为

$$i = Gu \qquad (1.8)$$

式中，$G$ 称为电阻元件的电导，单位是西[门子]，符号为 S。

如果线性电阻元件的电流和电压的参考方向不关联，则欧姆定律的表达式为

$$u = -Ri \qquad (1.9)$$

或

$$i = -Gu \qquad (1.10)$$

在电流和电压的关联参考方向下，任何瞬时线性电阻元件接受的电功率为

$$p = ui = Ri^2 = \frac{u^2}{R} = Gu^2 \qquad (1.11)$$

由于电阻 $R$ 和电导 $G$ 都是正实数，因此功率 $p$ 恒为非负值。既然功率 $p$ 不能为负值，这就说明任何时刻电阻元件不可能发出电能，它所接受的全部电能都转换成其他形式的能。所以线性电阻元件是耗能元件。

如果电阻元件把接受的电能转换成热能，则从 $t_0$ 到 $t$ 时间内，电阻元件的热[量] $Q$，也就是这段时间内接受的电能 $W$ 为

$$Q = W = \int_{t_0}^{t} p \, dt = \int_{t_0}^{t} Ri^2 \, dt = \int_{t_0}^{t} \frac{u^2}{R} \, dt \qquad (1.12)$$

若电流不随时间变化，即电阻通过直流电流时，上式化为

$$Q = W = P(t - t_0) = PT = RI^2 T = \frac{U^2}{R} \cdot T \qquad (1.13)$$

式中，$T = t - t_0$ 是电流通过电阻的总时间。以上两式称为焦耳定律。

实际上，所有电阻器、电灯、电炉等器件，它们的伏安特性曲线在一定程度上都是非线性的。但在一定的条件下，这些器件的伏安特性近似为一直线，用线性电阻元件作为它们的电路模型可以得到令人满意的结果。

线性电阻元件有两种特殊情况值得注意：一种情况是电阻值 $R$ 为无限大，电压为任何有限值时，其电流总是零，这时把它称为"开路"；另一种情况是电阻为零，电流为任何有限值时，其电压总是零，这时把它称为"短路"。

**例 1.2**　有 220 V、100 W 灯泡一个，其灯丝电阻是多少？每天用 5 h，一个月（按 30 天计算）消耗的电能是多少度？

**解**　灯泡灯丝电阻为

$$R = \frac{U^2}{P} = \frac{220^2}{100} = 484 \ \Omega$$

一个月消耗的电能为

$$W = PT = 100 \times 10^{-3} \times 5 \times 30 = 15 \ kW \cdot h = 15 \ 度$$

## ✿ 思考题

1. 线性电阻元件的伏安关系是怎样的？
2. 线性电阻元件接受功率的计算公式有哪些？

# 1.5　电压源和电流源

电压源和电流源是两种有源元件。电阻元件是一种无源元件。

电压源是一个理想二端元件，其图形符号如图 1.7($a$)所示，$u_s$ 为电压源的电压，"＋"、"－"为电压的参考极性。电压 $u_s$ 是某种给定的时间函数，与通过电压源的电流无关。因此电压源具有以下两个特点：

(1) 电压源对外提供的电压 $u(t)$ 是某种确定的时间函数，不会因所接的外电路不同而改变，即 $u(t) = u_s(t)$。

(2) 通过电压源的电流 $i(t)$ 随外接电路不同而不同。

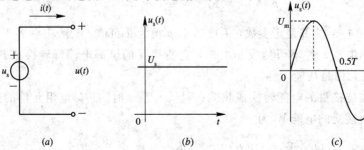

图 1.7　电压源电压波形

　　常见的电压源有直流电压源和正弦交流电压源。直流电压源的电压 $u_s$ 是常数，即 $u_s =$ $U_s$（$U_s$ 是常数）。图 1.7(b) 为直流电压源电压的波形曲线。正弦交流电压源的电压 $u_s(t)$ 为

$$u_s(t) = U_m \sin\omega t$$

图 1.7(c) 是正弦电压源电压 $u_s(t)$ 的波形曲线。

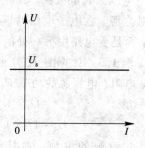

　　图 1.8 是直流电压源的伏安特性，它是一条与电流轴平行且纵坐标为 $U_s$ 的直线，表明其端电压恒等于 $U_s$，与电流大小无关。当电流为零，亦即电压源开路时，其端电压仍为 $U_s$。

　　如果一个电压源的电压 $u_s = 0$，则此电压源的伏安特性为与电流轴重合的直线，它相当于短路。电压为零的电压源相当于短路。

图 1.8　直流电压源的伏安特性

　　由图 1.7(a) 知，电压源发出的功率为

$$p = u_s i$$

　　$p > 0$ 时，电压源实际上是发出功率，电流实际方向是从电压源的低电位端流向高电位端；$p < 0$ 时，电压源实际上是接受功率，电流的实际方向是从电压源的高电位端流向低电位端，电压源是作为负载出现的。电压源中电流可以从 0 变化到 $\infty$。

　　实际电压源其端电压会随电流的变化而变化。当电池接上负载电阻时，其端电压会降低，这是电池有内阻的缘故。

　　电流源也是一个理想二端元件，图形符号如图 1.9(a) 所示，$i_s$ 是电流源的电流，电流源旁边的箭头表示电流 $i_s$ 的参考方向。电流 $i_s$ 是某种给定的时间函数，与其端电压 $u$ 无关。因此电流源有以下两个特点：

　　(1) 电流源向外电路提供的电流 $i(t)$ 是某种确定的时间函数，不会因外电路不同而改变，即 $i(t) = i_s$，$i_s$ 是电流源的电流。

　　(2) 电流源的端电压 $u(t)$ 随外接的电路不同而不同。

　　如果电流源的电流 $i_s = I_s$（$I_s$ 是常数），则为直流电流源。它的伏安特性是一条与电压轴平行且横坐标为 $I_s$ 的直线，如图 1.9(b) 所示，表明其输出电流恒等于 $I_s$，与端电压无关。当电压为零，亦即电源短路时，它发出的电流仍为 $I_s$。

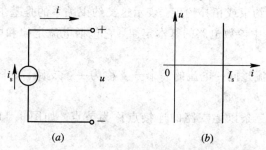

图 1.9　电流源及直流电流源的伏安特性

　　如果一个电流源的电流 $i_s = 0$，则此电流源的伏安特性为与电压轴重合的直线，它相当于开路。电流为零的电流源相当于开路。

　　由图 1.9(a) 知，电流源发出的功率为

$$p = u i_s$$

$p>0$，电流源实际是发出功率；$p<0$，电流源实际是接受功率，此时，电流源是作为负载出现的。电流源的端电压可从 0 变化到$\infty$。

恒流源电子设备和光电池器件的特性都接近电流源。

电压源和电流源，其源电压和源电流都是给定的时间函数，不受外电路的影响，故称为独立源。在电子电路的模型中还常常遇到另一种电源，它们的源电压和源电流不是独立的，而是受电路中另一处的电压或电流控制，称为受控源或非独立源。

**例 1.3**　计算图 1.10 所示电路中电流源的端电压 $U_1$，5 Ω 电阻两端的电压 $U_2$ 和电流源、电阻、电压源的功率 $P_1$、$P_2$、$P_3$。

**解**　　　　　　$U_2=5\times2=10$ V

$$U_1=U_2+U_3=10+3=13 \text{ V}$$

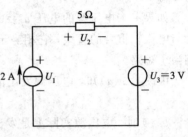

图 1.10　例 1.3 图

电流源的电流、电压选择为非关联参考方向，所以

$$P_1=U_1 I_s=13\times2=26 \text{ W（发出）}$$

电阻的电流、电压选择为关联参考方向，所以

$$P_2=10\times2=20 \text{ W（接受）}$$

电压源的电流、电压选择为关联参考方向，所以

$$P_3=2\times3=6 \text{ W（接受）}$$

## ✲ 思考题

1. 直流电压源的电流是怎样变化的？
2. 直流电流源的端电压怎样确定？举例说明。

# 1.6　基尔霍夫定律

分析电路时除了解各元件的特性外，还应掌握它们相互连接时对电流和电压带来的约束，这种约束称为互连约束或拓扑约束。表示这类约束关系的是基尔霍夫定律。

基尔霍夫定律是集中参数电路的基本定律，它包括电流定律和电压定律。为了便于讨论，先介绍几个名词。

(1) 支路：电路中流过同一电流的一个分支称为一条支路。如图 1.11 中有 6 条支路，即 $aed$，$cfd$，$agc$，$ab$，$bc$，$bd$。

(2) 节点：三条或三条以上支路的连接点称为节点。如图 1.11 中就有 4 个节点，即 $a$，$b$，$c$，$d$。

(3) 回路：由若干支路组成的闭合路径，其中每个节点只经过一次，这条闭合路径称为回路。如图 1.11 中就有 7 个回路，即 $abdea$，$bcfdb$，$abcga$，$abdfcga$，$agcbdea$，$abcfdea$，$agcfdea$。

(4) 网孔：网孔是回路的一种。将电路画在同一个平面上，在回路内部不另含有支路的回路称为网孔。如图 1.11 中就有 3 个网孔，即 $abdea$，$bcfdb$，$abcga$。

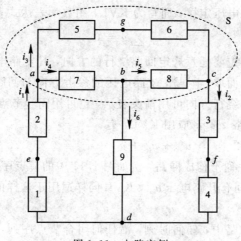

图 1.11 电路实例

## 1.6.1 基尔霍夫电流定律(KCL)

在集中参数电路中,任何时刻,流出(或流入)一个节点的所有支路电流的代数和恒等于零,这就是基尔霍夫电流定律,简写为 KCL。

对图 1.11 中的节点 $a$,应用 KCL 则有

$$-i_1 + i_3 + i_4 = 0 \tag{1.14}$$

写出一般式子,为

$$\sum i = 0 \tag{1.15}$$

把式(1.14)改写成

$$i_1 = i_3 + i_4$$

上式表明:在集中参数电路中,任何时刻流入一个节点的电流之和等于流出该节点的电流之和。

在式(1.15)中,流出节点的电流前取"+"号,流入节点的电流前取"-"号,而电流是流出节点还是流入节点均按电流的参考方向来判定。

KCL 原是适用于节点的,也可以把它推广运用于电路的任一假设的封闭面。例如图 1.11 所示封闭面 S 所包围的电路,有三条支路与电路的其余部分连接,其电流为 $i_1$、$i_6$、$i_2$,则

$$i_6 + i_2 = i_1$$

因为对一个封闭面来说,电流仍然是连续的,所以通过该封闭面的电流的代数和也等于零,也就是说,流出封闭面的电流等于流入封闭面的电流。基尔霍夫电流定律也是电荷守恒定律的体现。

KCL 给电路中的支路电流加上了线性约束。以图 1.11 中节点 $a$ 为例,若已知 $i_1 = -5$ A,$i_3 = 3$ A,则按式(1.14)就有 $i_4 = -8$ A,$i_4$ 不能取其他数值,也就是说,式(1.14)为这三个电流施加了一个约束关系。

## 1.6.2 基尔霍夫电压定律(KVL)

在集中参数电路中,任何时刻,沿着任一个回路绕行一周,所有支路电压的代数和恒

等于零，这就是基尔霍夫电压定律，简写为 KVL，用数学表达式表示为

$$\sum u = 0 \qquad (1.16)$$

在写出式(1.16)时，先要任意规定回路绕行的方向，凡支路电压的参考方向与回路绕行方向一致者，此电压前面取"+"号，支路电压的参考方向与回路绕行方向相反者，则电压前面取"-"号。回路的绕行方向可用箭头表示，也可用闭合节点序列来表示。

在图 1.11 中，对回路 $abcga$ 应用 KVL，有

$$u_{ab} + u_{bc} + u_{cg} + u_{ga} = 0$$

如果一个闭合节点序列不构成回路，例如图 1.11 中的节点序列 $acga$，在节点 $ac$ 之间没有支路，但节点 $ac$ 之间有开路电压 $u_{ac}$，KVL 同样适用于这样的闭合节点序列，即有

$$u_{ac} + u_{cg} + u_{ga} = 0 \qquad (1.17)$$

所以，在集中参数电路中，任何时刻，沿任何闭合节点序列，全部电压之代数和恒等于零。这是 KVL 的另一种形式。

将式(1.17)改写为

$$u_{ac} = - u_{cg} - u_{ga} = u_{ag} + u_{gc}$$

由此可见，电路中任意两点间的电压是与计算路径无关的，是单值的。所以，基尔霍夫电压定律实质是两点间电压与计算路径无关这一性质的具体表现。

KVL 为电路中支路电压施加了线性约束。

KCL 规定了电路中任一节点处电流必须服从的约束关系，而 KVL 规定了电路中任一回路电压必须服从的约束关系。这两个定律仅与元件的相互连接有关，而与元件的性质无关，所以，这种约束称为互连约束或"拓扑"约束。不论元件是线性的还是非线性的，电流、电压是直流的还是交流的，只要是集中参数电路，KCL 和 KVL 总是成立的。

**例 1.4**　试计算图 1.12 所示电路中各元件的功率。

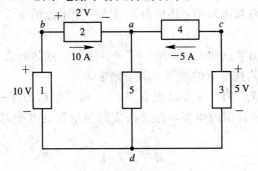

图 1.12　例 1.4 图

**解**　为计算功率，先计算电流、电压。

元件 1 与元件 2 串联，$i_{db} = i_{ba} = 10$ A，元件 1 发出功率：

$$P_1 = 10 \times 10 = 100 \text{ W}$$

元件 2 接受功率：

$$P_2 = 10 \times 2 = 20 \text{ W}$$

元件 3 与元件 4 串联，$i_{dc} = i_{ca} = -5$ A，元件 3 发出功率：

$$P_3 = 5 \times (-5) = -25 \text{ W}$$

即接受 25 W。

取回路 $cabdc$，应用 KVL，有

$$u_{ca} - 2 + 10 - 5 = 0$$

得

$$u_{ca} = -3 \text{ V}$$

元件 4 接受功率：

$$P_4 = (-3) \times (-5) = 15 \text{ W}$$

取节点 $a$，应用 KCL，有

$$i_{ad} - 10 - (-5) = 0$$

得

$$i_{ad} = 5 \text{ A}$$

取回路 $adba$，应用 KVL，有

$$u_{ad} - 10 + 2 = 0$$

得

$$u_{ad} = 8 \text{ V}$$

元件 5 接受功率：

$$P_5 = 8 \times 5 = 40 \text{ W}$$

根据功率平衡：$100 = 20 + 25 + 15 + 40$，证明计算无误。

## ❈ 思考题

1. 在图 1.13 中，每条线段表示一个二端元件，试求各电路中的未知电流 $i$。

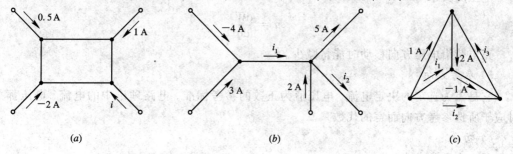

| (a) | (b) | (c) |

图 1.13　思考题 1 图

2. 应用 KVL 列出图 1.14 中网孔的支路电压方程。

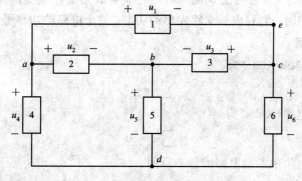

图 1.14　思考题 2 图

# 本 章 小 结

**1. 电路及电路模型**

1）电路

若干个电气设备或部件按照一定方式组合起来所构成的电流的流通路径叫做电路或网络。电路一般由电源、负载、传输控制器件组成。电路工作时，随着电流的流通进行着电能与其他形式能量的相互转换。

2）电路模型

电路理论分析的对象是实际电路的电路模型，是由理想电路元件构成的。电路理论及其分析方法，就是从实际电路中建立电路模型，通过数学手段对电路模型进行分析，从中得出有用的结论，再回到物理实际中去。

**2. 电流、电压及功率**

1）电流

电流的大小为

$$i = \frac{\mathrm{d}q}{\mathrm{d}t}$$

规定正电荷的运动方向为电流的实际方向。

2）电压

电压的大小为

$$u = \frac{\mathrm{d}W}{\mathrm{d}q}$$

正电荷沿电压方向移动时能量减少。

3）参考方向

它是人为选定的决定电流、电压值为正数的参考标准。电路理论中的电流、电压都是对应于所选参考方向而言的代数量。

4）功率

任一支路的功率为

$$p = ui$$

选择电流、电压为关联参考方向时，所得的 $p$ 看成是支路接受的功率；选择电流、电压为非关联参考方向时，则看成是支路发出的功率。整个电路的功率平衡。

**3. 基尔霍夫定律**

基尔霍夫电流定律（KCL）为

$$\sum i = 0$$

基尔霍夫电压定律（KVL）为

$$\sum u = 0$$

它们适用于任何集中参数电路的任一瞬间。

### 4. 三种电路元件

1）电阻元件

选择关联参考方向下，线性电阻元件的元件约束为

$$u = iR$$

2）电压源

电压是确定的时间函数，电流由其外电路决定。

3）电流源

电流是确定的时间函数，电压由其外电路决定。

# 习　题

1.1　求图示电路中的 $U_{AB}$。

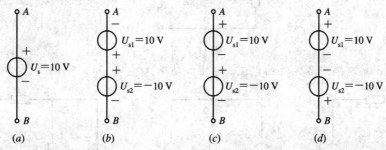

题 1.1 图

1.2　图示电路中，当选择 $O$ 点和 $A$ 点为参考点时，求各点的电位。

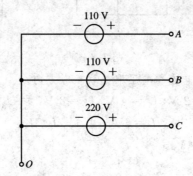

题 1.2 图

1.3　计算图示电路接受或发出的功率。

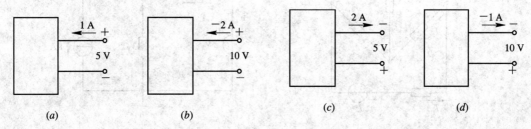

题 1.3 图

1.4　某楼内有 220 V、100 W 的灯泡 100 只，平均每天使用 3 h，每月(一个月按 30 天计算)消耗多少电能？

1.5　有一可变电阻器，允许通过的最大电流为 0.3 A，电阻值为 2 kΩ，求电阻器两端允许加的最大电压。此时消耗的功率为多少？

1.6　一个标明 220 V、25 W 的灯泡，如果把它接在 110 V 的电源上，这时它消耗的功率是多少？(假定灯泡的电阻是线性的)

1.7　电路如图所示，已知 $U_{AB}=110$ V，求 $I$ 和 $R$。

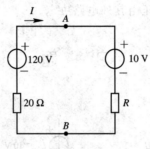

题 1.7 图

1.8　求图示电路中各元件的电流、电压和功率。

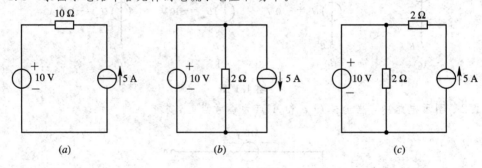

题 1.8 图

1.9　图中电路元件上的电流和电压取关联参考方向。

(1) 已知 $U_1=1$ V，$U_3=2$ V，$U_4=4$ V，$U_s=8$ V，求 $U_2$、$U_5$、$U_6$。

(2) 已知 $I_1=10$ A，$I_2=4$ A，$I_5=6$ A，求 $I_3$、$I_4$、$I_6$。

1.10　试求图示电路中的 $V_a$。

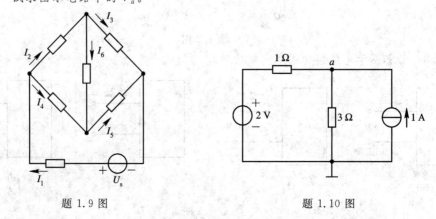

题 1.9 图　　　　　　　　　题 1.10 图

1.11　试求图示电路中的 $U_{ab}$。

1.12　图示电路中，要使 $U_s$ 所在支路电流为零，$U_s$ 应为多少？

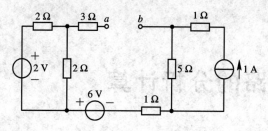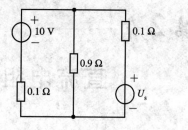

题 1.11 图　　　　　　　　　　　　　题 1.12 图

1.13　求图示电路中各支路的电流。

1.14　图示电路中，已知 $U_1 = 1\,\text{V}$，试求电阻 $R$。

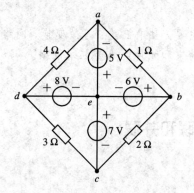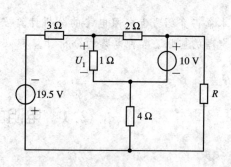

题 1.13 图　　　　　　　　　　　　题 1.14 图

# 第2章——

# 直流电阻电路的分析计算

　　由线性电阻元件和电源元件组成的电路叫做线性电阻电路，简称电阻性电路或电阻电路。电阻电路中的电源可以是直流的，也可以是交流的。当电路中的电源都是直流时，这类电路简称为直流电路。本章主要分析直流电路，但当电源是交流时，所得结论仍是正确的。

　　本章将介绍线性电阻电路的分析计算方法。主要方法有三类：等效变换、网络方程法、网络定理的应用。各种电路的分析计算都以互连约束和元件约束为基本依据。

## 2.1　电阻的串联和并联

### 2.1.1　等效网络的定义

　　电路分析中，如果研究的是整个电路中的一部分，可以把这一部分作为一个整体看待。当这个整体只有两个端钮与其外部相连时，就叫做二端网络。二端网络的一般符号如图 2.1 所示。二端网络的端钮电流、端钮间的电压分别叫端口电流、端口电压。图 2.1 中标出了二端网络的端口电流 $i$ 和端口电压 $u$，电流电压的参考方向是关联的，$ui$ 应看成它接受的功率。

　　一个二端网络的端口电压、电流关系和另一个二端网络的端口电压、电流关系相同，这两个网络叫做等效网络。等效网络的结构虽然不同，但对任何外电路，它们的作用完全相同。也就是说，等效网络互换，它们的外部特性不变。

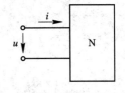

图 2.1　二端网络

　　一个内部没有独立源的电阻性二端网络，总可以与一个电阻元件等效。这个电阻元件的电阻值等于该网络关联参考方向下端口电压与端口电流的比值，叫做该网络的等效电阻或输入电阻，用 $R_i$ 表示。$R_i$ 也叫总电阻。

　　同样，还有三端，…，$n$ 端网络。两个 $n$ 端网络，如果对应各端钮的电压、电流关系相同，则它们也是等效的。

　　进行网络的等效变换，是分析计算电路的一个重要手段。用结构较简单的网络等效代替结构较复杂的网络，将简化电路的分析计算。

### 2.1.2　电阻的串联

在电路中，把几个电阻元件依次一个一个首尾连接起来，中间没有分支，在电源的作用下流过各电阻的是同一电流。这种连接方式叫做电阻的串联。

图 2.2(a)表示三个电阻串联后由一个直流电源供电的电路。以 $U$ 代表总电压，$I$ 代表电流，$R_1$、$R_2$、$R_3$ 代表各电阻，$U_1$、$U_2$、$U_3$ 代表各电阻的电压，按 KVL 有

$$U = U_1 + U_2 + U_3 = (R_1 + R_2 + R_3)I$$

上式表明，图 2.2(b)所示的电阻值为 $R_1 + R_2 + R_3$ 的一个电阻元件的电路，与图 2.2(a)所示二端网络有相同的端口电压、电流关系，即串联电阻的等效电阻等于各电阻的和，即

$$R_i = R_1 + R_2 + R_3 \tag{2.1}$$

电阻串联时，各电阻上的电压为

$$
\left.
\begin{aligned}
U_1 &= R_1 I = R_1 \frac{U}{R_i} = \frac{R_1}{R_1 + R_2 + R_3} \cdot U \\
U_2 &= R_2 I = R_2 \frac{U}{R_i} = \frac{R_2}{R_1 + R_2 + R_3} \cdot U \\
U_3 &= R_3 I = R_3 \frac{U}{R_i} = \frac{R_3}{R_1 + R_2 + R_3} \cdot U
\end{aligned}
\right\} \tag{2.2}
$$

即串联的每个电阻的电压与总电压的比等于该电阻与等效电阻的比。串联的每个电阻的功率也与它们的电阻值成正比。

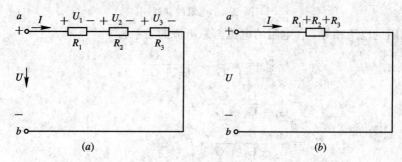

图 2.2　电阻的串联

**例 2.1**　如图 2.3 所示，用一个满刻度偏转电流为 50 μA，电阻 $R_g$ 为 2 kΩ 的表头制成 100 V 量程的直流电压表，应串联多大的附加电阻 $R_f$？

**解**　满刻度时表头电压为

$$U_g = R_g I = 2 \times 50 = 0.1 \text{ V}$$

附加电阻电压为

$$U_f = 100 - 0.1 = 99.9 \text{ V}$$

代入式(2.2)，得

$$99.9 = \frac{R_f}{2 + R_f} \cdot 100$$

解得

$$R_f = 1998 \text{ k}\Omega$$

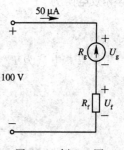

图 2.3　例 2.1 图

### 2.1.3　电阻的并联

在电路中，把几个电阻元件的首尾两端分别连接在两个节点上，在电源的作用下，它们两端的电压都相同，这种连接方式叫做电阻的并联。

图 2.4(a)表示三个电阻并联后由一个直流电源供电的电路。以 $I$ 代表总电流，$U$ 代表电阻上的电压，$G_1$、$G_2$、$G_3$ 代表各电阻的电导，$I_1$、$I_2$、$I_3$ 代表各电阻中的电流。按 KCL 有

$$I = I_1 + I_2 + I_3 = (G_1 + G_2 + G_3)U$$

可见，并联电阻的等效电导等于各电导的和(如图 2.4(b)所示)，即

$$G_i = G_1 + G_2 + G_3 \tag{2.3}$$

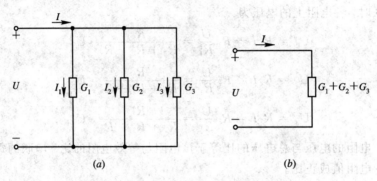

图 2.4　电阻的并联

并联电阻的电压相等，各电阻的电流与总电流的关系为

$$\left.\begin{aligned}
I_1 &= G_1 U = G_1 \frac{I}{G_i} = \frac{G_1}{G_1 + G_2 + G_3} \cdot I \\
I_2 &= \frac{G_2}{G_1 + G_2 + G_3} \cdot I \\
I_3 &= \frac{G_3}{G_1 + G_2 + G_3} \cdot I
\end{aligned}\right\} \tag{2.4}$$

即并联的每个电阻的电流与总电流的比等于其电导与等效电导的比。我们常会遇到两个电阻并联的情况。两个电阻 $R_1$、$R_2$ 并联，由

$$\frac{1}{R_i} = \frac{1}{R_1} + \frac{1}{R_2} = \frac{R_1 + R_2}{R_1 R_2}$$

得等效电阻为

$$R_i = \frac{R_1 R_2}{R_1 + R_2}$$

如果总电流为 $I$，两个电阻的电流各为

$$\left.\begin{aligned}
I_1 &= \frac{U}{R_1} = \frac{1}{R_1} R_i I = \frac{1}{R_1} \cdot \frac{R_1 R_2}{R_1 + R_2} \cdot I = \frac{R_2}{R_1 + R_2} \cdot I \\
I_2 &= \frac{R_1}{R_1 + R_2} \cdot I
\end{aligned}\right\} \tag{2.5}$$

并联的每个电阻的功率与它们的电导成正比。

**例 2.2**   如图 2.5 所示,用一个满刻度偏转电流为 $50\ \mu A$,电阻 $R_g$ 为 $2\ k\Omega$ 的表头制成量程为 $50\ mA$ 的直流电流表,应并联多大的分流电阻 $R_2$?

**解**   由题意已知,$I_1 = 50\ \mu A$,$R_1 = R_g = 2000\ \Omega$,$I = 50\ mA$,代入式(2.5)得

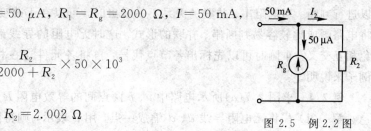

$$50 = \frac{R_2}{2000 + R_2} \times 50 \times 10^3$$

解得

$$R_2 = 2.002\ \Omega$$

图 2.5   例 2.2 图

## 2.1.4  电阻的串、并联

电阻的串联和并联相结合的连接方式,称为电阻的串、并联或混联。只有一个电源作用的电阻串、并联电路,可用电阻串、并联化简的办法,化简成一个等效电阻和电源组成的单回路,这种电路又称简单电路。反之,不能用串、并联等效变换化简为单回路的电路则称为复杂电路。简单电路的计算步骤是:首先将电阻逐步化简成一个总的等效电阻,算出总电流(或总电压),然后用分压、分流的办法逐步计算出化简前原电路中各电阻的电流和电压,再计算出功率。下面通过例题说明计算的过程。

**例 2.3**   进行电工实验时,常用滑线变阻器接成分压器电路来调节负载电阻上电压的高低。图 2.6 中 $R_1$ 和 $R_2$ 是滑线变阻器,$R_L$ 是负载电阻。已知滑线变阻器额定值是 $100\ \Omega$、$3\ A$,端钮 $a$、$b$ 上输入电压 $U_1 = 220\ V$,$R_L = 50\ \Omega$。试问:

(1) 当 $R_2 = 50\ \Omega$ 时,输出电压 $U_2$ 是多少?

(2) 当 $R_2 = 75\ \Omega$ 时,输出电压 $U_2$ 是多少?滑线变阻器能否安全工作?

**解**   (1) 当 $R_2 = 50\ \Omega$ 时,$R_2$ 和 $R_L$ 并联后与 $R_1$ 串联而成,故端钮 $a$、$b$ 的等效电阻 $R_{ab}$ 为

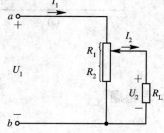

$$R_{ab} = R_1 + \frac{R_2 R_L}{R_2 + R_L} = 50 + \frac{50 \times 50}{50 + 50} = 75\ \Omega$$

滑线变阻器 $R_1$ 段流过的电流为

$$I_1 = \frac{U_1}{R_{ab}} = \frac{220}{75} = 2.93\ A$$

负载电阻流过的电流可由电流分配公式(2.5)求得,即

图 2.6   例 2.3 图

$$I_2 = \frac{R_2}{R_2 + R_L} \cdot I_1 = \frac{50}{50 + 50} \times 2.93 = 1.47\ A$$

$$U_2 = R_L I_2 = 50 \times 1.47 = 73.5\ V$$

(2) 当 $R_2 = 75\ \Omega$ 时,计算方法同上,可得

$$R_{ab} = 25 + \frac{75 \times 50}{75 + 50} = 55\ \Omega$$

$$I_1 = \frac{220}{55} = 4\ A$$

$$I_2 = \frac{75}{75 + 50} \times 4 = 2.4\ A$$

$$U_2 = 50 \times 2.4 = 120\ V$$

因 $I_1 = 4$ A，大于滑线变阻器额定电流 3 A，$R_1$ 段电阻有被烧坏的危险。

求解简单电路，关键是判断哪些电阻串联，哪些电阻并联。一般情况下，通过观察可以进行判断。当电阻串、并联的关系不易看出时，可以在不改变元件间连接关系的条件下将电路画成比较容易判断串、并联的形式。这时无电阻的导线最好缩成一点，并且尽量避免相互交叉。重画时可以先标出各节点代号，再将各元件连在相应的节点间，下面用一个例子来说明。

**例 2.4**　求图 2.7($a$)所示电路中 $a$、$b$ 两点间的等效电阻 $R_{ab}$。

**解**　(1) 先将无电阻导线 $d$、$d'$ 缩成一点，用 $d$ 表示，则得图 2.7($b$)。

(2) 并联化简，将图 2.7($b$)变为图 2.7($c$)。

(3) 由图 2.7($c$)求得 $a$、$b$ 两点间的等效电阻为

$$R_{ab} = 4 + \frac{15 \times (3+7)}{15 + (3+7)} = 4 + 6 = 10 \ \Omega$$

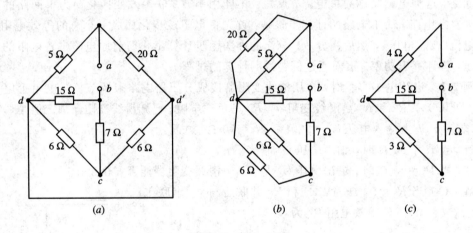

$(a)$　　　　　　　　　　$(b)$　　　　　　　　　　$(c)$

图 2.7　例 2.4 图

## ✤ 思考题

1. 什么叫二端网络的等效网络？试举例说明。

2. 在图 2.8 所示电路中，$U_s$ 不变。当 $R_3$ 增大或减小时，电压表、电流表的读数将如何变化？说明其原因。

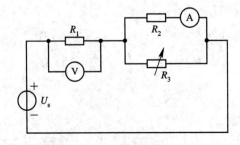

图 2.8　思考题 2 图

## 2.2 电阻的星形连接与三角形连接的等效变换

三个电阻元件首尾相连，连成一个三角形，就叫做三角形连接，简称△形连接，如图 2.9(a)所示。三个电阻元件的一端连接在一起，另一端分别连接到电路的三个节点，这种连接方式叫做星形连接，简称 Y 形连接，如图 2.9(b)所示。

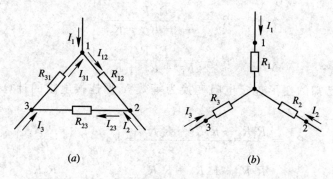

图 2.9 电阻的三角形和星形连接

在电路分析中，常利用 Y 形网络与△形网络的等效变换来简化电路的计算。根据等效网络的定义，在图 2.9 所示的△形网络与 Y 形网络中，若电压 $U_{12}$、$U_{23}$、$U_{31}$ 和电流 $I_1$、$I_2$、$I_3$ 都分别相等，则两个网络对外是等效的。据此，可导出 Y 形连接电阻 $R_1$、$R_2$、$R_3$ 与△形连接电阻 $R_{12}$、$R_{23}$、$R_{31}$ 之间的等效关系。

应用 KVL 于图 2.9(a)中的回路 1231，有

$$R_{12}I_{12} + R_{23}I_{23} + R_{31}I_{31} = 0$$

由 KCL 有

$$I_{23} = I_2 + I_{12}$$
$$I_{31} = I_{12} - I_1$$

代入上式，得

$$R_{12}I_{12} + R_{23}(I_2 + I_{12}) + R_{31}(I_{12} - I_1) = 0$$

经过整理后，得

$$I_{12} = \frac{R_{31}}{R_{12} + R_{23} + R_{31}} \cdot I_1 - \frac{R_{23}}{R_{12} + R_{23} + R_{31}} \cdot I_2$$

$$U_{12} = R_{12}I_{12} = \frac{R_{31}R_{12}}{R_{12} + R_{23} + R_{31}} \cdot I_1 - \frac{R_{12}R_{23}}{R_{12} + R_{23} + R_{31}} \cdot I_2 \tag{2.6a}$$

同理可求得

$$U_{23} = \frac{R_{12}R_{23}}{R_{12} + R_{23} + R_{31}} \cdot I_2 - \frac{R_{23}R_{31}}{R_{12} + R_{23} + R_{31}} \cdot I_3 \tag{2.6b}$$

$$U_{31} = \frac{R_{23}R_{31}}{R_{12} + R_{23} + R_{31}} \cdot I_3 - \frac{R_{12}R_{31}}{R_{12} + R_{23} + R_{31}} \cdot I_1 \tag{2.6c}$$

对于图 2.9(b)有

$$U_{12} = R_1 I_1 - R_2 I_2$$
$$U_{23} = R_2 I_2 - R_3 I_3 \qquad (2.7)$$
$$U_{31} = R_3 I_3 - R_1 I_1$$

比较式(2.6)和式(2.7)可知：若满足等效条件，两组方程式 $I_1$、$I_2$、$I_3$ 前面的系数必须相等，即

$$R_1 = \frac{R_{12}R_{31}}{R_{12} + R_{23} + R_{31}}$$
$$R_2 = \frac{R_{23}R_{12}}{R_{12} + R_{23} + R_{31}} \qquad (2.8)$$
$$R_3 = \frac{R_{31}R_{23}}{R_{12} + R_{23} + R_{31}}$$

式(2.8)就是从已知的△形连接电阻变换为等效 Y 形连接电阻的计算公式。解方程组(2.8)，可得

$$R_{12} = \frac{R_1 R_2 + R_2 R_3 + R_3 R_1}{R_3} = R_1 + R_2 + \frac{R_1 R_2}{R_3}$$
$$R_{23} = \frac{R_1 R_2 + R_2 R_3 + R_3 R_1}{R_1} = R_2 + R_3 + \frac{R_2 R_3}{R_1} \qquad (2.9)$$
$$R_{31} = \frac{R_1 R_2 + R_2 R_3 + R_3 R_1}{R_2} = R_3 + R_1 + \frac{R_3 R_1}{R_2}$$

式(2.9)就是从已知的 Y 形连接电阻变换为等效△形连接电阻的计算公式。

若△形(或 Y 形)连接的三个电阻相等，则变换后的 Y 形(或△形)连接的三个电阻也相等。设△形三个电阻 $R_{12} = R_{23} = R_{31} = R_{\triangle}$，则等效 Y 形的三个电阻为

$$R_Y = R_1 = R_2 = R_3 = R_{\triangle}/3 \qquad (2.10)$$

反之

$$R_{\triangle} = R_{12} = R_{23} = R_{31} = 3R_Y \qquad (2.11)$$

**例 2.5** 图 2.10($a$)所示电路中，已知 $U_s = 225$ V，$R_0 = 1\ \Omega$，$R_1 = 40\ \Omega$，$R_2 = 36\ \Omega$，$R_3 = 50\ \Omega$，$R_4 = 55\ \Omega$，$R_5 = 10\ \Omega$，试求各电阻的电流。

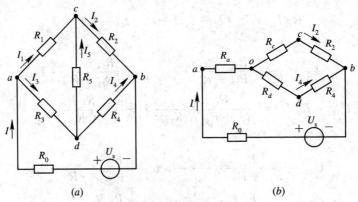

图 2.10 例 2.5 图

**解** 将△形连接的 $R_1$、$R_3$、$R_5$ 等效变换为 Y 形连接的 $R_a$、$R_c$、$R_d$，如图 2.10($b$)所示，代入式(2.8)求得

$$R_a = \frac{R_3 R_1}{R_5 + R_3 + R_1} = \frac{50 \times 40}{10 + 50 + 40} = 20 \ \Omega$$

$$R_c = \frac{R_1 R_5}{R_5 + R_3 + R_1} = \frac{40 \times 10}{10 + 50 + 40} = 4 \ \Omega$$

$$R_d = \frac{R_5 R_3}{R_5 + R_3 + R_1} = \frac{10 \times 50}{10 + 50 + 40} = 5 \ \Omega$$

图 2.10($b$)是电阻混联网络，串联的 $R_c$、$R_2$ 的等效电阻 $R_{c2} = 40 \ \Omega$，串联的 $R_d$、$R_4$ 的等效电阻 $R_{d4} = 60 \ \Omega$，二者并联的等效电阻为

$$R_{ab} = \frac{40 \times 60}{40 + 60} = 24 \ \Omega$$

$R_a$ 与 $R_{ab}$ 串联，$a$、$b$ 间桥式电阻的等效电阻为

$$R_i = 20 + 24 = 44 \ \Omega$$

桥式电阻的端口电流为

$$I = \frac{U_s}{R_0 + R_i} = \frac{225}{1 + 44} = 5 \ A$$

$R_2$、$R_4$ 的电流分别为

$$I_2 = \frac{R_{d4}}{R_{c2} + R_{d4}} \cdot I = \frac{60}{40 + 60} \times 5 = 3 \ A$$

$$I_4 = \frac{R_{c2}}{R_{c2} + R_{d4}} \cdot I = \frac{40}{40 + 60} \times 5 = 2 \ A$$

为了求得 $R_1$、$R_3$、$R_5$ 的电流，从图 2.10($b$)求得

$$U_{ac} = R_a I + R_c I_2 = 20 \times 5 + 4 \times 3 = 112 \ V$$

回到图 2.10($a$)所示电路，得

$$I_1 = \frac{U_{ac}}{R_1} = \frac{112}{40} = 2.8 \ A$$

并由 KCL 得

$$I_3 = I - I_1 = 5 - 2.8 = 2.2 \ A$$
$$I_5 = I_3 - I_4 = 2.2 - 2 = 0.2 \ A$$

❋ **思考题**

求图 2.11 所示网络的等效电阻 $R_{ab}$。

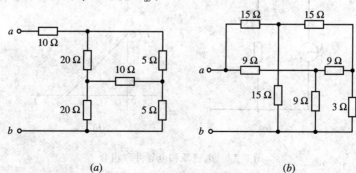

$(a)$　　　　　　　　　　　　　　　　$(b)$

图 2.11　思考题图

## 2.3　两种实际电源模型的等效变换

一个实际的直流电源在给电阻负载供电时,其端电压随负载电流的增大而下降。在一定范围内端电压、电流的关系近似于直线,这是由于实际直流电源内阻引起的内阻压降造成的。

图 2.12$(a)$是直流电压源和电阻串联的组合,其端电压 $U$ 和电流 $I$ 的参考方向如图中所示。$U$ 和 $I$ 都随外电路改变而变化,其外特性方程为

$$U = U_s - RI \tag{2.12}$$

图 2.12$(b)$是按式$(2.12)$画出的伏安特性曲线,它是一条直线。只要适当选择 $R$ 值,电压源 $U_s$ 和电阻 $R$ 的串联组合就可作为实际直流电源的电路模型。

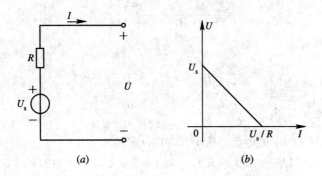

图 2.12　电压源和电阻串联组合

图 2.13$(a)$是电流源和电导的并联组合,其端电压和电流的参考方向如图中所示,其外特性为

$$I = I_s - GU \tag{2.13}$$

图 2.13$(b)$是按式$(2.13)$画出的伏安特性曲线,它也是一条直线。只要适当选择 $G$ 值,电流源和电导并联的组合也可以作为实际直流电源的电路模型。

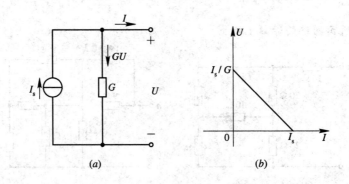

图 2.13　电流源和电导并联组合

比较式$(2.12)$和式$(2.13)$,只要满足

$$G = \frac{1}{R} \left.\begin{array}{c} \\ \\ \end{array}\right\}$$
$$I_s = GU_s$$

(2.14)

则式(2.12)和式(2.13)所表示的方程完全相同，它们在 $I-U$ 平面上将表示同一直线，所以图 2.12($a$)和图 2.13($a$)所示电路对外完全等效。在这里要注意，$U_s$ 和 $I_s$ 参考方向的相互关系：$I_s$ 的参考方向由 $U_s$ 的负极指向其正极。所以在满足式(2.14)的条件下，电压源、电阻的串联组合与电流源、电导的并联组合之间可互相等效变换，这使得某些电路问题的解决更加灵活方便。

　　一般情况下，这两种等效模型内部的功率情况并不相同，但是对外部来说，它们吸收或供出的功率总是一样的。

　　顺便指出，没有串联电阻的电压源和没有并联电阻的电流源之间没有等效的关系。

　　**例 2.6**　求图 2.14($a$)所示的电路中 $R$ 支路的电流。已知 $U_{s1} = 10$ V，$U_{s2} = 6$ V，$R_1 = 1$ Ω，$R_2 = 3$ Ω，$R = 6$ Ω。

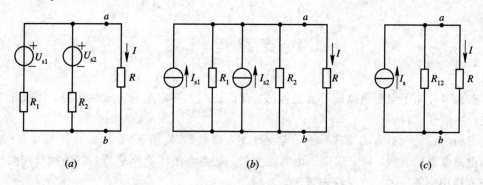

($a$)　　　　　　　　　　($b$)　　　　　　　　　　($c$)

图 2.14　例 2.6 图

　　**解**　先把每个电压源电阻串联支路变换为电流源电阻并联支路。网络变换如图 2.14($b$)所示，其中

$$I_{s1} = \frac{U_{s1}}{R_1} = \frac{10}{1} = 10 \text{ A}$$

$$I_{s2} = \frac{U_{s2}}{R_2} = \frac{6}{3} = 2 \text{ A}$$

图 2.14($b$)中两个并联电流源可以用一个电流源代替，其

$$I_s = I_{s1} + I_{s2} = 10 + 2 = 12 \text{ A}$$

并联 $R_1$、$R_2$ 的等效电阻为

$$R_{12} = \frac{R_1 R_2}{R_1 + R_2} = \frac{1 \times 3}{1 + 3} = \frac{3}{4} \text{ Ω}$$

网络简化如图 2.14($c$)所示。

　　对于图 2.14($c$)电路，可按分流关系求得 $R$ 的电流 $I$ 为

$$I = \frac{R_{12}}{R_{12} + R} \cdot I_s = \frac{\frac{3}{4}}{\frac{3}{4} + 6} \times 12 = \frac{4}{3} = 1.333 \text{ A}$$

✴ **思考题**

用一个等效电源替代图 2.15 中各有源二端网络。

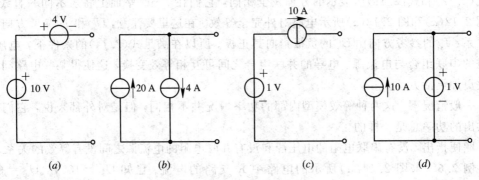

图 2.15　思考题图

# 2.4　支 路 电 流 法

前几节介绍了电阻电路的等效变换法。此法适用于一定结构形式的电路，不便于对电路进行一般性探讨。

分析电路的一般方法是选择一些电路变量，根据 KCL 和 KVL 以及元件特性方程，列写出电路变量的方程，从方程中解出电路变量，这类方法称为网络方程法。本节主要介绍网络方程法中的一种——支路电流法。

支路电流法以每个支路的电流为求解的未知量。设电路有 $b$ 条支路，则有 $b$ 个未知电流可选为变量。因而支路电流法须列出 $b$ 个独立方程，然后解出未知的支路电流。

以图 2.16 所示的电路为例来说明支路电流法的应用。

在电路中支路数 $b=3$，节点数 $n=2$，以支路电流 $I_1$、$I_2$、$I_3$ 为变量，共要列出三个独立方程。列方程前指定各支路电流的参考方向如图 2.16 所示。

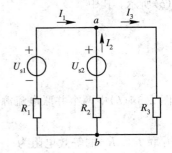

图 2.16　支路电流法举例

首先，根据电流的参考方向，对节点 $a$ 列写 KCL 方程：
$$-I_1 - I_2 + I_3 = 0 \tag{2.15}$$
对节点 $b$ 列写 KCL 方程：
$$I_1 + I_2 - I_3 = 0 \tag{2.16}$$

式(2.15)即为式(2.16)，两个方程中只有一个是独立的。这一结果可以推广到一般电路：节点数为 $n$ 的电路中，按 KCL 列出的节点电流方程只有 $n-1$ 个是独立的。并将 $n-1$ 个节点称为一组独立节点。这是因为每个支路连到两个节点，每个支路电流在 $n$ 个节点电流方程中各出现两次；又因为同一支路电流对这个支路所连的一个节点取正号，对所连的另一个节点必定取负号，所以 $n$ 个节点电流方程相加所得必定是个"0＝0"的恒等式。至于哪个节点不独立，则是任选的。

其次，选择回路，应用 KVL 列出其余 $b-(n-1)$ 个方程。每次列出的 KVL 方程与已经列写过的 KVL 方程必须是互相独立的。通常，可取网孔来列 KVL 方程。图 2.16 中有两个网孔，按顺时针方向绕行，对左面的网孔列写 KVL 方程：

$$R_1 I_1 - R_2 I_2 = U_{s1} - U_{s2} \tag{2.17}$$

按顺时针方向绕行，对右面的网孔列写 KVL 方程：

$$R_2 I_2 + R_3 I_3 = U_{s2} \tag{2.18}$$

网孔的数目恰好等于 $b-(n-1)=3-(2-1)=2$。因为每个网孔都包含一条互不相同的支路，所以每个网孔都是一个独立回路，可以列出一个独立的 KVL 方程。

应用 KCL 和 KVL 一共可列出 $(n-1)+[b-(n-1)]=b$ 个独立方程，它们都是以支路电流为变量的方程，因而可以解出 $b$ 个支路电流。

综上所述，支路电流法分析计算电路的一般步骤如下：

(1) 在电路图中选定各支路($b$ 个)电流的参考方向，设出各支路电流。

(2) 对独立节点列出 $n-1$ 个 KCL 方程。

(3) 通常取网孔列写 KVL 方程，设定各网孔绕行方向，列出 $b-(n-1)$ 个 KVL 方程。

(4) 联立求解上述 $b$ 个独立方程，便得出待求的各支路电流。

用支路法时，可把电流源与电阻并联组合变换为电压源与电阻串联组合，以简化计算。

**例 2.7**　图 2.16 所示电路中，$U_{s1}=130$ V、$R_1=1$ Ω 为直流发电机的模型，电阻负载 $R_3=24$ Ω，$U_{s2}=117$ V、$R_2=0.6$ Ω 为蓄电池组的模型。试求各支路电流和各元件的功率。

**解**　以支路电流为变量，应用 KCL、KVL 列出式(2.15)、式(2.17)和式(2.18)，并将已知数据代入，即得

$$\left.\begin{array}{r} -I_1 - I_2 + I_3 = 0 \\ I_1 - 0.6 I_2 = 130 - 117 \\ 0.6 I_2 + 24 I_3 = 117 \end{array}\right\}$$

解得 $I_1=10$ A，$I_2=-5$ A，$I_3=5$ A。

$I_2$ 为负值，表明它的实际方向与所选参考方向相反，这个电池组在充电时是负载。

$U_{s1}$ 发出的功率为

$$U_{s1} I_1 = 130 \times 10 = 1300 \text{ W}$$

$U_{s2}$ 发出的功率为

$$U_{s2} I_2 = 117 \times (-5) = -585 \text{ W}$$

即 $U_{s2}$ 接受功率 585 W。各电阻接受的功率为

$$P_1 = I_1^2 R_1 = 10^2 \times 1 = 100 \text{ W}$$

$$P_2 = I_2^2 R_2 = (-5)^2 \times 0.6 = 15 \text{ W}$$

$$P_3 = I_3^2 R_3 = 5^2 \times 24 = 600 \text{ W}$$

$1300 = 585 + 100 + 15 + 600$，功率平衡，表明计算正确。

## ✳ 思考题

试列出用支路电流法求图 2.17 所示电路支路电流的方程组。

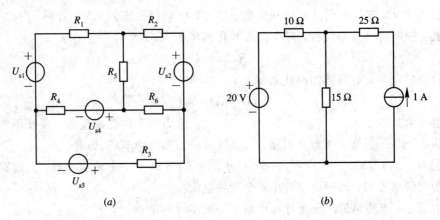

图 2.17　思考题图

# 2.5　网　孔　法

　　上节介绍了支路电流法。对于具有 $b$ 条支路和 $n$ 个节点的电路，要列 $n-1$ 个节点电流方程和 $(b-n+1)$ 个网孔电压方程，联立求解，方程较多，求解较麻烦。为了减少方程数目，可采用网孔电流为电路的变量来列写方程，这种方法称为网孔法（网孔法仅适用于平面电路）。下面通过图 2.18 所示的电路加以说明。

　　图 2.18 中共有三个支路，两个网孔。设想在每个网孔中，都有一个电流沿网孔边界环流，其参考方向如图所示，这样一个在网孔内环行的假想电流叫做网孔电流。

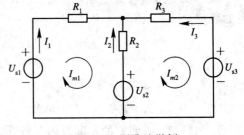

　　从图中可以看出，各网孔电流与各支路电流之间的关系为

$$I_1 = I_{m1}$$
$$I_2 = -I_{m1} + I_{m2}$$
$$I_3 = -I_{m2}$$

图 2.18　网孔法举例

即所有支路电流都可以用网孔电流线性表示。

　　由于每一个网孔电流在流经电路的某一节点时，流入该节点之后，又同时从该节点流出，因此各网孔电流都能自动满足 KCL，就不必对各独立节点另列 KCL 方程，所以省去了 $(n-1)$ 个方程。这样，只要列出 KVL 方程就可以了，使方程数目减少为 $b-(n-1)$ 个。电路的变量——网孔电流也是 $b-(n-1)$ 个。

　　原则上讲，用网孔法列写 KVL 方程与用支路电流法列写 KVL 方程是一样的，但这时，是用网孔电流来表示各电阻上的电压降的。有些电阻中会有几个网孔电流同时流过，列写方程时应该把各网孔电流引起的电压降都计算进去。通常，选取网孔的绕行方向与网孔电流的参考方向一致。于是，对于图 2.18 所示电路，有

$$\left.\begin{array}{l} R_1 I_{m1} + R_2 I_{m1} - R_2 I_{m2} = U_{s1} - U_{s2} \\ R_2 I_{m2} - R_2 I_{m1} + R_3 I_{m2} = U_{s2} - U_{s3} \end{array}\right\}$$

经过整理后，得

$$(R_1+R_2)I_{m1}-R_2I_{m2}=U_{s1}-U_{s2} \left.\begin{array}{r}\\\\\end{array}\right\}$$
$$-R_2I_{m1}+(R_2+R_3)I_{m2}=U_{s2}-U_{s3}$$

$$(2.19)$$

这就是以网孔电流为未知量时列写的 KVL 方程，称为网孔方程。

方程组(2.19)可以进一步写成

$$R_{11}I_{m1}+R_{12}I_{m2}=U_{s11} \left.\begin{array}{r}\\\\\end{array}\right\}$$
$$R_{21}I_{m1}+R_{22}I_{m2}=U_{s22}$$

$$(2.20)$$

上式就是当电路具有两个网孔时网孔方程的一般形式，其中：$R_{11}=R_1+R_2$，$R_{22}=R_2+R_3$ 分别是网孔 1 与网孔 2 的电阻之和，称为各网孔的自电阻。因为选取自电阻的电压与电流为关联参考方向，所以自电阻都取正号。

$R_{12}=R_{21}=-R_2$ 是网孔 1 与网孔 2 公共支路的电阻，称为相邻网孔的互电阻。互电阻可以是正号，也可以是负号。当流过互电阻的两个相邻网孔电流的参考方向一致时，互电阻取正号，反之取负号。本例中，由于各网孔电流的参考方向都选取为顺时针方向，即流过各互电阻的两个相邻网孔电流的参考方向都相反，因而它们都取负号。

$U_{s11}=U_{s1}-U_{s2}$，$U_{s2}=U_{s2}-U_{s3}$ 分别是各网孔中电压源电压的代数和，称为网孔电源电压。凡参考方向与网孔绕行方向一致的电源电压取负号，反之取正号，这是因为将电源电压移到等式右边要变号的缘故。

式(2.20)也可以推广到具有 $m$ 个网孔的平面电路，其网孔方程的规范形式为

$$R_{11}I_{m1}+R_{12}I_{m2}+\cdots+R_{1m}I_{mm}=U_{s11} \left.\begin{array}{r}\\\\\\\\\\\end{array}\right\}$$
$$R_{21}I_{m1}+R_{22}I_{m2}+\cdots+R_{2m}I_{mm}=U_{s22}$$
$$\vdots$$
$$R_{m1}I_{m1}+R_{m2}I_{m2}+\cdots+R_{mm}I_{mm}=U_{smn}$$

$$(2.21)$$

如果电路中含有电流源与电阻并联组合，先把它们等效变换成电压源与电阻的串联组合，再列写网孔方程。如果电路中含有电流源，且没有与其并联的电阻，这时可根据电路的结构形式采用下面两种方法处理：一种方法是，当电流源支路仅属一个网孔时，选择该网孔电流等于电流源的电流，这样可减少一个网孔方程，其余网孔方程仍按一般方法列写；另一种方法是，在建立网孔方程时，可将电流源的电压作为一个未知量，每引入这样一个未知量，同时应增加一个网孔电流与该电流源电流之间的约束关系，从而列出一个补充方程。这样一来，独立方程数与未知量仍然相等，可解出各未知量。

**例 2.8**　用网孔法求图 2.19 所示电路的各支路电流。

**解**　(1) 选择各网孔电流的参考方向，如图
2.19 所示。计算各网孔的自电阻和相关网孔的互
电阻及每一网孔的电源电压。

$$R_{11}=1+2=3\ \Omega,\quad R_{12}=R_{21}=-2\ \Omega$$

$$R_{22}=1+2=3\ \Omega,\quad R_{23}=R_{32}=0$$

$$R_{33}=1+2=3\ \Omega,\quad R_{13}=R_{31}=-1\ \Omega$$

$$U_{s11}=10\ \text{V},\quad U_{s22}=-5\ \text{V},\quad U_{s33}=5\ \text{V}$$

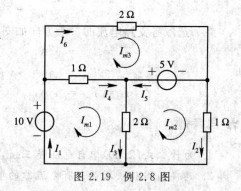

图 2.19　例 2.8 图

(2) 按式(2.21)列网孔方程组：

$$3I_{m1} - 2I_{m2} - I_{m3} = 10 \\ -2I_{m1} + 3I_{m2} = -5 \\ -I_{m1} + 3I_{m3} = 5$$

(3) 求解网孔方程组可得

$$I_{m1} = 6.25 \text{ A}, \quad I_{m2} = 2.5 \text{ A}, \quad I_{m3} = 3.75 \text{ A}$$

(4) 任选各支路电流的参考方向，如图所示。由网孔电流求得各支路电流分别为

$$I_1 = I_{m1} = 6.25 \text{ A}, \qquad I_2 = I_{m2} = 2.5 \text{ A}$$
$$I_3 = I_{m1} - I_{m2} = 3.75 \text{ A}, \qquad I_4 = I_{m1} - I_{m3} = 2.5 \text{ A}$$
$$I_5 = I_{m3} - I_{m2} = 1.25 \text{ A}, \qquad I_6 = I_{m3} = 3.75 \text{ A}$$

**例 2.9**　用网孔法求图 2.20 所示电路各支路电流及电流源的电压。

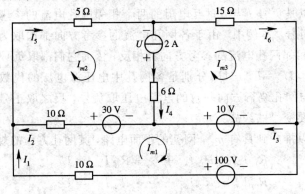

图 2.20　例 2.9 图

**解**　(1) 选取各网孔电流的参考方向及电流源电压的参考方向，如图 2.20 所示。

(2) 列网孔方程组：

$$(10+10)I_{m1} - 10I_{m2} = 100 - 30 - 10 \\ -10I_{m1} + (10+5+6)I_{m2} - 6I_{m3} = 30 + U \\ -6I_{m2} + (6+15)I_{m3} = 10 - U$$

补充方程

$$I_{m2} - I_{m3} = 2$$

(3) 解方程组，得

$$I_{m1} = 5 \text{ A}, \quad I_{m2} = 4 \text{ A}$$
$$I_{m3} = 2 \text{ A}, \quad U = -8 \text{ V}$$

(4) 选取各支路电流的参考方向如图所示，各支路电流分别为

$$I_1 = I_{m1} = 5 \text{ A}, \qquad I_2 = I_{m2} - I_{m1} = -1 \text{ A}$$
$$I_3 = I_{m3} - I_{m1} = -3 \text{ A}, \qquad I_4 = 2 \text{ A}$$
$$I_5 = I_{m2} = 4 \text{ A}, \qquad I_6 = I_{m3} = 2 \text{ A}$$

✵ **思考题**

1. 为什么式(2.20)中自电阻是正值，互电阻是负值？

2. 怎样用网孔法求解含有电流源的电路？

# 2.6　节点电压法

节点电压法是以电路的节点电压为未知量来分析电路的一种方法，它不仅适用于平面电路，同时也适用于非平面电路。鉴于这一优点，在计算机辅助电路分析中，一般也采用节点电压法求解电路。

在电路的 $n$ 个节点中，任选一个为参考点，把其余 $(n-1)$ 个节点对参考点的电压分别叫做该节点的节点电压。电路中所有支路电压都可以用节点电压来表示。电路中的支路分成两种：一种是接在独立节点和参考节点之间，它的支路电压就是节点电压；另一种是接在各独立节点之间，它的支路电压则是两个节点电压之差。

如能求出各节点电压，就能求出各支路电压及其他待求量。要求 $(n-1)$ 个节点电压，需列 $(n-1)$ 个独立方程。用节点电压代替支路电压，已经满足 KVL 的约束，只需列 KCL 的约束方程即可，而所能列出的独立的 KCL 方程正好是 $(n-1)$ 个。

以图 2.21 所示电路为例，独立节点数为 $n-1=2$。选取各支路电流的参考方向，如图所示，对节点 1、2 分别由 KCL 列出节点电流方程：

$$
\left.
\begin{aligned}
I_1 + I_3 + I_4 - I_{s1} - I_{s3} &= 0 \\
I_2 - I_3 - I_4 - I_{s2} + I_{s3} &= 0
\end{aligned}
\right\}
$$

设以节点 3 为参考点，则节点 1、2 的节点电压分别为 $U_1$、$U_2$。

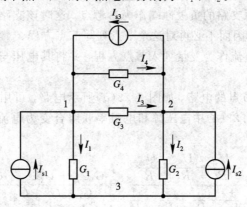

图 2.21　节点电压法举例

将支路电流用节点电压表示为

$$
\left.
\begin{aligned}
I_1 &= G_1 U_1 \\
I_2 &= G_2 U_2 \\
I_3 &= G_3 U_{12} = G_3(U_1 - U_2) = G_3 U_1 - G_3 U_2 \\
I_4 &= G_4 U_{12} = G_4(U_1 - U_2) = G_4 U_1 - G_4 U_2
\end{aligned}
\right\}
$$

代入两个节点电流方程中，经移项整理后得

$$
\left.
\begin{aligned}
(G_1 + G_3 + G_4)U_1 - (G_3 + G_4)U_2 &= I_{s1} + I_{s3} \\
-(G_3 + G_4)U_1 + (G_2 + G_3 + G_4)U_2 &= I_{s2} - I_{s3}
\end{aligned}
\right\}
\tag{2.22}
$$

式(2.22)就是图2.21所示电路以节点电压$U_1$、$U_2$为未知变量列出的节点电压方程，简称节点方程。

将式(2.22)写成

$$\left.\begin{array}{c} G_{11}U_1 + G_{12}U_2 = I_{s11} \\ G_{21}U_1 + G_{22}U_2 = I_{s22} \end{array}\right\} \tag{2.23}$$

这就是当电路具有三个节点时电路的节点方程的一般形式。式(2.23)中左边的$G_{11} = (G_1+G_3+G_4)$、$G_{22}=(G_2+G_3+G_4)$分别是节点1、节点2相连接的各支路电导之和，称为各节点的自电导，自电导总是正的。$G_{12}=G_{21}=-(G_3+G_4)$是连接在节点1与节点2之间的各公共支路的电导之和的负值，称为两相邻节点的互电导，互电导总是负的。式(2.23)中右边的$I_{s11}=(I_{s1}+I_{s3})$、$I_{s22}=(I_{s2}-I_{s3})$分别是流入节点1和节点2的各电流源电流的代数和，称为节点电源电流，流入节点的取正号，流出节点取负号。

上述关系可推广到一般电路。对具有$n$个节点的电路，其节点方程的规范形式为

$$\left.\begin{array}{l} G_{11}U_1 + G_{12}U_2 + \cdots + G_{1(n-1)}U_{n-1} = I_{s11} \\ G_{21}U_1 + G_{22}U_2 + \cdots + G_{2(n-1)}U_{n-1} = I_{s22} \\ \qquad\qquad\qquad \vdots \\ G_{(n-1)1}U_1 + G_{(n-1)2}U_2 + \cdots + G_{(n-1)(n-1)}U_{n-1} = I_{s(n-1)(n-1)} \end{array}\right\} \tag{2.24}$$

当电路中含有电压源和电阻串联组合的支路时，先把电压源和电阻串联组合变换成电流源和电阻并联组合，然后再依式(2.24)列方程。

当电路中含有电压源支路时，这时可以采用以下措施：

(1) 尽可能取电压源支路的负极性端作为参考点。这时该支路的另一端电压成为已知量，等于该电压源电压，因而不必再对这个节点列写节点方程。

(2) 把电压源中的电流作为变量列入节点方程，并将其电压与两端节点电压的关系作为补充方程一并求解。

对于只有一个独立节点的电路，如图2.22(a)所示电路，可用节点电压法直接求出独立节点的电压。先把图2.22(a)中电压源和电阻串联组合变为电流源和电阻并联组合，如图2.22(b)所示，则

$$U_{10} = \dfrac{\dfrac{U_{s1}}{R_1} - \dfrac{U_{s2}}{R_2} + \dfrac{U_{s3}}{R_3}}{\dfrac{1}{R_1} + \dfrac{1}{R_2} + \dfrac{1}{R_3} + \dfrac{1}{R_4}} = \dfrac{G_1 U_{s1} - G_2 U_{s2} + G_3 U_{s3}}{G_1 + G_2 + G_3 + G_4}$$

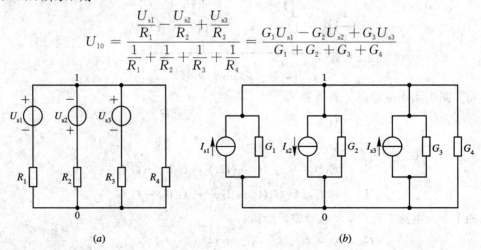

(a)　　　　　　　　　　　　　　(b)

图 2.22　弥尔曼定理举例

写成一般形式为

$$U_{10} = \frac{\sum (G_k U_{sk})}{\sum G_k} \tag{2.25}$$

式(2.25)称为弥尔曼定理。代数和 $\sum (G_k U_{sk})$ 中，当电压源的正极性端接到节点 1 时，$G_k U_{sk}$ 前取"+"号，反之取"－"号。

**例 2.10**　试用节点电压法求图 2.23 所示电路中的各支路电流。

**解**　取节点 0 为参考节点，节点 1、2 的节点电压分别为 $U_1$、$U_2$，按式(2.24)得

$$\left(\frac{1}{1} + \frac{1}{2}\right)U_1 - \frac{1}{2}U_2 = 3 \\ -\frac{1}{2}U_1 + \left(\frac{1}{2} + \frac{1}{3}\right)U_2 = 7 \Bigg\}$$

解之得

$$U_1 = 6 \text{ V}, \quad U_2 = 12 \text{ V}$$

取各支路电流的参考方向，如图 2.23 所示。根据支路电流与节点电压的关系，有

$$I_1 = \frac{U_1}{1} = \frac{6}{1} = 6 \text{ A}$$

$$I_2 = \frac{U_1 - U_2}{2} = \frac{6-12}{2} = -3 \text{ A}$$

$$I_3 = \frac{U_2}{3} = \frac{12}{3} = 4 \text{ A}$$

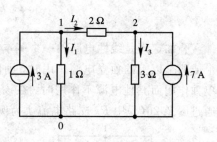

图 2.23　例 2.10 图

**例 2.11**　应用弥尔曼定理求图 2.24 所示电路中各支路电流。

**解**　本电路只有一个独立节点，设其电压为 $U_1$，由式(2.25)得

$$U_1 = \frac{\frac{20}{5} + \frac{10}{10}}{\frac{1}{5} + \frac{1}{20} + \frac{1}{10}} = 14.3 \text{ V}$$

设各支路电流 $I_1$、$I_2$、$I_3$ 的参考方向如图中所示，求得各支路电流分别为

$$I_1 = \frac{20 - U_1}{5} = \frac{20 - 14.3}{5} = 1.14 \text{ A}$$

$$I_2 = \frac{U_1}{20} = \frac{14.3}{20} = 0.72 \text{ A}$$

$$I_3 = \frac{10 - U_1}{10} = \frac{10 - 14.3}{10} = -0.43 \text{ A}$$

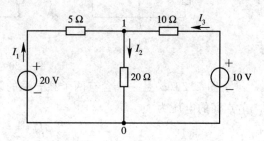

图 2.24　例 2.11 图

## ✱ 思考题

列出图 2.25 所示电路的节点电压方程。

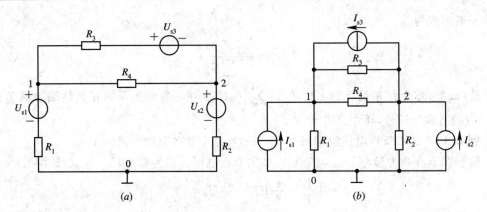

图 2.25　思考题图

# 2.7　叠 加 定 理

　　叠加定理是线性电路的一个基本定理。叠加定理可表述如下：在线性电路中，当有两个或两个以上的独立电源作用时，则任意支路的电流或电压都可以认为是电路中各个电源单独作用而其他电源不作用时，在该支路中产生的各电流分量或电压分量的代数和。下面通过图 2.26(a)中 $R_2$ 支路电流 $I$ 为例说明叠加定理在线性电路中的体现。

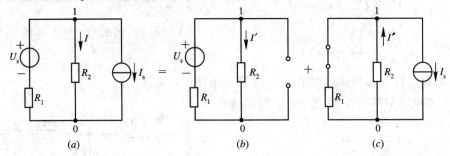

图 2.26　叠加定理举例

　　图 2.26(a)是一个含有两个独立源的线性电路，根据弥尔曼定理，可得这个电路两个节点间的电压为

$$U_{10} = \frac{\dfrac{U_s}{R_1} - I_s}{\dfrac{1}{R_1} + \dfrac{1}{R_2}} = \frac{R_2 U_s - R_1 R_2 I_s}{R_1 + R_2}$$

$R_2$ 支路电流为

$$I = \frac{U_{10}}{R_2} = \frac{U_s - R_1 I_s}{R_1 + R_2} = \frac{U_s}{R_1 + R_2} - \frac{R_1}{R_1 + R_2} I_s$$

　　图 2.26(b)是电压源 $U_s$ 单独作用下的情况。此情况下电流源的作用为零，零电流源相当于无限大电阻(即开路)。在 $U_s$ 单独作用下 $R_2$ 支路电流为

$$I' = \frac{U_s}{R_1 + R_2}$$

　　图 2.26(c)是电流源 $I_s$ 单独作用下的情况。此情况下电压源的作用为零，零电压源相

当于零电阻(即短路)。在 $I_s$ 单独作用下 $R_2$ 支路电流为

$$I'' = \frac{R_1}{R_1 + R_2} I_s$$

求所有独立源单独作用下 $R_2$ 支路电流的代数和,得

$$I' - I'' = \frac{U_s}{R_1 + R_2} - \frac{R_1}{R_1 + R_2} I_s = I$$

对 $I'$ 取正号,是因为它的参考方向选择的与 $I$ 的参考方向一致;对 $I''$ 取负号,是因为它的参考方向选择的与 $I$ 的参考方向相反。

使用叠加定理时,应注意以下几点:

(1) 只能用来计算线性电路的电流和电压,对非线性电路,叠加定理不适用。

(2) 叠加时要注意电流和电压的参考方向,求其代数和。

(3) 化为几个单独电源的电路来进行计算时,所谓电压源不作用,就是在该电压源处用短路代替,电流源不作用,就是在该电流源处用开路代替。

(4) 不能用叠加定理直接来计算功率。

叠加定理在线性电路分析中起重要作用,它是分析线性电路的基础。线性电路的许多定理可从叠加定理导出。

独立电源代表外界对电路的作用,我们称其为激励。激励在电路中产生的电流和电压称为响应。由线性电路的性质得知:当电路中只有一个激励时,网络的响应与激励成正此。这个关系称为齐次定理。用齐次定理分析梯形电路比较方便。

**例 2.12**　图 2.27(a)所示桥形电路中,$R_1 = 2\ \Omega$,$R_2 = 1\ \Omega$,$R_3 = 3\ \Omega$,$R_4 = 0.5\ \Omega$,$U_s = 4.5\ \text{V}$,$I_s = 1\ \text{A}$。试用叠加定理求电压源的电流 $I$ 和电流源的端电压 $U$。

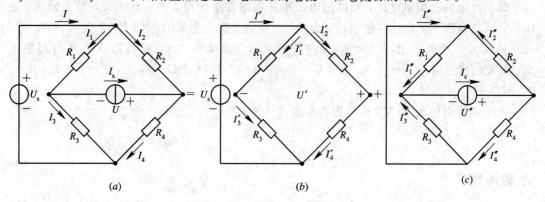

图 2.27　例 2.12 图

**解**　(1) 当电压源单独作用时,电流源开路,如图 2.27(b)所示,各支路电流分别为

$$I_1' = I_3' = \frac{U_s}{R_1 + R_3} = \frac{4.5}{2 + 3} = 0.9\ \text{A}$$

$$I_2' = I_4' = \frac{U_s}{R_2 + R_4} = \frac{4.5}{1 + 0.5} = 3\ \text{A}$$

$$I' = I_1' + I_2' = 0.9 + 3 = 3.9\ \text{A}$$

电流源支路的端电压为

$$U' = R_4 I_4' - R_3 I_3' = 0.5 \times 3 - 3 \times 0.9 = -1.2\ \text{V}$$

（2）当电流源单独作用时，电压源短路，如图 2.27(c)所示，各支路电流分别为

$$I_1'' = \frac{R_3}{R_1 + R_3} \cdot I_s = \frac{3}{2+3} \times 1 = 0.6 \text{ A}$$

$$I_2'' = \frac{R_4}{R_2 + R_4} \cdot I_s = \frac{0.5}{1+0.5} \times 1 = 0.333 \text{ A}$$

$$I'' = I_1'' - I_2'' = 0.6 - 0.333 = 0.267 \text{ A}$$

电流源的端电压为

$$U'' = R_1 I_1'' + R_2 I_2'' = 2 \times 0.6 + 1 \times 0.333 = 1.5333 \text{ V}$$

（3）两个独立源共同作用时，电压源的电流为

$$I = I' + I'' = 3.9 + 0.267 = 4.167 \text{ A}$$

电流源的端电压为

$$U = U' + U'' = -1.2 + 1.5333 = 0.333 \text{ V}$$

**例 2.13** 求图 2.28 所示梯形电路中的支路电流 $I_5$。

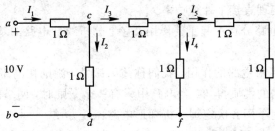

图 2.28 例 2.13 图

**解** 此电路是简单电路，可以用电阻串并联的方法化简，求出总电流，再由分流、分压公式求出电流 $I_5$，但这样很繁琐。为此，可应用齐次定理采用"倒推法"来计算。

先给 $I_5$ 一个假定值，用加撇（ ′ ）的符号表示。设 $I_5' = 1$ A，然后依次推算出其他电压、电流的假定值：$U_{ef}' = 2$ V，$I_3' = I_4' + I_5' = 3$ A，$U_{cd}' = U_{ce}' + U_{ef}' = 5$ V，$I_1' = I_2' + I_3' = 8$ A，$U_{ab}' = U_{ac}' + U_{cd}' = 13$ V。

由于实际电压为 10 V，根据齐次定理可计算得

$$I_5 = 1 \times \frac{10}{13} = 0.769 \text{ A}$$

## ✲ 思考题

1. 试用叠加原理求图 2.29 所示电路中 12 Ω 电阻支路中的电流。

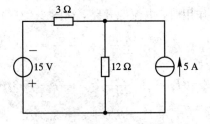

图 2.29 思考题 1 图

2. 当上题中电压源的电压由 15 V 增到 30 V 时，12 Ω 电阻支路中的电流变为多少？

## 2.8   戴 维 南 定 理

戴维南定理是阐明线性有源二端网络外部性能的一个重要定理。若只需分析计算某一支路的电流或电压，则应用戴维南定理具有特殊的优越性。

戴维南定理指出：含独立源的线性二端电阻网络，对其外部而言，都可以用电压源和电阻串联组合等效代替，该电压源的电压等于网络的开路电压，该电阻等于网络内部所有独立源作用为零情况下的网络的等效电阻。

下面我们对戴维南定理给出一般证明。

图 2.30(a)所示电路中，a、b 两端的左边是任一线性有源二端网络，右边是一二端元件。设端口处的电压、电流为 $U$、$I$。首先，将二端元件用电流为 $I$ 的电流源代替，如图 2.30(b)所示，网络端口电压、电流仍为 $U$、$I$。其次，应用叠加定理将图 2.30(b) 看成是图 2.30(c)和图 2.30(d)所示电路的叠加。图 2.30(c)是有源二端网络内部的独立源单独作用，外部电流源不作用的情况，即有源二端网络处于开路状态。若令有源二端网络开路电压为 $U_{oc}$，这时有

$$I' = 0, \quad U' = U_{oc}$$

图 2.30(d)是外部的电流源单独作用，有源二端网络内部的独立源不作用的情况。也就是把有源二端网络化为一个无源网络，对外部而言，它可用等效电阻 $R_i$ 替代。这时有

$$I'' = I, \quad U'' = -R_i I'' = -R_i I$$

将图 2.30(c)和图 2.30(d)叠加得

$$\left. \begin{array}{l} I = I' + I'' = I'' \\ U = U' + U'' = U_{oc} - R_i I \end{array} \right\}$$

由上式得出的等效电路正好是一个由电压源 $U_{oc}$ 与电阻 $R_i$ 的串联组合，如图 2.30(e)所示。也就是说，图 2.30(e)和图 2.30(a)对外部电路而言是等效的。

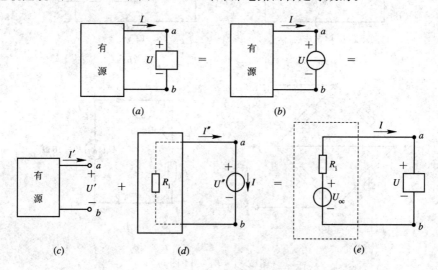

图 2.30   戴维南定理的证明

　　将图 2.30($e$)中的电压源与电阻串联组合又可等效变换为电流源与电阻并联组合，这就是诺顿定理。诺顿定理在本书中不讨论。

　　等效电阻的计算方法有以下三种：

　　（1）设网络内所有电源为零，用电阻串、并联或三角形与星形网络变换加以化简，计算端口 $ab$ 的等效电阻。

　　（2）设网络内所有电源为零，在端口 $a$、$b$ 处施加一电压 $U$，计算或测量输入端口的电流 $I$，则等效电阻 $R_i = U/I$。

　　（3）用实验方法测量，或用计算方法求得该有源二端网络开路电压 $U_{oc}$ 和短路电流 $I_{sc}$，则等效电阻 $R_i = U_{oc}/I_{sc}$。

　　用电压源电阻串联组合等效代替有源二端电阻网络的电路，称为戴维南等效电路。在使用戴维南定理时，应特别注意电压源 $U_{oc}$ 在等效电路中的正确连接。

　　给定一线性有源二端网络，如接在它两端的负载电阻不同，从二端网络传输给负载的功率也不同。可以证明，当外接电阻 $R$ 等于二端网络的戴维南等效电路的电阻 $R_i$ 时，外接电阻获得的功率最大。满足 $R = R_i$ 时，称为负载与电源匹配。在电信工程中，由于信号一般很弱，常要求从信号源获得最大功率，因而必须满足匹配条件。但此时传输效率很低，这在电力工程中是不允许的。在电力系统中，输送功率很大，效率非常重要，故应使电源内阻（以及输电线路电阻）远小于负载电阻。

　　**例 2.14**　图 2.31($a$)所示为一不平衡电桥电路，试求检流计的电流 $I$。

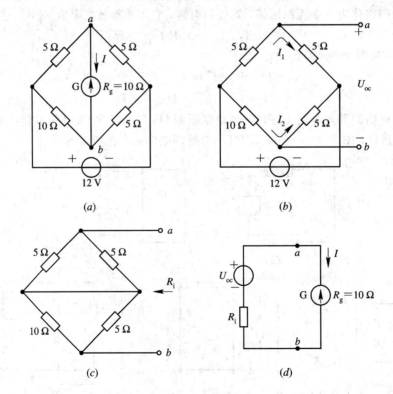

图 2.31　例 2.14 图

**解**　将检流计从 $a$、$b$ 处断开，对端钮 $a$、$b$ 来说，余下的电路是一个有源二端网络。用戴维南定理求其等效电路。开路电压 $U_{oc}$ 为（如图 2.31($b$)所示）

$$U_{oc} = 5I_1 - 5I_2 = 5 \times \frac{12}{5+5} - 5 \times \frac{12}{10+5} = 2 \text{ V}$$

将 12 V 电压源短路，可求得端钮 $a$、$b$ 的输入电阻 $R_i$ 为（如图 2.31($c$)所示）

$$R_i = \frac{5 \times 5}{5+5} + \frac{10 \times 5}{10+5} = 5.83 \ \Omega$$

图 2.31($a$)所示的电路可化为图 2.31($d$)所示的等效电路，因而可求得

$$I = \frac{U_{oc}}{R_i + R_g} = \frac{2}{5.83 + 10} = 0.126 \text{ A}$$

**例 2.15**　求图 2.32($a$)所示电路的戴维南等效电路。

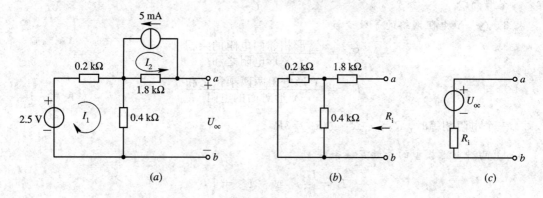

图 2.32　例 2.15 图

**解**　先求开路电压 $U_{oc}$（如图 2.32($a$)所示）：

$$I_1 = \frac{2.5}{0.2 + 0.4} = 4.2 \text{ mA}$$

$$I_2 = 5 \text{ mA}$$

$$U_{oc} = -1.8I_2 + 0.4I_1 = -1.8 \times 5 + 0.4 \times 4.2 = -7.32 \text{ V}$$

然后求等效电阻 $R_i$（如图 2.32($b$)所示）：

$$R_i = 1.8 + \frac{0.2 \times 0.4}{0.2 + 0.4} = 1.93 \text{ k}\Omega$$

画出的戴维南等效电路如图 2.32($c$)所示，其中

$$U_{oc} = -7.32 \text{ V}, \quad R_i = 1.93 \text{ k}\Omega$$

## ✳ 思考题

1. 一个无源二端网络的戴维南等效电路是什么？如何求有源二端网络的戴维南等效电路？

2. 在什么条件下有源二端网络传输给负载电阻的功率最大？这时功率传输的效率是多少？

# 本 章 小 结

**1. 等效变换**

1）$n$ 个电阻串联

等效电阻：
$$R = \sum_{k=1}^{n} R_k$$

分压公式：
$$U_j = U \frac{R_j}{R}$$

2）$n$ 个电导并联

等效电导：
$$G = \sum_{k=1}^{n} G_k$$

分流公式：
$$I_j = I \frac{G_j}{G}$$

3）△—Y 电阻网络的等效变换

$$R_Y = \frac{\triangle 形相邻两电阻的乘积}{\triangle 形电阻之和}$$

$$R_\triangle = \frac{Y 形电阻两两乘积之和}{Y 形对面的电阻}$$

三个电阻相等时，$R_Y = \frac{1}{3} R_\triangle$ 或 $R_\triangle = 3R_Y$。

4）两种电源模型的等效互换条件

$$I_s = \frac{U_s}{R} \quad 或 \quad U_s = RI_s$$

$R$ 的大小不变，只是连接位置改变。

**2. 网络方程法**

1）支路电流法

支路电流法以 $b$ 个支路的电流为未知数，列 $(n-1)$ 个节点电流方程，用支路电流表示电阻电压，列 $m = b - (n-1)$ 个网孔回路电压方程，共列 $b$ 个方程联立求解。

2）网孔电流法

网孔电流法只适用于平面电路，以 $m$ 个网孔电流为未知数，用网孔电流表示支路电流、支路电压，列 $m$ 个网孔电压方程联立求解。

3）节点电压法

节点电压法以 $(n-1)$ 个节点电压为未知数，用节点电压表示支路电压、支路电流，列 $n-1$ 个节点电流方程联立求解。

**3. 网络定理**

1）叠加定理

线性电路中，每一支路的响应等于各独立源单独作用下在此支路所产生的响应的代数和。

2）戴维南定理

含独立源的二端线性电阻网络，对其外部而言都可用电压源和电阻串联组合等效代替。电压源的电压等于网络的开路电压 $U_{oc}$，电阻 $R_i$ 等于网络除源后的等效电阻。

# 习　　题

2.1　求图示电路的等效电阻 $R_{ab}$（图中各电阻的单位均为 $\Omega$）。

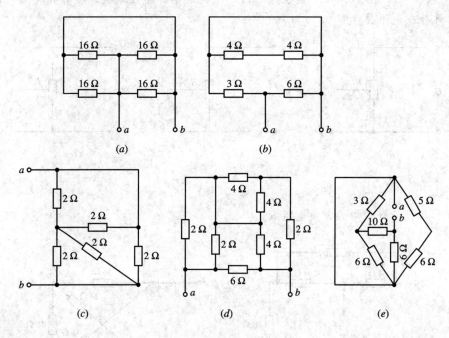

题 2.1 图

2.2　电阻 $R_1$、$R_2$ 串联后接在电压为 36 V 的电源上，电流为 4 A；并联后接在同一电源上，电流为 18 A。

(1) 求电阻 $R_1$ 和 $R_2$。

(2) 并联时，每个电阻吸收的功率为串联时的几倍？

2.3　试求图示电路中的开路电压 $U_{ab}$。

2.4　电路如图所示，试求：

(1) $R=0$ 时的电流 $I$；

(2) $I=0$ 时的电阻 $R$；

(3) $R=\infty$ 时的电流 $I$。

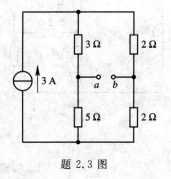

题 2.3 图

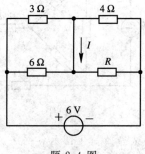

题 2.4 图

2.5　如图(a)所示,有一滑线电阻器作为分压器使用,其电阻 $R=500\,\Omega$,额定电流为 1.8 A,已知外加电压 $U_1=220$ V, $R_1=100\,\Omega$。

(1) 求输出电压 $U_2$。

(2) 用内阻为 5 k$\Omega$ 的电压表去测量输出电压(如图(b)所示),求电压表读数。

(3) 若误将内阻为 0.1 $\Omega$,量程为 2 A 的电流表当作电压表去测量输出电压(如图(c)所示),将会产生什么后果?

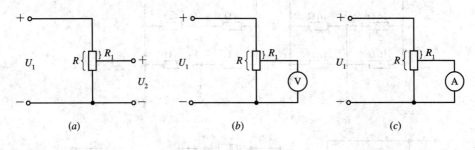

题 2.5 图

2.6　求图示电路中的等效电阻 $R_{ab}$。

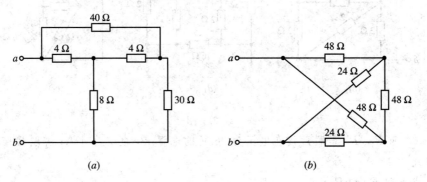

题 2.6 图

2.7　求图示电路中 4 $\Omega$ 电阻的电流。

2.8　求图示电路中的电流 $I$。

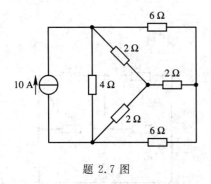

题 2.7 图

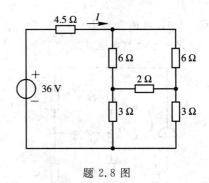

题 2.8 图

2.9　试等效简化图示各网络。

2.10　试等效简化图示网络。

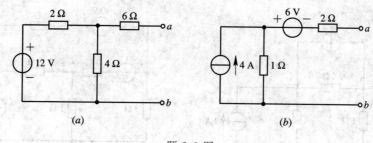

题 2.9 图

2.11　试求图示电路中的电流 $I$。

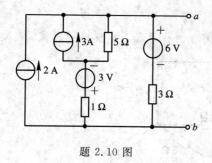

题 2.10 图

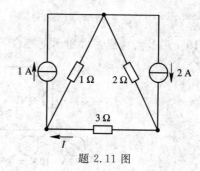

题 2.11 图

2.12　试求图示电路中的 $I$ 和 $U$。

2.13　用支路电流法求图示电路中各支路的电流。

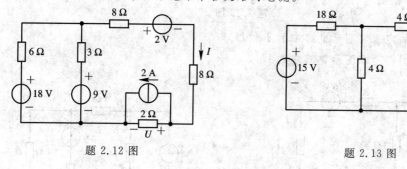

题 2.12 图　　　　　　　　　　题 2.13 图

2.14　用支路电流法求图示电路中各支路的电流及电流源的电压 $U$。

2.15　用网孔电流法求 2.13 题中各支路的电流。

2.16　用网孔电流法求图示电路中各电阻支路的电流。

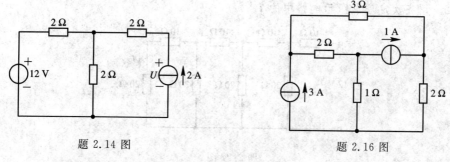

题 2.14 图　　　　　　　　　　题 2.16 图

2.17　用节点电压法求图示电路中各支路的电流。

2.18　用节点电压法求图示电路中的节点电压。

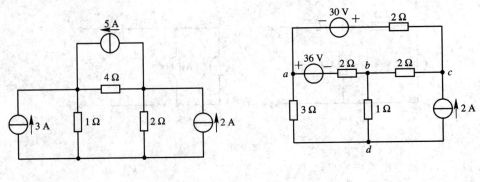

題 2.17 圖　　　　　　　　　　　題 2.18 圖

2.19　用节点电压法求图示电路在 S 打开和闭合两种情况下各支路的电流。

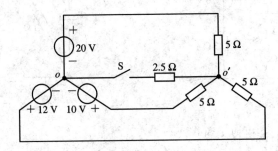

題 2.19 圖

2.20　用叠加定理求图示电路中的 $I$ 和 $U$。

2.21　用叠加定理求图示电路中的 $U$。

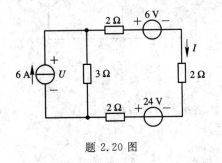

題 2.20 圖

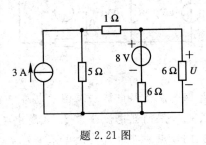

題 2.21 圖

2.22　用齐次定理求图示电路中的 $I$。

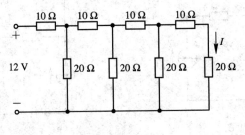

題 2.22 圖

2.23　用戴维南定理求图示电路中 10 Ω 电阻的电流 $I$。

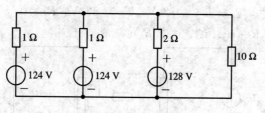

题 2.23 图

2.24 用戴维南定理求图示电路中 20 Ω 电阻的电流 $I$。

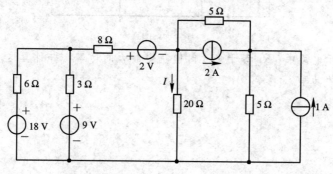

题 2.24 图

2.25 求图示电路的戴维南等效电路。

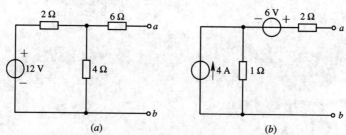

(a)                  (b)

题 2.25 图

2.26 用戴维南定理求图示二端网络端口 $a$、$b$ 的等效电路。

2.27 试对图示网络：

(1) 求开路电压。

(2) 将网络除源，求 $R_i$。

(3) 求短路电流。

(4) 求开路电压与短路电流之比。

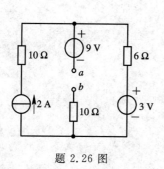

题 2.26 图

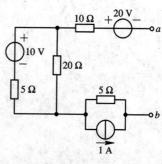

题 2.27 图

2.28　图示电路中，已知 $U_{s1}=72$ V，$U_{s2}=80$ V，$R_1=1.5$ kΩ，$R_2=3$ kΩ，$R_3=2.6$ kΩ，$R_4=1.4$ kΩ，$R=1.5$ kΩ。试求 $R$ 支路的电流。

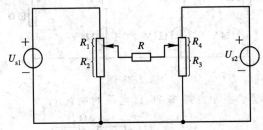

题 2.28 图

2.29　在图示电路中，$R_L$ 等于多大时能获得最大的功率？并计算这时的电流 $I_L$ 及有源二端网络产生的功率。

# 第 3 章

# 电感元件与电容元件

电容器和电感线圈在电工技术和电子电路中的应用极为广泛。它们具有特殊的电磁性能，被用来完成特定的功能，如电力系统中的功率补偿，电子技术中的调谐、滤波、耦合等。本章主要介绍电容器和电感线圈的基本电磁性能，电容元件和电感元件，以及它们的电压与电流关系和储能。

## 3.1　电容元件

### 3.1.1　电容元件的基本概念

任何两个彼此靠近而且又相互绝缘的导体都可以构成电容器。这两个导体叫做电容器的极板，它们之间的绝缘物质叫做介质。

在电容器的两个极板间加上电源后，极板上分别积聚起等量的异性电荷，在介质中建立起电场，并且储存电场能量。电源移去后，由于介质绝缘，电荷仍然可以聚集在极板上，电场继续存在。所以，电容器是一种能够储存能量的器件，这就是电容器的基本电磁性能。但在实际中，当电容器两端电压变化时，介质中往往有一定的介质损耗，而且介质也不可能完全绝缘，因而也存在一定的漏电流。如果忽略电容器的这些次要性能，就可以用一个代表其基本电磁性能的理想二端元件作为模型。电容元件就是实际电容器的理想化模型。

电容元件是一个理想的二端元件，它的图形符号如图 3.1 所示。其中，$+q$ 和 $-q$ 代表该元件正、负极板上的电荷量。

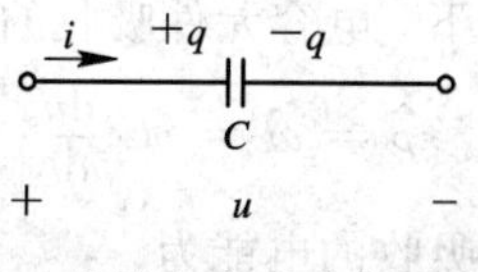

图 3.1　线性电容元件的图形符号

若电容元件上的电压参考方向规定为由正极板指向负极板，则任何时刻都有以下关系：

$$C = \frac{q}{u} \tag{3.1}$$

其中 $C$ 是用以衡量电容元件容纳电荷本领大小的一个物理量，叫做电容元件的电容量，简称电容。它是一个与电荷 $q$、电压 $u$ 无关的正实数，但在数值上等于电容元件的电压每升高一个单位所容纳的电荷量。

电容的 SI 单位为法[拉]，符号为 F(1 F＝1 C/V)。电容器的电容往往比 1 F 小得多，因此常采用微法($\mu$F)和皮法(pF)作为其单位。其换算关系如下：

$$1\ \mu F = 10^{-6}\ F$$
$$1\ pF = 10^{-12}\ F$$

如果电容元件的电容为常量，不随它所带电量的变化而变化，这样的电容元件即为线性电容元件。本书只涉及线性电容元件，除非特别说明，否则都是指线性电容元件。

电容元件和电容器也简称为电容。所以，电容一词，有时指电容元件(或电容器)，有时则指电容元件(或电容器)的电容量。

### 3.1.2　电容元件的 $u$-$i$ 关系

由式(3.1)可知，当电容元件极板间的电压 $u$ 变化时，极板上的电荷也随着变化，电路中就有电荷的转移，于是该电容电路中出现电流。

对于图 3.1 所示的电容元件，选择电流的参考方向指向正极板，即与电压 $u$ 的参考方向关联。假设在时间 $dt$ 内，极板上电荷量改变了 $dq$，则由电流的定义式有

$$i = \frac{dq}{dt}$$

又根据式(3.1)可得 $q＝Cu$，代入上式得

$$i = C\frac{du}{dt} \tag{3.2}$$

这就是关联参考方向下电容元件的电压与电流的约束关系，或电容元件的 $u$-$i$ 关系。

式(3.2)表明：任何时刻，线性电容元件的电流与该时刻电压的变化率成正比，只有当极板上的电荷量发生变化时，极板间的电压才发生变化，电容支路才形成电流。因此，电容元件也叫动态元件。如果极板间的电压不随时间变化，则电流为零，这时电容元件相当于开路。故电容元件有隔断直流(简称隔直)的作用。

### 3.1.3　电容元件的储能

如前所述，电容器两极板间加上电源后，极板间产生电压，介质中建立起电场，并储存电场能量，因此，电容元件是一种储能元件。

在电压和电流关联的参考方向下，电容元件吸收的功率为

$$p = ui = uC\frac{du}{dt}$$

从 $t_0$ 到 $t$ 的时间内，电容元件吸收的电能为

$$w_C = \int_{t_0}^{t} p\ dt = \int_{t_0}^{t} Cu\frac{du}{dt}\ dt = C\int_{u(t_0)}^{u(t)} u\ du$$
$$= \frac{1}{2}Cu^2(t) - \frac{1}{2}Cu^2(t_0) \tag{3.3}$$

若选取 $t_0$ 为电压等于零的时刻，即 $u(t_0)＝0$，经过时间 $t$ 电压升至 $u(t)$，则电容元件吸收的电能以电场能量的形式储存在电场中，此时它吸收的电能可写为

$$w_C = \frac{1}{2}Cu^2(t)$$

从时间 $t_1$ 到 $t_2$，电容元件吸收的能量为

$$w_C = C\int_{u(t_1)}^{u(t_2)} u \, \mathrm{d}u = \frac{1}{2}Cu^2(t_2) - \frac{1}{2}Cu^2(t_1)$$
$$= w_C(t_2) - w_C(t_1)$$

即电容元件吸收的能量等于电容元件在 $t_2$ 和 $t_1$ 时刻的电场能量之差。

电容元件充电时，$|u(t_2)| > |u(t_1)|$，$w_C(t_2) > w_C(t_1)$，$w_C > 0$，元件吸收能量，并全部转换成电场能量；电容元件放电时，$|u(t_2)| < |u(t_1)|$，$w_C(t_2) < w_C(t_1)$，$w_C < 0$，元件释放电场能量。由上式可知，若元件原先没有充电，那么它在充电时吸收的并储存起来的能量一定又会在放电完毕时完全释放，它并不消耗能量。所以，电容元件是一种储能元件。同时，它不会释放出多于它所吸收或储存的能量，因此它也是一种无源元件。

**例 3.1**　图 3.2$(a)$ 所示电路中，电容 $C = 0.5 \, \mu\mathrm{F}$，电压 $u$ 的波形图如图 3.2$(b)$ 所示。求电容电流 $i$，并绘出其波形。

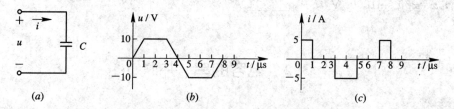

图 3.2　例 3.1 图

**解**　由电压 $u$ 的波形，应用电容元件的电压与电流的约束关系，可求出电流 $i$。

当 $0 \leqslant t \leqslant 1 \, \mu\mathrm{s}$ 时，电压 $u$ 从 0 均匀上升到 10 V，其变化率为

$$\frac{\mathrm{d}u}{\mathrm{d}t} = \frac{10-0}{1 \times 10^{-6}} = 10 \times 10^6 \, \mathrm{V/s}$$

由式(3.2)可得

$$i = C\frac{\mathrm{d}u}{\mathrm{d}t} = 0.5 \times 10^{-6} \times 10 \times 10^6 = 5 \, \mathrm{A}$$

当 $1 \, \mu\mathrm{s} \leqslant t \leqslant 3 \, \mu\mathrm{s}$，$5 \, \mu\mathrm{s} \leqslant t \leqslant 7 \, \mu\mathrm{s}$ 及 $t \geqslant 8 \, \mu\mathrm{s}$ 时，电压 $u$ 为常量，其变化率为

$$\frac{\mathrm{d}u}{\mathrm{d}t} = 0$$

故电流

$$i = C\frac{\mathrm{d}u}{\mathrm{d}t} = 0$$

当 $3 \, \mu\mathrm{s} \leqslant t \leqslant 5 \, \mu\mathrm{s}$ 时，电压 $u$ 由 10 V 均匀下降到 $-10$ V，其变化率为

$$\frac{\mathrm{d}u}{\mathrm{d}t} = \frac{-10-10}{2 \times 10^{-6}} = -10 \times 10^6 \, \mathrm{V/s}$$

故电流

$$i = C\frac{\mathrm{d}u}{\mathrm{d}t} = 0.5 \times 10^{-6} \times -(10 \times 10^6) = -5 \, \mathrm{A}$$

当 7 μs≤$t$≤8 μs 时，电压 $u$ 由−10 V 均匀上升到 0，其变化率为

$$\frac{du}{dt} = \frac{0-(-10)}{1\times 10^{-6}} = 10\times 10^{6}\ \text{V/s}$$

故电流

$$i = C\frac{du}{dt} = 0.5\times 10^{-6}\times 10\times 10^{6} = 5\ \text{A}$$

由所求得的分段电流，可绘出电流 $i$ 的波形，如图 3.2($c$)所示。

## ✲ 思考题

1. 为什么说电容元件在直流电路中相当于开路？

2. 在关联的参考方向下，已知 C=0.5 μF，求电流 $i$。

(1) $u$=100 V，$i$=________ A。

(2) $u$=0.01$t$ V，$i$=________ A。

(3) $u$=200 sin1000$t$ V，$i$=________ A。

# 3.2 电容的串、并联

在实际工作中，经常会遇到电容器的电容量大小不合适或电容器的额定耐压不够高等情况。为此，就需要将若干个电容器适当地加以串、并联以满足需求。

## 3.2.1 电容器的并联

图 3.3($a$)所示为三个电容器并联的电路。

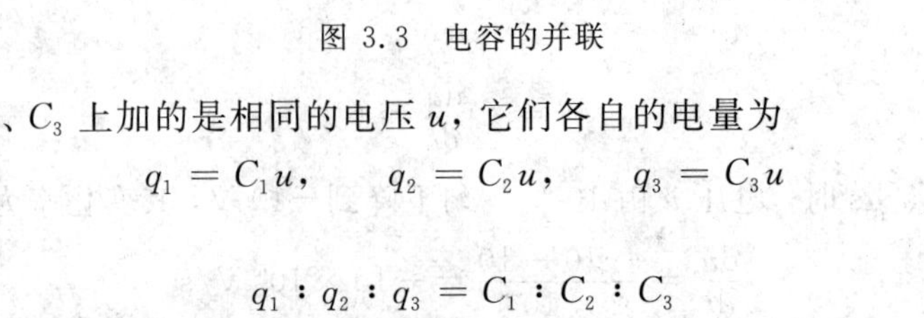


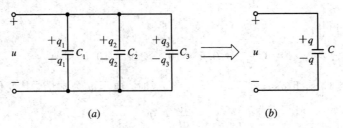

图 3.3 电容的并联

由于 $C_1$、$C_2$、$C_3$ 上加的是相同的电压 $u$，它们各自的电量为

$$q_1 = C_1 u,\qquad q_2 = C_2 u,\qquad q_3 = C_3 u$$

因此

$$q_1 : q_2 : q_3 = C_1 : C_2 : C_3$$

即并联电容器所带的电量与各电容器的电容量成正比。

电容并联后所带的总电量为

$$q = q_1 + q_2 + q_3 = C_1 u + C_2 u + C_3 u = (C_1 + C_2 + C_3)u$$

其等效电容为(如图 3.3(b)所示)

$$C = C_1 + C_2 + C_3 \tag{3.4}$$

电容器并联的等效电容等于并联的各电容器的电容之和。并联电容的数目越多,总电容就越大。

显然,电容器并联时,为了使各个电容器都能安全工作,其工作电压不得超过它们中的最低耐压值(额定电压)。

## 3.2.2　电容器的串联

图 3.4(a)所示为三个电容器串联的电路。

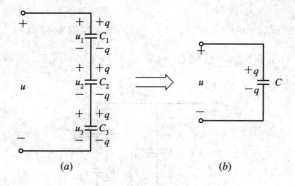

图 3.4　电容的串联

外加电压 $u$ 此时是加在这一电容组合体两端的两块极板上的,使这两块与外电路相连的极板分别充有等量异性电荷 $q$,中间的各个极板则由于静电感应而产生感应电荷,感应电荷量与两端极板上的电荷量相等,均为 $q$。所以,电容串联时,各电容所带电量相等,即

$$q = C_1 u_1 = C_2 u_2 = C_3 u_3$$

每个电容所带的电量为 $q$,而且此电容组合体(即它的等效电容)所带的总电量也为 $q$。

串联电路的总电压为

$$u = u_1 + u_2 + u_3 = \frac{q}{C_1} + \frac{q}{C_2} + \frac{q}{C_3} = q\left(\frac{1}{C_1} + \frac{1}{C_2} + \frac{1}{C_3}\right)$$

又由图 3.4(b)所示的串联电容的等效电容的电压与电量的关系知

$$u = \frac{q}{C}$$

则等效条件为

$$\frac{1}{C} = \frac{1}{C_1} + \frac{1}{C_2} + \frac{1}{C_3} \tag{3.5}$$

也就是说,几个电容串联时,其等效电容的倒数等于各串联电容的倒数之和。

各电容的电压之比为

$$u_1 : u_2 : u_3 = \frac{q}{C_1} : \frac{q}{C_2} : \frac{q}{C_3} = \frac{1}{C_1} : \frac{1}{C_2} : \frac{1}{C_3}$$

即电容串联时,各电容两端的电压与其电容量成反比。

对于电容量 $C$ 一定的电容器,当工作电压等于其耐压值 $U_M$ 时,它所带的电量为

$$q = q_M = CU_M$$

即为电量的限额。

根据上述关系可知，只要电量不超过这一限额，电容器的工作电压就不会超过其耐压值。可按照如下两个步骤求串联电容的工作电压：

(1) 应以串联各电容与其耐压值乘积的最小值为依据，确定电量的限额 $q_M$ 为

$$q_M = CU_M = \{C_1 u_{M1},\ C_2 u_{M2},\ C_3 u_{M3}\}_{min}$$

(2) 根据串联电容的电量相等以及串联电路的特点，确定工作电压 $U_M$ 为

$$U_M = \frac{q_M}{C_1} + \frac{q_M}{C_2} + \frac{q_M}{C_3}$$

或

$$U_M = \frac{q_M}{C} \qquad (\text{其中 } C \text{ 是等效电容的电容量})$$

**例 3.2** 电路如图 3.5 所示，已知 $U = 18\ V$，$C_1 = C_2 = 6\ \mu F$，$C_3 = 3\ \mu F$。求等效电容 $C$ 及各电容两端的电压 $U_1$、$U_2$、$U_3$。

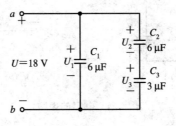

图 3.5 例 3.2 图

**解** $C_2$ 与 $C_3$ 串联的等效电容为

$$C_{23} = \frac{C_2 C_3}{C_2 + C_3} = \frac{6 \times 3}{6 + 3} = 2\ \mu F$$

电路的等效电容为 $C_1$ 与 $C_{23}$ 并联后的等效电容，即

$$C = C_1 + C_{23} = 6 + 2 = 8\ \mu F$$

$C_1$ 的电压为

$$U_1 = U = 18\ V$$

因为

$$U_2 + U_3 = 18\ V$$

且

$$U_2 : U_3 = \frac{1}{C_2} : \frac{1}{C_3} = 1 : 2$$

所以

$$U_2 = 6\ V$$
$$U_3 = 12\ V$$

**例 3.3** 已知电容 $C_1 = 4\ \mu F$，耐压值 $U_{M1} = 150\ V$，电容 $C_2 = 12\ \mu F$，耐压值 $U_{M2} = 360\ V$。

(1) 将两只电容器并联使用，等效电容是多大？最大工作电压是多少？

（2）将两只电容器串联使用，等效电容是多大？最大工作电压是多少？

**解** （1）将两只电容器并联使用时，等效电容为

$$C = C_1 + C_2 = 4 + 12 = 16 \ \mu F$$

其耐压值为

$$U = U_{M1} = 150 \ V$$

（2）将两只电容器串联使用时，等效电容为

$$C = \frac{C_1 C_2}{C_1 + C_2} = \frac{4 \times 12}{4 + 12} = 3 \ \mu F$$

耐压值可以分为以下两个步骤计算：

① 求取电量的限额。

$$q_{M1} = C_1 U_{M1} = 4 \times 10^{-6} \times 150 = 6 \times 10^{-4} \ C$$

$$q_{M2} = C_2 U_{M2} = 12 \times 10^{-6} \times 360 = 43.2 \times 10^{-4} \ C$$

所以电量限额为

$$q_M = \{ C_1 u_{M1}, C_2 u_{M2} \}_{min} = 6 \times 10^{-4} \ C$$

② 求工作电压。

串联电容的耐压值为

$$U_M = U_{M1} + \frac{q_M}{C_2} = 150 + \frac{6 \times 10^{-4}}{12 \times 10^{-6}} = 200 \ V$$

或

$$U_M = \frac{q_M}{C} = \frac{6 \times 10^{-4}}{3 \times 10^{-6}} = 200 \ V$$

## ✳ 思考题

1. 电容并联的基本特点是：

（1）各电容的电压_____。

（2）电容所带的总电量为_____。

电容串联的基本特点是：

（1）各电容所带的电量_____。

（2）电容串联的总电压为_____。

2. 图 3.6 所示的电容串、并联电路中，等效电容各为多少？

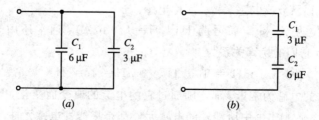

图 3.6 思考题 2 图

# 3.3 电 感 元 件

## 3.3.1 电感元件的基本概念

用导线绕制的空芯线圈或具有铁芯的线圈在工程中具有广泛的应用。

线圈内有电流 $i$ 流过时，电流在该线圈内产生的磁通为自感磁通。在图 3.7 中，$\Phi_L$ 表示电流 $i$ 产生的自感磁通。其中 $\Phi_L$ 与 $i$ 的参考方向符合右手螺旋法则，我们把电流与磁通这种参考方向的关系叫做关联的参考方向。如果线圈的匝数为 $N$，且穿过每一匝线圈的自感磁通都是 $\Phi_L$，则

$$\Psi_L = N\Phi_L$$

即是电流 $i$ 产生的自感磁链。

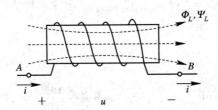

图 3.7 线圈的磁通和磁链

电感元件是一种理想的二端元件，它是实际线圈的理想化模型。实际线圈通入电流时，线圈内及周围都会产生磁场，并储存磁场能量。电感元件就是体现实际线圈基本电磁性能的理想化模型。图 3.8 所示为电感元件的图形符号。

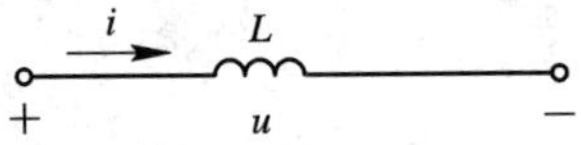

图 3.8 线性电感元件

在磁通 $\Phi_L$ 与电流 $i$ 参考方向关联的情况下，任何时刻电感元件的自感磁链 $\Psi_L$ 与元件的电流 $i$ 的比为

$$L = \frac{\Psi_L}{i_L} \tag{3.6}$$

称为电感元件的自感系数或电感系数，简称电感。

电感的 SI 单位为亨［利］，符号为 H(1 H＝1 Wb/A)。通常还用毫亨(mH)和微亨($\mu$H)作为其单位。它们的换算关系为

$$1\ \text{mH} = 10^{-3}\ \text{H}, \quad 1\ \mu\text{H} = 10^{-6}\ \text{H}$$

如果电感元件的电感为常量，而不随通过它的电流的改变而变化，则称为线性电感元件。除非特别指出，否则本书中所涉及的电感元件都是指线性电感元件。

电感元件和电感线圈也称为电感。所以，电感一词有时指电感元件，有时则是指电感元件或电感线圈的电感系数。

### 3.3.2　电感元件的 $u$-$i$ 关系

电感元件的电流变化时，其自感磁链也随之改变，由电磁感应定律可知，在元件两端会产生自感电压。若选择 $u$、$i$ 的参考方向都和 $\Phi_L$ 关联（如图 3.8 所示），则 $u$ 和 $i$ 的参考方向也彼此关联。此时，自感磁链为

$$\Psi_L = Li$$

而自感电压为

$$u = \frac{\mathrm{d}\Psi_L}{\mathrm{d}t} = \frac{\mathrm{d}(Li)}{\mathrm{d}t}$$

即

$$u = L\frac{\mathrm{d}i}{\mathrm{d}t} \tag{3.7}$$

这就是关联参考方向下电感元件的电压与电流的约束关系或电感元件的 $u$-$i$ 关系。

由式(3.7)可知，电感元件的电压与其电流的变化率成正比。只有当元件的电流发生变化时，其两端才会有电压。因此，电感元件也叫动态元件。电流变化越快，自感电压越大；电流变化越慢，自感电压越小。当电流不随时间变化时，则自感电压为零。所以，直流电路中，电感元件相当于短路。

### 3.3.3　电感元件的储能

当电感线圈中通入电流时，电流在线圈内及线圈周围建立起磁场，并储存磁场能量，因此，电感元件也是一种储能元件。

在电压和电流关联参考方向下，电感元件吸收的功率为

$$p = ui = Li\frac{\mathrm{d}i}{\mathrm{d}t}$$

从 $t_0$ 到 $t$ 时间内，电感元件吸收的电能为

$$w_L = \int_{t_0}^{t} p\,\mathrm{d}t = \int_{t_0}^{t} Li\frac{\mathrm{d}i}{\mathrm{d}t}\,\mathrm{d}t = L\int_{i(t_0)}^{i(t)} i\,\mathrm{d}i$$

$$= \frac{1}{2}Li^2(t) - \frac{1}{2}Li^2(t_0) \tag{3.8}$$

若选取 $t_0$ 为电流等于零的时刻，即 $i(t_0)=0$，经过时间 $t$ 电流升至 $i(t)$，则电感元件吸收的电能以磁场能量的形式储存在磁场中，此时它吸收的电能可写为

$$w_L = \frac{1}{2}Li^2(t)$$

从时间 $t_1$ 到 $t_2$，电感元件吸收的能量为

$$w_L = L\int_{i(t_1)}^{i(t_2)} i\,\mathrm{d}i = \frac{1}{2}Li^2(t_2) - \frac{1}{2}Li^2(t_1) = w_L(t_2) - w_L(t_1)$$

即电感元件吸收的能量等于电感元件在 $t_2$ 和 $t_1$ 时刻的磁场能量之差。

当电流 $|i|$ 增加时，$w_L(t_2) > w_L(t_1)$，$w_L > 0$，元件吸收能量，并全部转换成磁场能量；当电流 $|i|$ 减小时，$w_L(t_2) < w_L(t_1)$，$w_L < 0$，元件释放磁场能量。可见，电感元件并不是把吸收的能量消耗掉，而是以磁场能量的形式储存在磁场中。所以，电感元件是一种

储能元件。同时，它不会释放出多于它所吸收或储存的能量，因此它也是一种无源元件。

**例 3.4**　电路如图 3.9(a)所示，$L=200$ mH，电流 $i$ 的变化如图 3.9(b)所示。

(1) 求电压 $u_L$，并画出其曲线。

(2) 求电感中储存能量的最大值。

(3) 指出电感何时释放能量，何时吸收能量？

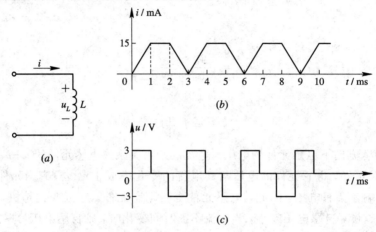

图 3.9　例 3.4 图

**解**　(1) 从图 3.9(b)所示电流的变化曲线可知，电流的变化周期为 3 ms，在电流变化每一个周期的第 1 个 1/3 周期，电流从 0 上升到 15 mA，其变化率为

$$\frac{\mathrm{d}i}{\mathrm{d}t}=\frac{(15-0)\times10^{-3}}{(1-0)\times10^{-3}}=15 \text{ A/s}$$

电感电压为

$$u_L=L\frac{\mathrm{d}i}{\mathrm{d}t}=200\times10^{-3}\times15=3 \text{ V}$$

在第 2 个 1/3 周期中，电流没有变化。电感电压为 $u_L=0$。

在第 3 个 1/3 周期中，电流从 15 mA 下降到 0，其变化率为

$$\frac{\mathrm{d}i}{\mathrm{d}t}=\frac{(0-15)\times10^{-3}}{(1-0)\times10^{-3}}=-15 \text{ A/s}$$

电感电压为

$$u_L=L\frac{\mathrm{d}i}{\mathrm{d}t}=200\times10^{-3}\times(-15)=-3 \text{ V}$$

所以，电压变化的周期为 3 ms，其变化规律为第 1 个 1/3 周期，$u_L=3$ V；第 2 个 1/3 周期，$u_L=0$；第 3 个 1/3 周期，$u_L=-3$ V。

由上述电压的变化规律可以画出其变化曲线，如图 3.9(c)所示。

(2) 从图 3.9(b)所示电流变化曲线中可知

$$i_{\max}=15 \text{ mA}$$

所以电感储存的最大能量为

$$w_{L\max}=\frac{1}{2}Li_{\max}^2=\frac{1}{2}\times200\times10^{-3}\times(15\times10^{-3})^2$$

$$=2.25\times10^{-5} \text{ J}$$

（3）从图 3.9(a)和图 3.9(b)中可以看出，在电压、电流变化对应的每一个周期的第 1
个 1/3 周期中

$$p = ui > 0$$

在第 2 个 1/3 周期中

$$p = ui = 0$$

在第 3 个 1/3 周期中

$$p = ui < 0$$

所以，该电感元件能量的变化规律为在每个能量变化周期的第 1 个 1/3 周期中，$p > 0$，电
感元件吸收能量；第 2 个 1/3 周期中，$p = 0$，电感元件既不发出能量，也不接受能量；第 3
个 1/3 周期中，$p < 0$，电感元件释放能量。

## ✱ 思考题

1. 为什么说电感元件在直流电路中相当于短路？

2. 在关联的参考方向下，已知 $L = 2$ H，通过电感的电流 $i$ 为以下各值时，求电感电
压 $u_L$。

（1）$i = 100$ A，$u_L = $ _____ V。

（2）$i = 0.1t$ A，$u_L = $ _____ V。

（3）$i = 2\sin 314t$ A，$u_L = $ _____ V。

# 本 章 小 结

### 1. 电容元件

电容器就是"容纳电荷的容器"。在电容器两极板上加上电源，两极板分别积聚等量的
异性电荷，在介质中建立起电场，并且储存电场能量，这是电容器的基本电磁性能。

电容元件就是代表电容器基本电磁性能的理想二端元件。电容元件的电量与电压的比

$$C = \frac{q}{u}$$

叫做电容元件的电容，电容的 SI 单位为法［拉］(F)。

电容为常量的电容元件称为线性电容元件。在电压和电流关联参考方向下，电容元件
的电压与电流关系为

$$i = C\frac{\mathrm{d}u}{\mathrm{d}t}$$

在任一时刻 $t$，电容元件储存的电场能量为

$$w_C = \frac{1}{2}Cu^2(t)$$

从时间 $t_1$ 到 $t_2$，电容元件吸收的能量为

$$w_C = \frac{1}{2}Cu^2(t_2) - \frac{1}{2}Cu^2(t_1) = w_C(t_2) - w_C(t_1)$$

### 2. 电容器的连接

当电容器的电容和耐压值不符合要求时，可以把两个或两个以上的电容器以适当的方

式连接起来，得到电容和耐压值符合要求的等效电容。

电容并联时，各电容的电压为同一电压，等效电容等于各并联电容之和，即

$$C = C_1 + C_2 + C_3 \qquad (\text{以三个电容并联为例})$$

并联电容的耐压值等于并联电容中的最低额定电压。

电容串联时，各电容所带的电量相等，等效电容的倒数等于各串联电容的倒数之和，即

$$\frac{1}{C} = \frac{1}{C_1} + \frac{1}{C_2} + \frac{1}{C_3} \qquad (\text{以三个电容串联为例})$$

串联电容的耐压值应根据电量的限额来确定。各电容与其相应耐压值乘积的最小值为串联电容的电量限额，等效电容的耐压即为电量的限额与等效电容的比值。

**3. 电感元件**

实际线圈通入电流时，线圈内及其周围都会产生磁场，并储存磁场能量，这是电感线圈的基本电磁性能。

电感元件就是代表实际线圈基本电磁性能的理想二端元件。电感元件的自感磁链与通过其电流的比

$$L = \frac{\Psi_L}{i_L}$$

称为电感元件的自感系数或电感系数，简称电感。电感的 SI 单位为 H。

电感为常量的电感元件称为线性电感元件。在电压和电流关联参考方向下，电感元件的电压与电流关系为

$$u = L \frac{\mathrm{d}i}{\mathrm{d}t}$$

在任一时刻 $t$，电感元件储存的磁场能量为

$$w_L = \frac{1}{2} L i^2(t)$$

从时间 $t_1$ 到 $t_2$，电感元件吸收的能量为

$$w_L = \frac{1}{2} L i^2(t_2) - \frac{1}{2} L i^2(t_1) = w_L(t_2) - w_L(t_1)$$

## 习　　题

3.1　电路如图所示，已知 $U_s = 20$ V，$R_1 = 60$ Ω，$R_2 = 40$ Ω，$R_3 = 80$ Ω，$C = 100$ μF。

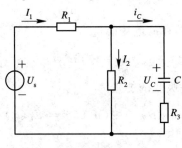

题 3.1 图

求：(1) 电流 $I_1$、$I_2$、$i_C$，电压 $U_C$；

(2) 电容中储存的电场能量 $w_C$。

3.2　$C=5~\mu\mathrm{F}$ 的电容器充电结束时电流 $i=0$，电容上的电压为 10 V。求此时电容储存的电场能量 $w_C$。

3.3　电路如图(a)所示，$C=10~\mu\mathrm{F}$，电源电压的波形如图(b)所示。

(1) 求电流 $i$，并把波形画在图(c)所示的坐标中；

(2) 求 $t_1=2~\mathrm{ms}$，$t_2=4~\mathrm{ms}$，$t_3=6~\mathrm{ms}$ 时的电场能量。

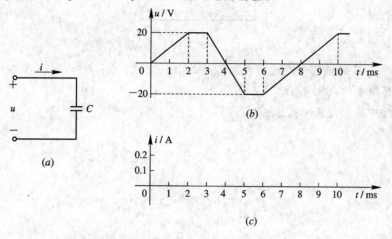

题 3.3 图

3.4　三只电容器的电容及耐压值分别是 $C_1=200~\mu\mathrm{F}$、$U_{\mathrm{M1}}=160$ V，$C_2=5~\mu\mathrm{F}$、$U_{\mathrm{M2}}=120$ V，$C_3=10~\mu\mathrm{F}$、$U_{\mathrm{M3}}=180$ V。求它们并联使用时的最大允许工作电压。

3.5　电路如图所示，$C_1=C_4=2~\mu\mathrm{F}$，$C_2=C_3=4~\mu\mathrm{F}$。S 闭合时，$C_{ab}=$_____；S 打开时，$C_{ab}=$_____。

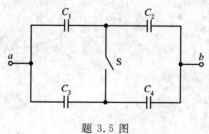

题 3.5 图

3.6　电路如图所示，$C_1=C_2=C_3=30~\mu\mathrm{F}$，测得 $U_1=100$ V。求：

(1) 等效电容 $C_{ab}$；

(2) 外加电压 $U_{ab}$。

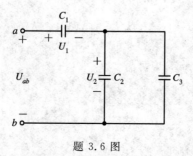

题 3.6 图

3.7　电路如图所示，已知 $U_s = 18$ V，$R_0 = 1$ Ω，$R_L = 2$ Ω，$L = 0.8$ H。求电流 $i$、电感两端电压 $U_L$ 及电感中储存的磁场能量 $w_L$。

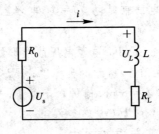

题 3.7 图

3.8　$L = 2$ H 的电感中流过的电流 $i_L = 2\sin100t$ A。求：

(1) 电感两端的电压 $u_L$；

(2) 电感中最大储能 $w_{L\,max}$。

# 第4章 ————

# 正弦交流电路

前面已介绍了直流电路，我们知道直流电路中电流的大小和方向都不随时间变化。但在工农业生产及日常生活中更广泛地使用着正弦交流电。通常，把电压、电流均随时间按正弦函数规律变化的电路称为正弦交流电路。

这一章着重介绍正弦交流电路的基本概念和分析计算方法。

## 4.1 正弦量的基本概念

### 4.1.1 正弦交流电的三要素

确定一个正弦量必须具备三个要素，即振幅值、角频率和初相角。已知这三个要素，这个正弦量就可以完全地描述出来了。

**1. 振幅值(最大值)**

正弦量瞬时值中的最大值，叫振幅值，也叫峰值。用大写字母带下标"m"表示，如 $U_m$、$I_m$ 等。图 4.1 所示正弦交流电的波形图中的 $U_m$ 便是电压的振幅值。振幅值为正值。

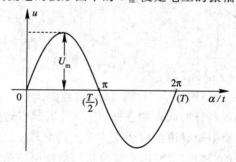

图 4.1　交流电的波形

**2. 角频率 $\omega$**

角频率 $\omega$ 表示正弦量在单位时间内变化的弧度数，即

$$\omega = \frac{\alpha}{t} \tag{4.1}$$

它反映了正弦量变化的快慢。

在一个周期 $T$ 内，正弦量所经历的电角度为 $2\pi$ 弧度。由角频率的定义可知，角频率和频率及周期间的关系为

$$\omega = \frac{2\pi}{T} = 2\pi f \tag{4.2}$$

由角频率的定义可知 $\alpha = \omega t$，则图4.1中正弦电压的解析式便可写成

$$u = U_m \sin\omega t \tag{4.3}$$

**例 4.1**  已知工频 $f = 50$ Hz，试求其周期及角频率。

**解**  周期为

$$T = \frac{1}{f} = \frac{1}{50} = 0.02 \text{ s}$$

角频率为

$$\omega = 2\pi f = 2\pi \times 50 = 314 \text{ rad/s}$$

### 3. 初相

式(4.3)是在计时开始$(t=0)$时发电机有效边处于中性面位置时正弦量的解析式，这是一种特殊情况。一般情况下，若以电枢绕组处在 $\alpha = \theta$ 的位置为计时起点，如图4.2($a$)所示，即 $t=0$ 时线圈所在平面与中性面之间有一夹角 $\theta$，则电枢旋转而产生的感应电动势为

$$e = E_m \sin(\omega t + \theta) \tag{4.4}$$

图4.2($b$)为其波形图。上式中的$(\omega t + \theta)$是反映正弦量变化进程的电角度，可根据$(\omega t + \theta)$确定任一时刻交流电的瞬时值，把这个电角度称为正弦量的"相位"或"相位角"，把 $t=0$ 时刻正弦量的相位叫做"初相"，用字母"$\theta$"表示，规定$|\theta|$不超过 $\pi$ 弧度。

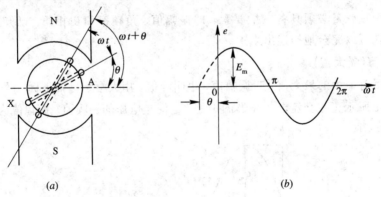

($a$)                                          ($b$)

图4.2  初相不为零的正弦波形

正弦量的相位和初相都与计时起点的选择有关。计时起点选择的不同，相位和初相都不同。由于正弦量一个周期中瞬时值出现两次为零的情况，我们规定由负值向正值变化之间的一个零点叫做正弦量的"零值"，则正弦量的初相便是由正弦量的零值到计时起点$t=0$之间的电角度。图4.3给出了几种不同计时起点的正弦电流的解析式和波形图。由波形图可以看出，若正弦量以零值为计时起点，则初相 $\theta = 0$；若零值在坐标原点左侧，则初相 $\theta$ 为正；若零值在坐标原点右侧，则初相 $\theta$ 为负。

这样，知道了正弦量的三要素，便可以确定出正弦量的解析式，用小写字母表示。下面给出常用的正弦交流电的函数表达式。

$$e = E_m \sin(\omega t + \theta_e) \tag{4.5}$$

$$u = U_m \sin(\omega t + \theta_u) \tag{4.6}$$

$$i = I_m \sin(\omega t + \theta_i) \tag{4.7}$$

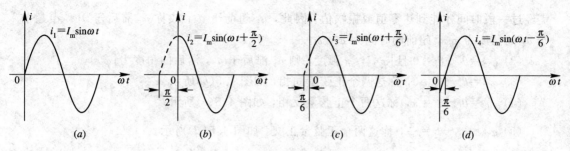

图 4.3　几种不同计时起点的正弦电流波形

**例 4.2**　在选定的参考方向下，已知两正弦量的解析式为 $u=200\,\sin(1000t+200°)$ V，$i=-5\,\sin(314t+30°)$ A，试求两个正弦量的三要素。

**解**　(1)　$u=200\,\sin(1000t+200°)=200\,\sin(1000t-160°)$ V

所以电压的振幅值 $U_m=200$ V，角频率 $\omega=1000$ rad/s，初相 $\theta_u=-160°$。

(2)　$i=-5\,\sin(314t+30°)=5\,\sin(314t+30°+180°)=5\,\sin(314t-150°)$ A

所以电流的振幅值 $I_m=5$ A，角频率 $\omega=314$ rad/s，初相 $\theta_i=-150°$。

**例 4.3**　已知选定参考方向下正弦量的波形图如图 4.4 所示，试写出正弦量的解析式。

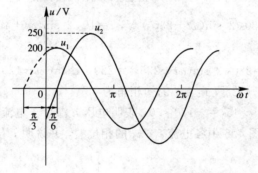

图 4.4　例 4.3 图

**解**
$$u_1=200\,\sin\left(\omega t+\frac{\pi}{3}\right) \text{ V}$$

$$u_2=250\,\sin\left(\omega t-\frac{\pi}{6}\right) \text{ V}$$

## 4.1.2　相位差

两个同频率正弦量的相位之差，称为相位差，用字母"$\varphi$"表示。

有两个正弦量：
$$u_1 = U_{m1}\,\sin(\omega t + \theta_1)$$
$$u_2 = U_{m2}\,\sin(\omega t + \theta_2)$$

它们的相位差为
$$\varphi_{12} = (\omega t + \theta_1) - (\omega t + \theta_2) = \theta_1 - \theta_2 \qquad (4.8)$$

即两个同频率正弦量的相位差等于它们的初相之差。

下面分别加以讨论：

(1) $\varphi_{12}=\theta_1-\theta_2>0$ 且 $|\varphi_{12}|\leqslant\pi$ 弧度，如图 4.5($a$) 所示，$u_1$ 达到零值或振幅值后，$u_2$

需经过一段时间才能到达零值或振幅值。因此，$u_1$ 超前于 $u_2$，或称 $u_2$ 滞后于 $u_1$。$u_1$ 超前于 $u_2$ 的角度为 $\varphi_{12}$，超前的时间为 $\varphi_{12}/\omega$。

(2) $\varphi_{12}=\theta_1-\theta_2<0$ 且 $|\varphi_{12}|\leqslant\pi$ 弧度，则 $u_1$ 滞后于 $u_2$，滞后的角度为 $|\varphi_{12}|$。

(3) $\varphi_{12}=\theta_1-\theta_2=0$，称这两个正弦量同相，如图 4.5(b) 所示。

(4) $\varphi_{12}=\theta_1-\theta_2=\pi$，称这两个正弦量反相，如图 4.5(c) 所示。

(5) $\varphi_{12}=\theta_1-\theta_2=\dfrac{\pi}{2}$，称这两个正弦量正交，如图 4.5(d) 所示。

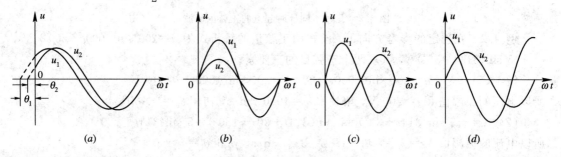

图 4.5　同频率正弦量的几种相位关系

**例 4.4**　已知 $u=220\sqrt{2}\,\sin(\omega t+235°)$ V，$i=10\sqrt{2}\,\sin(\omega t+45°)$ A。求 $u$ 和 $i$ 的初相及两者间的相位关系。

**解**　　　　　　　　$u=220\sqrt{2}\,\sin(\omega t+235°)=220\sqrt{2}\,\sin(\omega t-125°)$ V

所以电压 $u$ 的初相角为 $-125°$，电流 $i$ 的初相角为 $45°$。

$\varphi_{ui}=\theta_u-\theta_i=-125°-45°=-170°<0$，表明电压 $u$ 滞后于电流 $i$ 170°。

**例 4.5**　分别写出图 4.6 中各电流 $i_1$、$i_2$ 的相位差，并说明 $i_1$ 与 $i_2$ 的相位关系。

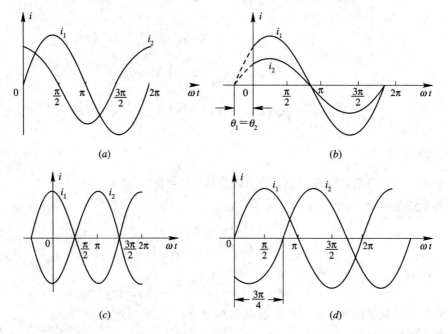

图 4.6　例 4.5 图

**解**　$(a)$ 由图知 $\theta_1=0$，$\theta_2=90°$，$\varphi_{12}=\theta_1-\theta_2=-90°$，表明 $i_1$ 滞后于 $i_2$ 90°。

$(b)$ 由图知 $\theta_1=\theta_2$，$\varphi_{12}=\theta_1-\theta_2=0$，表明二者同相。

$(c)$ 由图知 $\theta_1-\theta_2=\pi$，表明二者反相。

$(d)$ 由图知 $\theta_1=0$，$\theta_2=-\dfrac{3\pi}{4}$，$\varphi_{12}=\theta_1-\theta_2=\dfrac{3\pi}{4}$，表明 $i_1$ 超前于 $i_2\dfrac{3\pi}{4}$。

**例 4.6**　已知 $u_1=220\sqrt{2}\ \sin(\omega t+120°)$ V，$u_2=220\sqrt{2}\ \sin(\omega t-90°)$ V，试分析二者的相位关系。

**解**　$u_1$ 的初相为 $\theta_1=120°$，$u_2$ 的初相为 $\theta_2=-90°$，$u_1$ 和 $u_2$ 的相位差为

$$\varphi_{12}=\theta_1-\theta_2=120°-(-90°)=210°$$

考虑到正弦量的一个周期为 360°，故可以将 $\varphi_{12}=210°$ 表示为 $\varphi_{12}=-150°<0$，表明 $u_1$ 滞后于 $u_2$ 150°。

## ✲ 思考题

1. 已知 $i=10\sqrt{2}\ \sin(3140t-240°)$ A，则 $I_m=$ ＿＿＿＿＿ A，$\omega=$ ＿＿＿＿＿ rad/s，$f=$ ＿＿＿＿＿ Hz，$T=$ ＿＿＿＿＿ s，$\theta_i=$ ＿＿＿＿＿ 弧度。

2. 一个工频正弦电压的最大值为 311 V，在 $t=0$ 时的值为 $-220$ V，试求它的解析式。

3. 三个正弦量 $i_1$、$i_2$ 和 $i_3$ 的最大值分别为 1 A、2 A 和 3 A。若 $i_3$ 的初相角为 60°，$i_1$ 较 $i_2$ 超前 30°，较 $i_3$ 滞后 150°，试分别写出这三个电流的解析式(设正弦量的角频率为 $\omega$)。

# 4.2　正弦量的有效值

## 4.2.1　有效值的定义

前面已介绍了正弦量的瞬时值和最大值，它们都不能确切反映在转换能量方向的效果，为此，引入有效值。在日常生活和生产中常提到的 220 V、380 V 及常用于测量交流电压和交流电流的各种仪表所指示的数字，电气设备铭牌上的额定值都指的是交流电的有效值。交流电的有效值是根据它的热效应确定的。

交流电流 $i$ 通过电阻 $R$ 在一个周期内所产生的热量和直流电流 $I$ 通过同一电阻 $R$ 在相同时间内所产生的热量相等，则这个直流电流 $I$ 的数值叫做交流电流 $i$ 的有效值。有效值用大写字母表示，如 $I$、$U$ 等。

一个周期内直流电通过电阻 $R$ 所产生的热量为

$$Q=I^2RT$$

交流电通过同样的电阻 $R$，在一个周期内所产生的热量为

$$Q=\int_0^T i^2R\ \mathrm{d}t$$

由有效值的定义，这两个电流所产生的热量应该相等，即

$$I^2RT=\int_0^T i^2R\ \mathrm{d}t$$

所以交流电的有效值为

$$I = \sqrt{\frac{1}{T} \int_0^T i^2 \, \mathrm{d}t} \tag{4.9}$$

对于交流电压也有同样的定义，即

$$U = \sqrt{\frac{1}{T} \int_0^T u^2 \, \mathrm{d}t} \tag{4.10}$$

### 4.2.2　正弦量的有效值

当电阻 $R$ 上通以正弦交流电流 $i = I_m \sin\omega t$ 时，由有效值的定义可知

$$I = \sqrt{\frac{1}{T} \int_0^T I_m^2 \sin^2 \omega t \, \mathrm{d}t} = \sqrt{\frac{I_m^2}{T} \int_0^T \frac{1 - \cos 2\omega t}{2} \, \mathrm{d}t}$$

$$= \sqrt{\frac{I_m^2}{2T} \left( \int_0^T \mathrm{d}t - \int_0^T \cos 2\omega t \, \mathrm{d}t \right)} = \sqrt{\frac{I_m^2}{2T}(T - 0)}$$

即

$$I = \frac{I_m}{\sqrt{2}} = 0.707 I_m \tag{4.11}$$

同样，正弦电压的有效值为

$$U = \frac{U_m}{\sqrt{2}} = 0.707 U_m \tag{4.12}$$

这样，只要知道有效值，再乘以 $\sqrt{2}$ 就可以得到它的振幅值。如我们日常所说的照明用电电压为 220 V，其最大值为

$$U_m = 220\sqrt{2} = 311 \text{ V}$$

**例 4.7**　电容器的耐压值为 250 V，问能否用在 220 V 的单相交流电源上？

**解**　因为 220 V 的单相交流电源为正弦电压，其振幅值为 311 V，大于其耐压值 250 V，电容可能被击穿，所以不能接在 220 V 的单相电源上。各种电器件和电气设备的绝缘水平(耐压值)要按最大值考虑。

**例 4.8**　一正弦电压的初相为 60°，有效值为 100 V，试求它的解析式。

**解**　因为 $U = 100$ V，所以其最大值为 $100\sqrt{2}$ V，则电压的解析式为

$$u = 100\sqrt{2} \sin(\omega t + 60°) \text{ V}$$

### ❋ 思考题

1. 用电流表测得一正弦交流电路中的电流为 10 A，则其最大值 $I_m = $ ＿＿＿＿＿ A。

2. 一正弦电压的初相为 60°，在 $t = T/2$ 时的值为 $-465.4$ V，试求它的有效值和解析式。

## 4.3　正弦量的相量表示法

要表示一个正弦量，我们前面介绍了解析式和正弦量的波形图两种方法。但这两种方法在分析和计算交流电路时比较麻烦，为此，下面将介绍正弦量的相量表示法。

相量法要涉及到复数的运算，所以在介绍相量法以前，我们先扼要复习一下复数的运算。

## 4.3.1　复数及四则运算

### 1. 复数

在数学中常用 $A = a + bi$ 表示复数。其中 $a$ 为实部，$b$ 为虚部，$i = \sqrt{-1}$ 称为虚单位。在电工技术中，为区别于电流的符号，虚单位常用 j 表示。

若已知一个复数的实部和虚部，那么这个复数便可确定。

我们取一直角坐标系，其横轴称为实轴，纵轴称为虚轴，这两个坐标轴所在的平面称为复平面。这样，每一个复数在复平面上都可找到唯一的点与之对应，而复平面上每一点也都对应着唯一的复数。如复数 $A = 4 + j3$，所对应的点即为图 4.7 上的 $A$ 点。

复数还可以用复平面上的一个矢量来表示。复数 $A = a + jb$ 可以用一个从原点 $O$ 到 $P$ 点的矢量来表示，如图 4.8 所示，这种矢量称为复矢量。矢量的长度 $r$ 为复数的模，即

$$r = |A| = \sqrt{a^2 + b^2} \tag{4.13}$$

矢量和实轴正方向的夹角 $\theta$ 称为复数 $A$ 的辐角，即

$$\theta = \arctan \frac{b}{a} \qquad (\theta \leqslant 2\pi) \tag{4.14}$$

不难看出，复数 $A$ 的模 $|A|$ 在实轴上的投影就是复数 $A$ 的实部，在虚轴上的投影就是复数 $A$ 的虚部，即

$$\left. \begin{array}{l} a = r\cos\theta \\ b = r\sin\theta \end{array} \right\} \tag{4.15}$$

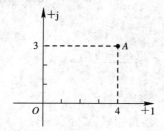

图 4.7　复数在复平面上的表示

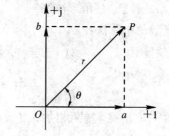

图 4.8　复数的矢量表示

### 2. 复数的四种形式

（1）复数的代数形式：

$$A = a + jb$$

（2）复数的三角形式：

$$A = r\cos\theta + jr\sin\theta$$

（3）复数的指数形式：

$$A = re^{j\theta}$$

（4）复数的极坐标形式：

$$A = r\underline{/\theta}$$

在以后的运算中，代数形式和极坐标形式是常用的，对它们的换算应十分熟练。

**例 4.9**　写出复数 $A_1 = 4 - j3$，$A_2 = -3 + j4$ 的极坐标形式。

**解**　　　　　　$A_1$ 的模 $r_1 = \sqrt{4^2 + (-3)^2} = 5$

$$\text{辐角 } \theta_1 = \arctan \frac{-3}{4} = -36.9° \quad \text{（在第四象限）}$$

则 $A_1$ 的极坐标形式为 $A_1 = 5 \underline{/-36.9°}$。

$$A_2 \text{ 的模 } r_2 = \sqrt{(-3)^2 + 4^2} = 5$$

$$\text{辐角 } \theta_2 = \arctan \frac{-4}{3} = 126.9° \quad \text{（在第二象限）}$$

则 $A_2$ 的极坐标形式为 $A_2 = 5 \underline{/126.9°}$。

**例 4.10**　写出复数 $A = 100 \underline{/30°}$ 的三角形式和代数形式。

**解**　　　　三角形式 $A = 100(\cos 30° + j \sin 30°)$

代数形式 $A = 100(\cos 30° + j \sin 30°) = 86.6 + j50$

**3. 复数的四则运算**

（1）复数的加减法。设

$$A_1 = a_1 + jb_1 = r_1 \underline{/\theta_1}$$

$$A_2 = a_2 + jb_2 = r_2 \underline{/\theta_2}$$

则

$$A_1 \pm A_2 = (a_1 \pm a_2) + j(b_1 \pm b_2) \quad (4.16)$$

即复数相加减时，将实部和实部相加减，虚部和虚部相加减。
图 4.9 为复数相加减矢量图。复数相加符合"平行四边形法则"，复数相减符合"三角形法则"。

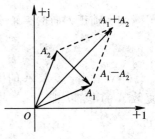

图 4.9　复数相加减矢量图

（2）复数的乘除法：

$$A \cdot B = r_1 \underline{/\theta_1} \cdot r_2 \underline{/\theta_2} = r_1 \cdot r_2 \underline{/\theta_1 + \theta_2} \quad (4.17)$$

$$\frac{A}{B} = \frac{r_1 \underline{/\theta_1}}{r_2 \underline{/\theta_2}} = \frac{r_1}{r_2} \underline{/\theta_1 - \theta_2} \quad (4.18)$$

即复数相乘，模相乘，辐角相加；复数相除，模相除，辐角相减。

**例 4.11**　求复数 $A = 8 + j6$，$B = 6 - j8$ 之和 $A + B$ 及积 $A \cdot B$。

**解**　　　　$A + B = (8 + j6) + (6 - j8) = 14 - j2$

$$A \cdot B = (8 + j6)(6 - j8) = 10 \underline{/36.9°} \cdot 10 \underline{/-53.1°} = 100 \underline{/-16.2°}$$

### 4.3.2　正弦量的相量表示法

给出一个正弦量 $u = U_m \sin(\omega t + \theta)$，在复平面上作一矢量（如图 4.10 所示），满足：
① 矢量的长度按比例等于振幅值 $U_m$；② 矢量和横轴正方向之间的夹角等于初相角 $\theta$；
③ 矢量以角速度 $\omega$ 绕坐标原点逆时针方向旋转。当 $t = 0$ 时，该矢量在纵轴上的投影
$O'a = U_m \sin\theta$。经过一定时间 $t_1$，矢量从 $OA$ 转到 $OB$，这时矢量在纵轴上的投影为
$U_m \sin(\omega t_1 + \theta)$，等于 $t_1$ 时刻正弦量的瞬时值 $O'b$。由此可见，上述旋转矢量既能反映正弦
量的三要素，又能通过它在纵轴上的投影确定正弦量的瞬时值，所以复平面上一个旋转矢量

可以完整地表示一个正弦量。

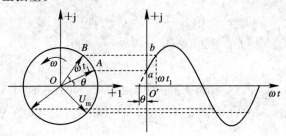

图 4.10　正弦量的复数表示

复平面上的矢量与复数是一一对应的,用复数 $U_m e^{j\theta}$ 来表示复数的起始位置,再乘以旋转因子 $e^{j\omega t}$ 便为上述旋转矢量,即

$$U_m e^{j\theta} \cdot e^{j\omega t} = U_m e^{j(\omega t + \theta)} = U_m \cos(\omega t + \theta) + j U_m \sin(\omega t + \theta)$$

该矢量的虚部即为正弦量的解析式,由于复数本身并不是正弦函数,因此用复数对应地表示一个正弦量并不意味着两者相等。

在正弦交流电路中,由于角频率 $\omega$ 常为一定值,各电压和电流都是同频率的正弦量,这样,便可用起始位置的矢量来表示正弦量,即把旋转因子 $e^{j\omega t}$ 省去,而用复数 $U_m e^{j\theta}$ 对应地表示一个正弦量。

又因为我们常用到正弦量的有效值,所以我们也常用 $U e^{j\theta}$ 来表示一个正弦量,把模等于正弦量的有效值(振幅值),幅角等于正弦量初相的复数称为该正弦量的相量,常用正弦量的大写符号顶上加一圆点"·"来表示。本书中说的相量的模都指有效值,以 $\dot{U}$、$\dot{I}$ 等表示,如

$$\dot{U} = U \underline{/\theta} \tag{4.19}$$

正弦量的相量和复数一样,可以在复平面上用矢量表示。画在复平面上表示相量的图形称为相量图。显然,只有同频率的多个正弦量对应的相量画在同一复平面上才有意义。

只有同频率的正弦量才能相互运算,运算方法按复数的运算规则进行。把用相量表示正弦量进行正弦交流电路运算的方法称为相量法。

**例 4.12**　已知同频率的正弦量的解析式分别为 $i = 10 \sin(\omega t + 30°)$,$u = 220\sqrt{2} \sin(\omega t - 45°)$,写出电流和电压的相量 $\dot{I}$、$\dot{U}$,并绘出相量图。

**解**　由解析式可得

$$\dot{I} = \frac{10}{\sqrt{2}} \underline{/30°} = 5\sqrt{2} \underline{/30°} \text{ A}$$

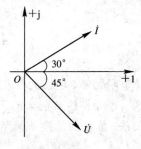

图 4.11　例 4.12 图

$$\dot{U} = \frac{220\sqrt{2}}{\sqrt{2}} \underline{/-45°} \text{ V} = 220 \underline{/-45°} \text{ V}$$

相量图如图 4.11 所示。

**例 4.13**　已知工频条件下,两正弦量的相量分别为 $\dot{U}_1 = 10\sqrt{2} \underline{/60°}$ V,$\dot{U}_2 = 20\sqrt{2} \underline{/-30°}$ V。试求两正弦电压的解析式。

**解**　由于

$$\omega = 2\pi f = 2\pi \times 50 = 100\pi \ \text{rad/s}$$

$$U_1 = 10\sqrt{2} \ \text{V}, \qquad \theta_1 = 60°$$

$$U_2 = 20\sqrt{2} \ \text{V}, \qquad \theta_2 = -30°$$

所以

$$u_1 = \sqrt{2}\,U_1 \ \sin(\omega t + \theta_1) = 20 \ \sin(100\pi t + 60°) \ \text{V}$$

$$u_2 = \sqrt{2}\,U_2 \ \sin(\omega t + \theta_2) = 40 \ \sin(100\pi t - 30°) \ \text{V}$$

## ✵ 思考题

1. 写出下列各正弦量对应的相量，并绘出相量图。

(1) $u_1 = 220\sqrt{2} \ \sin(\omega t + 100°)$ V

(2) $u_2 = 100\sqrt{2} \ \sin(\omega t - 240°)$ V

(3) $i_1 = 10\sqrt{2} \ \cos(\omega t + 30°)$ A

(4) $i_2 = 14.14 \ \sin(\omega t - 90°)$ A

2. 写出下列相量对应的正弦量的解析式($f = 50$ Hz)。

(1) $\dot{I}_1 = 5 \ \underline{/45°}$ A　　　　(2) $\dot{I}_2 = \text{j}10$ A　　　　(3) $\dot{I}_3 = -10 \ \underline{/30°}$ A

(4) $\dot{U}_1 = 380 \ \underline{/240°}$ V　　(5) $\dot{U}_2 = 100 + \text{j}100\sqrt{3}$ V　　(6) $\dot{U}_3 = 220 \ \underline{/40°}$ V

3. 已知 $u_1 = 100\sqrt{2} \ \sin\omega t$ V，$u_2 = 150\sqrt{2} \ \sin(\omega t - 120°)$ V，如图 4.12 所示，判断下列表达式的正(√)误(×)。

(1) $u = u_1 + u_2$　　　　　　　　　　　　(　　)

(2) $\dot{U} = \dot{U}_1 + \dot{U}_2$　　　　　　　　　　　(　　)

(3) $U = U_1 + U_2$　　　　　　　　　　　　(　　)

(4) $U_m = U_{m1} + U_{m2}$　　　　　　　　(　　)

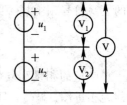

图 4.12　思考题 3 图

4. 已知 $u_1 = 220\sqrt{2} \ \sin\omega t$ V，$u_2 = 220\sqrt{2} \ \sin(\omega t - 240°)$ V，求 $u_1 - u_2$ 并绘出相量图。

# 4.4　正弦电路中的基本元件

电阻元件、电感元件及电容元件是交流电路的基本元件，日常生活中的交流电路都是由这三个元件组合起来的。为了分析这种交流电路，我们先来分析单个元件上电压与电流的关系，能量的转换及储存。

## 4.4.1　电阻元件

### 1. 电阻元件上电压与电流的关系

如图 4.13 所示，当线性电阻 $R$ 两端加上正弦电压 $u_R$ 时，电阻中便有电流 $i_R$ 通过。在任一瞬间，电压 $u_R$ 和电流 $i_R$ 的瞬时值仍服从欧姆定律。在图 4.13 所示电压和电流为关联参考方向时，

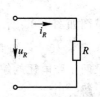

图 4.13　纯电阻电路

便可得到交流电路中电阻元件的下列关系式。

1）电阻元件上电流和电压之间的瞬时关系

$$i_R = \frac{u_R}{R} \tag{4.20}$$

2）电阻元件上电流和电压之间的大小关系

若

$$u_R = U_{Rm} \sin(\omega t + \theta)$$

则

$$i_R = \frac{u_R}{R} = \frac{U_{Rm}}{R} \sin(\omega t + \theta) = I_{Rm} \sin(\omega t + \theta)$$

其中

$$I_{Rm} = \frac{U_{Rm}}{R} \qquad 或 \qquad U_{Rm} = I_{Rm} \cdot R$$

把上式中电流和电压的振幅各除以 $\sqrt{2}$，便可得

$$I_R = \frac{U_R}{R} \tag{4.21}$$

3）电阻元件上电流和电压之间的相位关系

因电阻是纯实数，在电压和电流为关联参考方向时，电流和电压同相。图 4.14($a$) 所示是电阻元件上电流和电压的波形图。

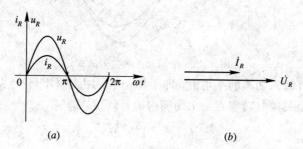

图 4.14　电阻元件上电流与电压之间的关系

**2. 电阻元件上电压与电流的相量关系**

在关联参考方向下，流过电阻元件的电流为

$$i_R = I_{Rm} \sin(\omega t + \theta)$$

对应的相量为

$$\dot{I}_R = I_R \underline{/\theta}$$

加在电阻元件两端的电压为

$$u_R = U_{Rm} \sin(\omega t + \theta)$$

对应的相量为

$$\dot{U}_R = U_R \underline{/\theta} = I_R \cdot R \underline{/\theta}$$

所以有

$$\dot{U}_R = \dot{I}_R R \tag{4.22}$$

式（4.22）就是电阻元件上电压与电流的相量关系，也就是相量形式的欧姆定律。图

4.14(b)是电阻元件上电流和电压的相量图,二者是同相关系。

### 3. 电阻元件的功率

交流电路中,任一瞬间,元件上电压的瞬时值与电流的瞬时值的乘积叫做该元件的瞬时功率,用小写字母 $p$ 表示,即

$$p = ui \tag{4.23}$$

电阻元件通过正弦交流电时,在关联参考方向下,瞬时功率为

$$p_R = u_R i_R = U_{Rm} \sin\omega t \cdot I_{Rm} \sin\omega t = U_{Rm} I_{Rm} \sin^2\omega t$$

$$= \frac{U_{Rm} I_{Rm}}{2}(1 - \cos2\omega t) = U_R I_R (1 - \cos2\omega t)$$

图 4.15 画出了电阻元件的瞬时功率曲线。由上式和功率曲线可知,电阻元件的瞬时功率以电源频率的两倍作周期性变化。在电压和电流为关联参考方向时,在任一瞬间,电压与电流同号,所以瞬时功率恒为正值,即 $p_R \geqslant 0$,表明电阻元件是一个耗能元件,任一瞬间均从电源吸收功率。

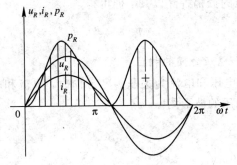

图 4.15　电阻元件的功率曲线

工程上都是计算瞬时功率的平均值,即平均功率,用大写字母 $P$ 表示。周期性交流电路中的平均功率就是其瞬时功率在一个周期内的平均值,即

$$P = \frac{1}{T} \int_0^T p \, \mathrm{d}t$$

正弦交流电路中电阻元件的平均功率为

$$P = \frac{1}{T} \int_0^T p \, \mathrm{d}t = \frac{1}{T} \int_0^T U_R I_R (1 - \cos2\omega t) \, \mathrm{d}t$$

$$= \frac{U_R I_R}{T} \left( \int_0^T 1 \, \mathrm{d}t - \int_0^T \cos2\omega t \, \mathrm{d}t \right)$$

$$= \frac{U_R I_R}{T}(T - 0) = U_R I_R$$

因 $I_R = U_R/R$ 或 $U_R = I_R R$,代入上式可得

$$P = U_R I_R = I_R^2 R = \frac{U_R^2}{R} \tag{4.24}$$

功率的单位为瓦(W),工程上也常用千瓦(kW),两者的换算关系为

$$1 \text{ kW} = 1000 \text{ W}$$

由于平均功率反映了电阻元件实际消耗电能的情况,因此又称有功功率。习惯上常把"平均"或"有功"二字省略,简称功率。例如,60 W 的灯泡,1000 W 的电炉等,瓦数都是指

平均功率。

**例 4.14**　一电阻 $R=100\ \Omega$，$R$ 两端的电压 $u_R=100\sqrt{2}\ \sin(\omega t-30°)$ V。

（1）求通过电阻 $R$ 的电流 $I_R$ 和 $i_R$。

（2）求电阻 $R$ 接受的功率 $P_R$。

（3）作 $\dot{U}_R$、$\dot{I}_R$ 的相量图。

**解**　（1）因为

$$i_R=\frac{u_R}{R}=\frac{100\sqrt{2}\ \sin(\omega t-30°)}{100}=\sqrt{2}\ \sin(\omega t-30°)\ \text{A}$$

所以

$$I_R=\frac{\sqrt{2}}{\sqrt{2}}=1\ \text{A}$$

（2）　　　　$P_R=U_RI_R=100\times1=100\ \text{W}$

或　　　　　$P_R=I_R^2R=1^2\times100=100\ \text{W}$

（3）相量图如图 4.16 所示。

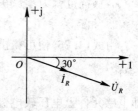

图 4.16　例 4.14 图

## 4.4.2　电感元件

### 1. 电感元件上电压和电流的关系

1）瞬时关系

电感元件上的伏安关系我们曾在第 3 章讲过，在图 4.17 所示的关联参考方向下，有

$$u_L=L\frac{\mathrm{d}i_L}{\mathrm{d}t} \tag{4.25}$$

式（4.25）是电感元件上电压和电流的瞬时关系式，二者是微分关系，而不是正比关系。

图 4.17　纯电感电路

2）大小关系

设

$$i_L=I_{Lm}\sin(\omega t+\theta_i)$$

代入式（4.25）得

$$u_L=L\frac{\mathrm{d}(I_{Lm}\ \sin(\omega t+\theta_i))}{\mathrm{d}t}=I_{Lm}\omega L\ \cos(\omega t+\theta_i)$$

$$=I_{Lm}\omega L\ \sin\left(\omega t+\frac{\pi}{2}+\theta_i\right)$$

所以

$$u_L=U_{Lm}\sin\left(\omega t+\frac{\pi}{2}+\theta_i\right)=U_{Lm}\sin(\omega t+\theta_u) \tag{4.26}$$

式中

$$U_{Lm}=I_{Lm}\omega L \tag{4.27}$$

两边同除以 $\sqrt{2}$ 便得有效值关系：

$$U_L=I_L\omega L=I_LX_L \qquad 或 \qquad I_L=\frac{U_L}{\omega L}=\frac{U_l}{X_L} \tag{4.28}$$

其中

$$X_L = \omega L = 2\pi f L \qquad\qquad (4.29)$$

$X_L$ 称为感抗，当 $\omega$ 的单位为 $1/s$，$L$ 的单位为 H 时，$X_L$ 的单位为 $\Omega$。感抗是用来表示电感线圈对电流的阻碍作用的一个物理量。在电压一定的条件下，$\omega L$ 越大，电路中的电流越小。式(4.29)表明感抗 $X_L$ 与电源的频率(角频率)成正比。电源频率越高，感抗越大，表示电感对电流的阻碍作用越大。反之，频率越低，线圈的感抗也就越小。对直流电来说，频率 $f = 0$，感抗也就为零。电感元件在直流电路中相当于短路。

3）相位关系

由式(4.26)便可得出电感元件上电压和电流的相位关系为

$$\theta_u = \theta_i + \frac{\pi}{2} \qquad\qquad (4.30)$$

即电感元件上电压较电流超前90°，或者说，电流滞后电压90°。图4.18给出了电流和电压的波形图。

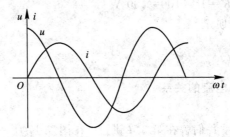

图 4.18　电感元件上电流和电压的波形图

**2. 电感元件上电压和电流的相量关系**

在关联参考方向下，流过电感的电流为

$$i_L = I_{Lm} \sin(\omega t + \theta_i)$$

对应的相量为

$$\dot{I}_L = I_L \underline{/\theta_i}$$

电感元件两端的电压为

$$u_L = I_{Lm}\omega L \, \sin\left(\omega t + \frac{\pi}{2} + \theta_i\right)$$

对应的相量为

$$\dot{U}_L = I_L\omega L \, \underline{\left/\theta_i + \frac{\pi}{2}\right.} = \mathrm{j}\omega L I_L \underline{/\theta_i}$$

所以

$$\dot{U}_L = \mathrm{j}\omega L \dot{I}_L = \mathrm{j}X_L \dot{I}_L \qquad (4.31)$$

电流与电压的相量图如图4.19所示。

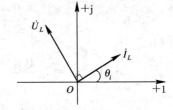

图 4.19　电感元件电流和电压的相量图

**3. 电感元件的功率**

1）瞬时功率

设通过电感元件的电流为

$$i_L = I_{Lm} \sin\omega t$$

则

$$u_L = U_{Lm} \sin\left(\omega t + \frac{\pi}{2}\right)$$

$$p = u_L \cdot i_L = U_{Lm} \sin\left(\omega t + \frac{\pi}{2}\right) \cdot I_{Lm} \sin\omega t$$

$$= I_{Lm} U_{Lm} \sin\omega t \cdot \cos\omega t$$

$$= \frac{1}{2} I_{Lm} U_{Lm} \sin2\omega t$$

$$= I_L U_L \sin2\omega t \qquad (4.32)$$

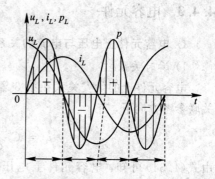

图 4.20　电感元件的功率曲线

式(4.32)说明电感元件的瞬时功率 $p$ 也是随着时间按正弦规律变化的，其频率为电流频率的两倍。图 4.20 给出了功率曲线图。

2）平均功率

$$P = \frac{1}{T} \int_0^T p \, \mathrm{d}t = \frac{1}{T} \int_0^T u_L i_L \sin2\omega t \, \mathrm{d}t = 0$$

由图 4.20 可看到，在第一及第三个 1/4 周期内，瞬时功率为正值，电感元件从电源吸收功率；在第二及第四个 1/4 周期内，瞬时功率为负值，电感元件释放功率。在一个周期内，吸收功率和释放功率是相等的，即平均功率为零。这说明电感元件不是耗能元件，而是"储能元件"。

3）无功功率

我们把电感元件上电压的有效值和电流的有效值的乘积叫做电感元件的无功功率，用 $Q_L$ 表示，即

$$Q_L = U_L I_L = I_L^2 X_L = \frac{U_L^2}{X_L} \qquad (4.33)$$

$Q_L > 0$，表明电感元件是接受无功功率的。

无功功率的单位为"伏安"（V·A），工程中也常用"千伏安"（kV·A）。

$$1 \text{ kV} \cdot \text{A} = 1000 \text{ V} \cdot \text{A}$$

**例 4.15**　已知一个电感 $L = 2$ H，接在 $u_L = 220\sqrt{2} \sin(314t - 60°)$ V 的电源上。求：

（1）$X_L$ 的值。

（2）通过电感的电流 $i_L$。

（3）电感上的无功功率 $Q_L$。

**解**　（1）　　　　　　　$X_L = \omega L = 314 \times 2 = 628 \ \Omega$

（2）　　　　$\dot{I}_L = \frac{\dot{U}_L}{jX_L} = \frac{220 \underline{/-60°}}{628j} = 0.35 \underline{/-150°}$ A

则

$$i_L = 0.35\sqrt{2} \sin(314t - 150°) \text{ A}$$

（3）

$$Q_L = UI = 220 \times 0.35 = 77 \text{ V} \cdot \text{A}$$

### 4.4.3 电容元件

#### 1. 电容元件上电压与电流的关系

1）瞬时关系

电容元件上的伏安关系在第 3 章已讲过了，在图 4.21 所示的
关联参考方向下，有

图 4.21　纯电容电路

$$i_C = C \frac{\mathrm{d}u_C}{\mathrm{d}t} \qquad (4.34)$$

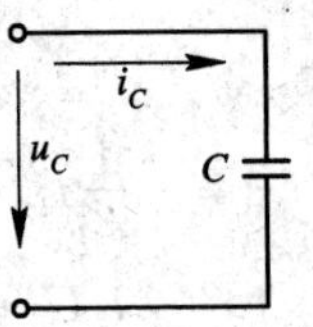

由式(4.34)可知，电容元件上电压和电流的瞬时关系也是微分
关系。

2）大小关系

设

$$u_C = U_{Cm} \sin(\omega t + \theta_u)$$

则

$$i_C = C \frac{\mathrm{d}u_C}{\mathrm{d}t} = \omega C U_{Cm} \cos(\omega t + \theta_u)$$

$$= \omega C U_{Cm} \sin\left(\omega t + \theta_u + \frac{\pi}{2}\right)$$

所以

$$i_C = I_{Cm} \sin\left(\omega t + \theta_u + \frac{\pi}{2}\right) = I_{Cm} \sin(\omega t + \theta_i) \qquad (4.35)$$

式中

$$I_{Cm} = \omega C U_{Cm} \qquad (4.36)$$

两边同除以 $\sqrt{2}$ 可得有效值关系：

$$I_C = \omega C U_C = \frac{U_C}{\dfrac{1}{\omega C}} = \frac{U_C}{X_C} \qquad (4.37)$$

其中

$$X_C = \frac{1}{\omega C} = \frac{1}{2\pi f C} \qquad (4.38)$$

$X_C$ 称为容抗，当 $\omega$ 的单位为 $1/s$，$C$ 的单位为 F 时，$X_C$ 的单位为 $\Omega$。容抗表示电容在充、
放电过程中对电流的一种阻碍作用。在一定的电压下，容抗越大，电路中的电流越小。

由式(4.38)可看出，容抗与电源的频率（角频率）成反比。在直流电路中电容元件的容
抗为无穷大，相当于开路。

3）相位关系

由式(4.35)可得出电容元件上电压和电流的相位关系，即

$$\theta_i = \theta_u + \frac{\pi}{2} \qquad (4.39)$$

即电容元件上电流较电压超前 90°，或电压滞后于电流 90°。图 4.22 给出了电流和电压的
波形图。

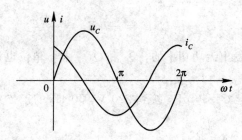

图 4.22　电容元件上电流和电压的波形图

**2. 电容元件上电压与电流的相量关系**

在关联参考方向下，选定电容两端的电压为

$$u_C = U_{Cm} \sin(\omega t + \theta_u)$$

对应的相量为

$$\dot{U}_C = U_C \underline{/\theta_u}$$

通过电容上的电流为

$$i_C = I_{Cm} \sin\left(\omega t + \theta_u + \frac{\pi}{2}\right)$$

对应的相量为

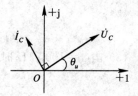

图 4.23　电容元件上电流和
电压的相量图

$$\dot{I}_C = I_C \underline{/\theta_u + \frac{\pi}{2}} = \frac{U_C}{X_C} \underline{/\theta_u + \frac{\pi}{2}} = \omega C U_C \underline{/\theta_u + \frac{\pi}{2}}$$

所以

$$\dot{U}_C = -\mathrm{j} X_C \dot{I}_C \qquad 或 \qquad \dot{I}_C = \frac{\dot{U}_C}{-\mathrm{j} X_C} \tag{4.40}$$

相量图如图 4.23 所示，$\dot{I}_C$ 超前于 $\dot{U}_C$ 90°。

**3. 电容元件的功率**

1）瞬时功率

在电压和电流取关联参考方向时，电容元件上的
瞬时功率为

$$\begin{aligned} p &= u_C i_C = U_{Cm} \sin\omega t \cdot I_{Cm} \sin\left(\omega t + \frac{\pi}{2}\right) \\ &= U_C I_C \sin 2\omega t \end{aligned} \tag{4.41}$$

由式(4.41)可知，电容元件上的瞬时功率也是随时间
而变化的正弦函数，其频率为电流频率的两倍。图
4.24 给出了功率曲线图。

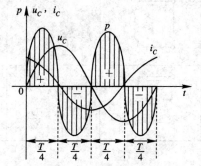

图 4.24　电容元件功率曲线

2）平均功率

$$P = \frac{1}{T} \int_0^T p \, \mathrm{d}t = \frac{1}{T} \int_0^T u_C i_C \sin 2\omega t \, \mathrm{d}t = 0$$

与电感元件一样，电容元件也不是耗能元件，而是储能元件。

3）无功功率

我们把电容元件上电压的有效值与电流的有效值乘积的负值，称为电容元件的无功功
率，用 $Q_C$ 表示，即

$$Q_C = -U_C I_C = -I_C^2 X_C = -\frac{U_C^2}{X_C} \tag{4.42}$$

$Q_C < 0$，表示电容元件是发出无功功率的，$Q_C$ 和 $Q_L$ 一样，单位也是伏安（V·A）或千伏安（kV·A）。

**例 4.16**　已知一电容 $C = 50~\mu\text{F}$，接到 220 V、50 Hz 的正弦交流电源上。求：

(1) $X_C$ 的值。

(2) 电路中的电流 $I_C$ 和无功功率 $Q_C$。

(3) 电源频率变为 1000 Hz 时的容抗。

**解**　(1)　　　$X_C = \dfrac{1}{\omega C} = \dfrac{1}{2\pi f C} = \dfrac{1}{2 \times 3.14 \times 50 \times 10^{-6} \times 50} = 63.7~\Omega$

(2)　　　　　　$I_C = \dfrac{U_C}{X_C} = \dfrac{220}{63.7} = 3.45~\text{A}$

$$Q_C = -U_C I_C = -220 \times 3.45 = -759~\text{V·A}$$

(3) 当 $f = 1000~\text{Hz}$ 时，有

$$X_C = \frac{1}{2\pi f C} = \frac{1}{2 \times 3.14 \times 1000 \times 50 \times 10^{-6}} = 3.18~\Omega$$

表 4.1 为电阻元件、电感元件和电容元件上电压与电流的比较。

**表 4.1　各元件上电压与电流的比较**

| 电　路 | 电压和电流的大小关系 | 相位关系 | 阻　抗 | 功　率 | 相量关系 |
|---|---|---|---|---|---|
| | $U = IR$<br>$I = \dfrac{U}{R}$ | | 电阻 $R$ | $P = UI$<br>$= I^2 R$<br>$= \dfrac{U^2}{R}$ | $\dot{U} = \dot{I}R$ |
| | $U = I\omega L = IX_L$<br>$I = \dfrac{U}{\omega L} = \dfrac{U}{X_L}$ | | 感抗<br>$X_L = \omega L$ | $P = 0$<br>$Q_L = I^2 X_L$<br>$= \dfrac{U^2}{X_L}$ | $\dot{U} = jX_L\dot{I}$ |
| | $U = I\dfrac{1}{\omega C} = IX_C$<br>$I = U\omega C = \dfrac{U}{X_C}$ | | 容抗<br>$X_C = \dfrac{1}{\omega C}$ | $P = 0$<br>$Q_C = -I^2 X_C$<br>$= -\dfrac{U^2}{X_C}$ | $\dot{U} = -jX_C\dot{I}$ |

❋ **思考题**

1. 已知电阻 $R = 10~\Omega$，关联参考方向下，通过电阻的电流 $i = 1.41 \sin(\omega t + 60°)\text{A}$，求：

(1) $u_R$ 及 $U_R$。

(2) 电阻接受的功率 $P$。

2. 一电感 $L = 0.127~\text{H}$，$u_L = 220\sqrt{2}~\sin(314t + 30°)\text{V}$。求：

(1) 电流 $I_L$。

(2) 有功功率 $P_L$。

(3) 无功功率 $Q_L$。

3. 一高压电缆的电容 $C = 10 \ \mu F$，外加电压为 $u = 10\sqrt{2} \ \sin 314t$ kV，求在关联参考方向下的电流及储存的最大电场能量。

## 4.5  基尔霍夫定律的相量形式

前面我们分析了电阻元件、电感元件与电容元件上电压和电流的相量关系。本节介绍正弦电路中基尔霍夫定律的相量形式。

### 4.5.1  相量形式的基尔霍夫电流定律

基尔霍夫电流定律的实质是电流的连续性原理。在交流电路中，任一瞬间电流总是连续的，因此，基尔霍夫定律也适用于交流电路的任一瞬间。即任一瞬间流过电路的一个节点(闭合面)的各电流瞬时值的代数和等于零，亦即

$$\sum i = 0 \tag{4.43}$$

既然适用于瞬时值，那么解析式也同样适用，即流过电路中的一个节点的各电流解析式的代数和等于零。

正弦交流电路中各电流都是与电源同频率的正弦量，把这些同频率的正弦量用相量表示即得

$$\sum \dot{I} = 0 \tag{4.44}$$

电流前的正、负号是由其参考方向决定的。若支路电流的参考方向流出节点取正号，流入节点取负号，式(4.44)就是相量形式的基尔霍夫电流定律(KCL)。

### 4.5.2  相量形式的基尔霍夫电压定律

根据能量守恒定律，基尔霍夫电压定律也同样适用于交流电路的任一瞬间，即任一瞬间，电路的任一个回路中各段电压瞬时值的代数和等于零，亦即

$$\sum u = 0 \tag{4.45}$$

在正弦交流电路中，各段电压都是同频率的正弦量，所以表示一个回路中各段电压相量的代数和也等于零，即

$$\sum \dot{U} = 0 \tag{4.46}$$

这就是相量形式的基尔霍夫电压定律(KVL)。

**例 4.17**  图 4.25(a)、(b)所示电路中，已知电流表 $A_1$、$A_2$、$A_3$ 都是 10 A，求电路中电流表 A 的读数。

**解**  设端电压 $\dot{U} = U \underline{/0°}$ V。

(1) 选定电流的参考方向如图(a)所示，则

$$\dot{I}_1 = 10 \underline{/0°} \ A \qquad (与电压同相)$$

$$\dot{I}_2 = 10 \underline{/-90°} \ A \qquad (滞后于电压 90°)$$

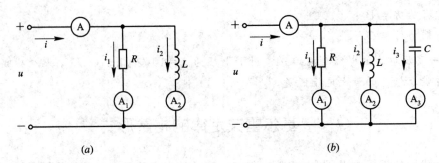

图 4.25　例 4.17 图

由 KCL 得

$$\dot{I} = \dot{I}_1 + \dot{I}_2 = 10 \underline{/0^\circ} + 10 \underline{/-90^\circ} = 10 - 10j = 10\sqrt{2} \underline{/-45^\circ}\ \text{A}$$

所以电流表 A 的读数为 $10\sqrt{2}$ A。（注意：这与直流电路是不同的，总电流并不是 20 A。）

（2）选定电流的参考方向如图 (b) 所示，则

$$\dot{I}_1 = 10 \underline{/0^\circ}\ \text{A}$$

$$\dot{I}_2 = 10 \underline{/-90^\circ}\ \text{A}$$

$$\dot{I}_3 = 10 \underline{/90^\circ}\ \text{A} \qquad （超前于电压 90^\circ）$$

由 KCL 得

$$\dot{I} = \dot{I}_1 + \dot{I}_2 + \dot{I}_3 = 10 \underline{/0^\circ} + 10 \underline{/-90^\circ} + 10 \underline{/90^\circ} = 10\ \text{A}$$

所以电流表 A 的读数为 10 A。

**例 4.18**　图 4.26 (a)、(b) 所示电路中，电压表 $V_1$、$V_2$、$V_3$ 的读数都是 50 V，试分别求各电路中电压表 V 的读数。

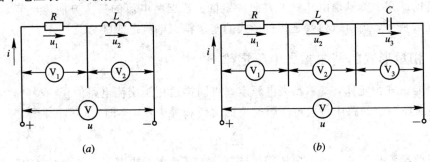

图 4.26　例 4.18 图

**解**　设电流为参考相量，即 $\dot{I} = I \underline{/0^\circ}$。

（1）选定 $i$、$u_1$、$u_2$、$u$ 的参考方向如图 (a) 所示，则

$$\dot{U}_1 = 50 \underline{/0^\circ}\ \text{V} \qquad （与电流同相）$$

$$\dot{U}_2 = 50 \underline{/90^\circ}\ \text{V} \qquad （超前于电流 90^\circ）$$

由 KVL 得

$$\dot{U} = \dot{U}_1 + \dot{U}_2 = 50 \underline{/0^\circ} + 50 \underline{/90^\circ} = 50 + 50j = 50\sqrt{2} \underline{/45^\circ}\ \text{V}$$

所以电压表 V 的读数为 $50\sqrt{2}$ V。

（2）选定 $i$、$u_1$、$u_2$、$u_3$ 的参考方向如图 (b) 所示，则

$$\dot{U}_1 = 50\ \underline{/0°}\ \text{V}$$

$$\dot{U}_2 = 50\ \underline{/90°}\ \text{V}$$

$$\dot{U}_3 = 50\ \underline{/-90°}\ \text{V} \qquad (\text{滞后于电流 } 90°)$$

由 KCL 得

$$\dot{U} = \dot{U}_1 + \dot{U}_2 + \dot{U}_3 = 50\ \underline{/0°} + 50\ \underline{/90°} + 50\ \underline{/-90°} = 50 + 50\text{j} - 50\text{j} = 50\ \text{V}$$

所以电压表 V 的读数为 50 V。

## 4.6 复阻抗、复导纳及其等效变换

### 4.6.1 复阻抗与复导纳

**1. 复阻抗**

前面我们分析了电路中的电阻、电感和电容元件上的电流和电压的相量关系，分别为

$$\frac{\dot{U}_R}{\dot{I}_R} = R$$

$$\frac{\dot{U}_L}{\dot{I}_L} = \text{j}\omega L$$

$$\frac{\dot{U}_C}{\dot{I}_C} = -\text{j}\frac{1}{\omega C}$$

以上各式可以用如下统一形式来表示，即

$$\frac{\dot{U}}{\dot{I}} = Z$$

把式中 $Z$ 称为元件的阻抗。

把以上对元件上电流、电压的相量关系的讨论推广到正弦交流电路，如图 4.27 所示。

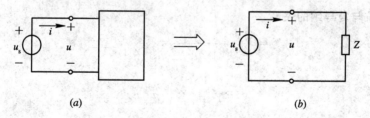

$$(a) \qquad\qquad\qquad (b)$$

图 4.27　正弦交流电路的复阻抗

设加在电路中的端电压为 $u = \sqrt{2}U\sin(\omega t + \theta_u)$，对应的相量为 $\dot{U} = U\ \underline{/\theta_u}$，通过电路端口的电流为 $i = \sqrt{2}I\sin(\omega t + \theta_i)$，对应的相量为 $\dot{I} = I\ \underline{/\theta_i}$。$\dot{U}$ 和 $\dot{I}$ 之比用 $Z$ 表示，即有

$$\frac{\dot{U}}{\dot{I}} = Z = |Z|\ \underline{/\varphi} = \frac{U\ \underline{/\theta_u}}{I\ \underline{/\theta_i}} \tag{4.47}$$

$Z$ 称为该电路的阻抗，由上式还可得

$$|Z| = \frac{U}{I} \tag{4.48}$$

$$\varphi = \theta_u - \theta_i \tag{4.49}$$

$Z$ 是一个复数，所以又称为复阻抗，$|Z|$ 是阻抗的模，$\varphi$ 为阻抗角。复阻抗的图形符号与电阻的图形符号相似。复阻抗的单位为 $\Omega$。

阻抗 $Z$ 用代数形式表示时，可写为 $Z=R+jX$，$Z$ 的实部为 $R$，称为"电阻"，$Z$ 的虚部为 $X$，称为"电抗"，它们之间符合阻抗三角形（如图 4.28 所示），从而有下列关系式：

$$|Z| = \sqrt{R^2 + X^2} \qquad (4.50)$$

$$\varphi = \arctan\frac{X}{R} \qquad (4.51)$$

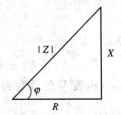

图 4.28　阻抗三角形

**2. 复导纳**

复阻抗的倒数叫复导纳，用大写字母 $Y$ 表示，即

$$Y = \frac{1}{Z} \qquad (4.52)$$

在国际单位制中，$Y$ 的单位是西门子，用"S"表示，简称"西"。由于 $Z=R+jX$，因此

$$Y = \frac{1}{Z} = \frac{1}{R+jX} = \frac{R-jX}{R^2+X^2} = \frac{R}{|Z|^2} + j\frac{-X}{|Z|^2} = G+jB$$

复导纳 $Y$ 的实部称为电导，用 $G$ 表示；复导纳的虚部称为电纳，用 $B$ 表示，由上式可知

$$\left. \begin{array}{l} G = \dfrac{R}{|Z|^2} \\[2mm] B = \dfrac{-X}{|Z|^2} \end{array} \right\} \qquad (4.53)$$

复导纳的极坐标形式为

$$Y = G+jB = |Y|\underline{/\varphi'}$$

$|Y|$ 为复导纳的模，$\varphi'$ 为复导纳的导纳角，所以有

$$|Y| = \sqrt{G^2 + B^2} \qquad (4.54)$$

$$\varphi' = \arctan\frac{B}{G} \qquad (4.55)$$

**3. 复阻抗与复导纳的关系**

$$Y = \frac{1}{Z} = \frac{1}{|Z|\underline{/\varphi}} = \frac{1}{|Z|}\underline{/-\varphi}$$

又

$$Y = |Y|\underline{/\varphi'}$$

可以看出

$$|Y| = \frac{1}{|Z|} \qquad (4.56)$$

$$\varphi' = -\varphi \qquad (4.57)$$

即复导纳的模等于对应复阻抗模的倒数，导纳角等于对应阻抗角的负值。

当电压和电流的参考方向一致时，用复导纳表示的欧姆定律为

$$\dot{I} = \dot{U}Y \qquad (4.58)$$

## 4.6.2　复阻抗与复导纳的等效变换

上面我们分别讨论了复阻抗和复导纳，在交流电路中，有时为了分析电路时方便，常

要将复阻抗等效为复导纳或将复导纳等效为复阻抗。对于一个无源二端网络，不论其内部结构如何，从等效的角度来看，只要端口间电压 $\dot{U}$ 和电流 $\dot{I}$ 保持不变，二者即可等效。下面来分析二者的等效变换。

**1. 将复阻抗等效为复导纳**

图 4.29(a)所示为电阻 $R$ 与电抗 $X$ 串联组成的复阻抗，即 $Z=R+jX$。图 4.29(b)所示为电导 $G$ 与电纳 $B$ 组成的复导纳，即 $Y=G+jB$。

根据等效的含义：两个二端网络只要端口处具有完全相同的电压电流关系，二者便是互为等效的。可见，式(4.53)就是由复阻抗等效为复导纳的参数条件。

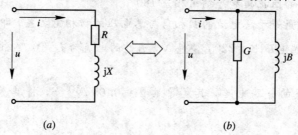

图 4.29　复阻抗与复导纳的等效变换

**2. 将复导纳等效为复阻抗**

与上述类似，同样如图 4.29(a)、(b)所示，其端口的电压 $\dot{U}$ 和电流 $\dot{I}$ 保持不变时，有

$$Z=\frac{1}{Y}=\frac{1}{G+jB}=\frac{G-jB}{G^2+B^2}=\frac{G}{G^2+B^2}-\frac{jB}{G^2+B^2}=R+jX$$

所以

$$R=\frac{G}{G^2+B^2} \tag{4.59}$$

$$X=\frac{-B}{G^2+B^2} \tag{4.60}$$

式(4.59)和式(4.60)就是由复导纳等效变换为复阻抗的参数条件。

**例 4.19**　已知加在电路上的端电压为 $u=311\sin(\omega t+60°)$ V，通过电路中的电流为 $\dot{I}=10\underline{/-30°}$ A。求 $|Z|$、阻抗角 $\varphi$ 和导纳角 $\varphi'$。

**解**　电压的相量为 $\dot{U}=\dfrac{311}{\sqrt{2}}\underline{/60°}$ V，所以

$$|Z|=\frac{U}{I}=\frac{220}{10}=22\ \Omega$$

$$\varphi=\theta_u-\theta_i=60°-(-30°)=90°$$

$$\varphi'=-\varphi=-90°$$

**例 4.20**　如图 4.29(a)所示，已知电阻 $R=6\ \Omega$，$X=8\ \Omega$，试求其等效复导纳。

**解**　由已知条件知

$$Z=R+jX=6+j8\ \Omega$$

由式(4.53)可知

$$G=\frac{R}{|Z|^2}=\frac{R}{R^2+X^2}=\frac{6}{100}=0.06\ S$$

$$B = \frac{-X}{|Z|^2} = \frac{-X}{R^2 + X^2} = \frac{-8}{100} = -0.08 \text{ S}$$

所以

$$Y = G + jB = 0.06 - j0.08 \text{ S}$$

## ❋ 思考题

1. 试判断下列叙述的正($\checkmark$)误($\times$)。

(1) 电路中的电压 $\dot{U}$ 一定超前电流 $\dot{I}$ 为 $\varphi$ 角。　　　　　　　　　　（　　）

(2) 同一电路中的阻抗角和导纳角相差 $180°$。　　　　　　　　　　　（　　）

(3) 电路的导纳角等于总电流的初相角与总电压的初相角之差，即 $\varphi = \theta_i - \theta_u$。（　　）

2. 已知电路的端电压 $\dot{U} = 220 \underline{/-30°}$ V，通过的电流为 $i = 10\sqrt{2}\sin(\omega t + 30°)$ A，求 Y 和导纳角 $\varphi'$。

3. 由 $G$、$B$ 组成的并联电路，其复导纳 $Y = 0.05 \underline{/30°}$ S，将其等效变换为复阻抗，求 $Z$。

# 4.7　RLC 串联电路

电阻、电感、电容串联电路是具有一般意义的典型电路，它包含了三个不同的电路参数。常用的串联电路都可认为是这种电路的特例。

## 4.7.1　电压与电流的关系

图 4.30 给出了 RLC 串联电路。电路中流过各元件的是同一个电流 $i$，若电流 $i = I_m \sin\omega t$，则其相量为

$$\dot{I} = I \underline{/0°}$$

电阻元件上的电压为

$$\dot{U}_R = \dot{I}R$$

电感元件上的电压为

$$\dot{U}_L = \dot{I}jX_L$$

电容元件上的电压为

$$\dot{U}_C = -\dot{I}jX_C$$

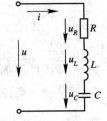

图 4.30　RLC 串联电路

由 KVL 得

$$\dot{U} = \dot{U}_R + \dot{U}_L + \dot{U}_C = \dot{I}R + \dot{I}jX_L - \dot{I}jX_C = \dot{I}[R + j(X_L - X_C)]$$

所以

$$\dot{U} = \dot{I}(R + jX) = \dot{I}Z \tag{4.61}$$

其中 $X = X_L - X_C$ 称为 RLC 串联电路的电抗，$X$ 的正、负关系到电路的性质。

## 4.7.2　电路的性质

**1. 电感性电路：$X_L > X_C$**

此时，$X > 0$，$U_L > U_C$，阻抗角 $\varphi = \arctan\dfrac{X}{R} > 0$。

以电流 $\dot{I}$ 为参考方向，$\dot{U}_R$ 和电流 $\dot{I}$ 同相，$\dot{U}_L$ 超前于电流 $\dot{I}$ 90°，$\dot{U}_C$ 滞后于电流 $\dot{I}$ 90°。将各电压相量相加，即得总电压 $\dot{U}$。相量图如图 4.31(a)所示，从相量图中可看出，电流滞后于电压 $\varphi$ 角。

**2. 电容性电路：$X_L < X_C$**

此时，$X < 0$，$U_L < U_C$，阻抗角 $\varphi < 0$。如前所述作相量图，如图 4.31(b)所示，从相量图中可看出，电流超前于电压 $\varphi$ 角。

**3. 电阻性电路：$X_L = X_C$**

此时，$X = 0$，$U_L = U_C$，阻抗角 $\varphi = 0$。其相量图如图 4.31(c)所示，此时电流与电压同相。

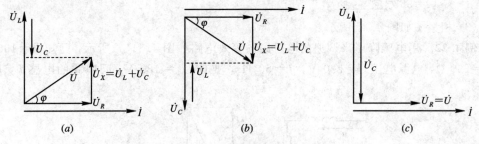

图 4.31　$RLC$ 串联电路的相量图

注意：这种电路相当于纯电阻电路，但与纯电阻电路不同，因为它本质上是有感抗和容抗的，只是作用相互抵消而已，所以称它为"电阻性"电路。

### 4.7.3　阻抗串联电路

图 4.32 给出了多个复阻抗（每个复阻抗都由 $R$、$L$、$C$ 组合而成）串联的电路，电流和电压的参考方向如图中所示。

由 KVL 可得

$$\dot{U} = \dot{U}_1 + \dot{U}_2 + \cdots + \dot{U}_n$$
$$= \dot{I}Z_1 + \dot{I}Z_2 + \cdots + \dot{I}Z_n$$
$$= \dot{I}(Z_1 + Z_2 + \cdots + Z_n)$$
$$= \dot{I}Z$$

其中 $Z$ 为串联电路的等效阻抗，由上式可得

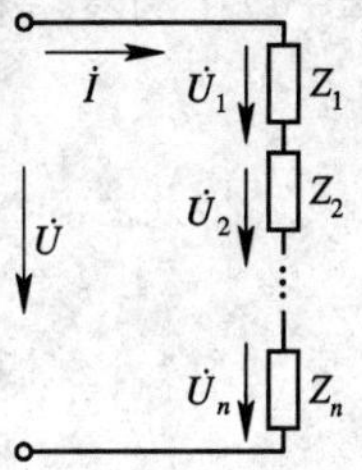

图 4.32　多阻抗串联

$$Z = Z_1 + Z_2 + \cdots + Z_n \tag{4.62}$$

即串联电路的等效复阻抗等于各串联复阻抗之和。

**例 4.21**　有一 $RLC$ 串联电路，其中 $R = 30\ \Omega$，$L = 382\ \text{mH}$，$C = 39.8\ \mu\text{F}$，外加电压 $u = 220\sqrt{2}\ \sin(314t + 60°)\ \text{V}$。

(1) 试求复阻抗 $Z$，并确定电路的性质。

(2) 求 $\dot{I}$、$\dot{U}_R$、$\dot{U}_L$、$\dot{U}_C$。

(3) 绘出相量图。

**解**　(1)　$Z = R + \mathrm{j}(X_L - X_C) = R + \mathrm{j}\left(\omega L - \dfrac{1}{\omega C}\right) = 30 + \mathrm{j}\left(314 \times 0.382 - \dfrac{10^6}{314 \times 39.8}\right)$

$= 30 + \mathrm{j}(120 - 80) = 30 + \mathrm{j}40 = 50\ \underline{/53.1°}\ \Omega$

$$\varphi = 53.1° > 0$$

所以此电路为电感性电路。

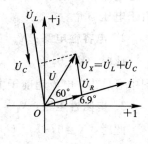

图 4.33  例 4.21 相量图

(2)  $\dot{I} = \dfrac{\dot{U}}{Z} = \dfrac{220 \,\underline{/60°}}{50 \,\underline{/53.1°}} = 4.4 \,\underline{/6.9°}\ \text{A}$

$\dot{U}_R = \dot{I}R = 4.4 \,\underline{/6.9°} \times 30 = 132 \,\underline{/6.9°}\ \text{V}$

$\dot{U}_L = \dot{I}\mathrm{j}X_L = 4.4 \,\underline{/6.9°} \times 120 \,\underline{/90°}$

$\qquad = 528 \,\underline{/96.9°}\ \text{V}$

$\dot{U}_C = -\dot{I}\mathrm{j}X_C = 4.4 \,\underline{/6.9°} \times 80 \,\underline{/-90°}$

$\qquad = 352 \,\underline{/-83.1°}\ \text{V}$

(3) 相量图如图 4.33 所示。

**例 4.22**  用电感降压来调速的电风扇的等效电路如图 4.34($a$)所示，已知 $R = 190\ \Omega$，$X_{L_1} = 260\ \Omega$，电源电压 $U = 220\ \text{V}$，$f = 50\ \text{Hz}$，要使 $U_2 = 180\ \text{V}$，问串联的电感 $L_X$ 应为多少？

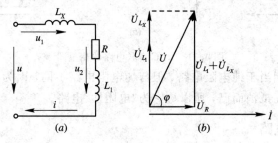

图 4.34  例 4.22 图

**解**  以 $\dot{I}$ 为参考相量，作相量图，如图 4.34($b$)所示。由已知条件得

$$Z_1 = R + \mathrm{j}X_{L_1} = 190 + \mathrm{j}260\ \Omega = 322 \,\underline{/53.8°}\ \Omega$$

所以

$$I = \frac{U_2}{|Z_1|} = \frac{180}{322} = 0.56\ \text{A}$$

$$U_R = IR = 0.56 \times 190 = 106.4\ \text{V}$$

$$U_{L_1} = IX_{L_1} = 0.56 \times 260 = 145.6\ \text{V}$$

由相量图得

$$U = \sqrt{U_R^2 + (U_{L_1} + U_{L_X})^2}$$

代入数据

$$220^2 = 106.4^2 + (145.6 + U_{L_X})^2$$

解得

$$U_{L_X} = 46.96\ \text{V}$$

$$X_{L_X} = \frac{U_{L_X}}{I} = \frac{64.96}{0.56} = 83.9\ \Omega$$

$$L_X = \frac{X_{L_X}}{\omega} = \frac{83.9}{314} = 0.267\ \text{H}$$

**例 4.23**　图 4.35(a)所示 $RC$ 串联电路中，已知 $X_C = 10\sqrt{3}$ Ω。要使输出电压滞后于输入电压 30°，求电阻 $R$。

**解**　以 $\dot{I}$ 为参考相量，作电流、电压相量图，如图 4.35(b)所示。

已知输出电压 $\dot{U}_\circ$ 滞后于输入电压 $\dot{U}_i$ 30°（注意，不为阻抗角），由相量图可知：总电压 $\dot{U}_i$ 滞后于电流 $\dot{I}$ 60°，即阻抗角 $\varphi = -60°$，如图 4.35(c)所示。所以

$$R = \frac{-X_C}{\tan\varphi} = -\frac{X_C}{\tan(-60°)} = \frac{-10\sqrt{3}}{-\sqrt{3}} = 10 \ \Omega$$

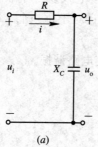 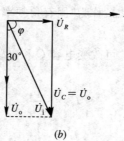 

$$(a) \qquad\qquad (b) \qquad\qquad (c)$$

图 4.35　例 4.23 图

### 4.7.4　串联谐振

谐振现象是正弦交流电路中的一种特殊现象，它在无线电和电工技术中得到了广泛的应用。例如，收音机和电视机就是利用谐振电路的特性来选择所需的接收信号，抑制其它干扰信号的。但在某些场合特别是在电力系统中，若出现谐振会引起过电压，有可能破坏系统的正常工作。所以，对谐振现象的研究有重要的实际意义。通常采用的谐振电路是由 $R$、$L$、$C$ 组成的串联谐振电路和并联谐振电路。下面我们来分析电路发生串联谐振的条件及特征。

**1. 谐振现象**

图 4.36 为一由 $R$、$L$、$C$ 组成的串联电路（简称 $RLC$ 串联电路），在正弦激励下，该电路的复阻抗为

$$Z = R + j(X_L - X_C) = R + jX = |Z| \underline{/\varphi}$$

由前面讨论可以知道，当 $X = X_L - X_C = 0$ 时，电路相当于"纯电阻"电路，其总电压 $U$ 和总电流 $I$ 同相。电路出现的这种现象称为"谐振"。串联电路出现的谐振又称"串联谐振"。

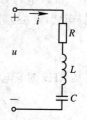

图 4.36　$RLC$ 串联电路

**2. 产生谐振的条件**

由以上分析可知，串联谐振的条件是

$$X_L - X_C = 0 \qquad 或 \qquad X_L = X_C \qquad\qquad (4.63)$$

即

$$\omega L = \frac{1}{\omega C} \qquad\qquad (4.64)$$

这样便可通过改变 $\omega$、$L$、$C$ 三个参数，使电路发生谐振或消除谐振。

(1) 当 $L$、$C$ 固定时，可以改变电源频率达到谐振，由式(4.64)可得

$$\omega_0 = \frac{1}{\sqrt{LC}} \tag{4.65}$$

由于 $\omega = 2\pi f$，因此有

$$f_0 = \frac{1}{2\pi\sqrt{LC}} \tag{4.66}$$

$$T_0 = 2\pi\sqrt{LC} \tag{4.67}$$

由上式可知，串联电路中的谐振频率 $f_0$ 与电阻 $R$ 无关，它反映了串联电路的一种固有的性质，所以又称"固有频率"；$\omega_0$ 称为"固有角频率"。而且对于每一个 $RLC$ 串联电路，总有一个对应的谐振频率 $f_0$。

(2) 当电源的频率 $\omega$ 一定时，可改变电容 $C$ 和电感 $L$ 使电路谐振。

由式(4.64)可得

$$C = \frac{1}{\omega^2 L} \tag{4.68}$$

$$L = \frac{1}{\omega^2 C} \tag{4.69}$$

调节 $L$ 和 $C$ 均可使电路谐振，我们常把调节 $L$ 或 $C$ 使电路谐振的过程称为"调谐"。

**例 4.24**　图 4.37 所示为一 $RLC$ 串联电路，已知 $R = 10\ \Omega$，$L = 500\ \mu\text{H}$，$C$ 为可变电容，变化范围为 $12 \sim 290$ pF。若外施信号源频率为 $800$ kHz，则电容应为何值才能使电路发生谐振？

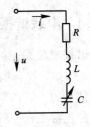

图 4.37　例 4.24 图

**解**　$C = \dfrac{1}{\omega^2 L} = \dfrac{1}{(2\pi f)^2 L}$

$\qquad = \dfrac{1}{(2 \times \pi \times 800 \times 10^3)^2 \times 500 \times 10^{-6}} = 79.2$ pF

**例 4.25**　某收音机的输入回路(调谐回路)可简化为一 $RLC$ 串联电路，已知电感 $L = 250\ \mu\text{H}$，$R = 20\ \Omega$，今欲收到频率范围为 $525$ kHz $\sim 1610$ kHz 的中波段信号，试求电容 $C$ 的变化范围。

**解**　由式(4.68)可知

$$C = \frac{1}{\omega^2 L} = \frac{1}{(2\pi f)^2 L}$$

当 $f = 525$ kHz 时，电路谐振，则

$$C_1 = \frac{1}{(2\pi \times 525 \times 10^3)^2 \times 250 \times 10^{-6}} = 368\ \text{pF}$$

当 $f = 1610$ kHz 时，电路谐振，则

$$C_1 = \frac{1}{(2\pi \times 1610 \times 10^3)^2 \times 250 \times 10^{-6}} = 39.1\ \text{pF}$$

所以电容 $C$ 的变化范围为 $39.1 \sim 368$ pF。

**3. 串联谐振的基本特征**

串联谐振的基本特征如下：

(1) 谐振时，阻抗最小，且为纯阻性。

因为谐振时，$X = 0$，所以 $Z = R$，$|Z| = R$。

（2）谐振时，电路中的电流最大，且与外加电源电压同相。

谐振时，$|Z|=R$，为最小，所以电流 $I$ 为最大，最大值为

$$I = \frac{U_s}{R}$$

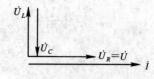

图 4.38　串联谐振相量图

由图 4.38 所示可知，此时 $\dot{U} = \dot{U}_R$，且二者同相。

（3）谐振时，电路的电抗为零。感抗 $X_L$ 和容抗 $X_C$ 相等，其值称为电路的特性阻抗 $\rho$。

由于谐振时

$$\omega_0 = \frac{1}{\sqrt{LC}}$$

谐振时的感抗为

$$X_{L0} = \omega_0 L = \frac{1}{\sqrt{LC}} L = \sqrt{\frac{L}{C}} = \rho$$

谐振时的容抗为

$$X_{C0} = \frac{1}{\omega_0 C} = \frac{1}{\frac{1}{\sqrt{LC}} C} = \sqrt{\frac{L}{C}} = \rho$$

因此

$$\rho = \omega_0 L = \frac{1}{\omega_0 C} = \sqrt{\frac{L}{C}} \tag{4.70}$$

特性阻抗 $\rho$ 的单位为 $\Omega$，它的大小由电路的参数 $L$ 和 $C$ 来决定，与谐振频率的大小无关。$\rho$ 是衡量电路特性的一个重要参数。

（4）谐振时，电感和电容上的电压大小相等，相位相反，且其大小为电源电压 $U_s$ 的 $Q$ 倍。$Q$ 称为电路的品质因数。

因为谐振时 $X_L = X_C$，电感上的电压为 $U_{L0} = I X_L$，电容上的电压为 $U_{C0} = I X_C$，所以 $U_{L0} = U_{C0}$，则谐振时

$$Q = \frac{U_{L0}}{U_s} = \frac{I \cdot \omega_0 L}{I \cdot R} = \frac{\omega_0 L}{R} = \frac{\rho}{R}$$

则

$$U_{L0} = U_{C0} = Q U_s$$

这样，谐振时，电感和电容上的电压相等，且为电源电压的 $Q$ 倍，所以把串联谐振又称电压谐振。

电路的 $Q$ 值一般为 $50 \sim 200$。因此，即使外加电源电压不高，在谐振时，电路元件上的电压仍有可能很高，特别对于电力系统来说，由于电源电压本身较高，如果电路在接近于串联谐振的情况下工作，在电感和电容两端将出现过电压，从而烧坏电气设备。所以在电力系统中必须适当选择电路的参数 $L$ 和 $C$，以避免谐振的发生。

**例 4.26**　已知 $RLC$ 串联电路中，$R = 20\ \Omega$，$L = 300\ \mu H$，信号源频率调到 $800\ kHz$ 时，回路中的电流达到最大，最大值为 $0.15\ mA$，试求信号源电压 $U_s$、电容 $C$、回路的特性阻抗 $\rho$、品质因数 $Q$ 及电感上的电压 $U_{L0}$。

**解**　根据谐振电路的基本特征，当回路的电流达到最大时，电路处于谐振状态。由于谐振时

$$C = \frac{1}{\omega^2 L} = \frac{1}{(2\pi f)^2 L} = \frac{1}{(2\pi \times 800 \times 10^3)^2 \times 300 \times 10^{-6}} = 132 \text{ pF}$$

$$U_s = U_R = I_0 R = 0.15 \times 20 = 3 \text{ mV}$$

$$\rho = \sqrt{\frac{L}{C}} = \sqrt{\frac{300 \times 10^{-6}}{132 \times 10^{-12}}} = 1508 \ \Omega$$

$$Q = \frac{\rho}{R} = \frac{1508}{20} = 75$$

则电感上的电压为

$$U_{L0} = Q U_s = 75 \times 3 = 225 \text{ mV}$$

## ✳ 思考题

1. 试判断下列表达式的正（√）误（×），如图 4.39 所示。

(1) $U = U_R + U_L + U_C$　　　　　　　　　　　　　　　　　　　（　　　）

(2) $U = \sqrt{U_R^2 + (U_L - U_C)^2}$　　　　　　　　　　　　　　（　　　）

(3) $\dot{U} = \dot{U}_R + \dot{U}_L + \dot{U}_C$　　　　　　　　　　　　　　　（　　　）

(4) $Z = R + X_L - X_C$　　　　　　　　　　　　　　　　　　　（　　　）

2. 图 4.40 所示为 RC 串联电路，已知 $R = 10 \ \Omega$，$\dot{U}_o$ 超前于 $\dot{U}_i$ 30°，求 $X_C$。

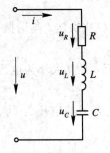

图 4.39　思考题 1 图　　　　　　　　　　　图 4.40　思考题 2 图

3. 图 4.41 所示的 RLC 串联电路中，已知 $R = 30 \ \Omega$，$L = 318.5$ mH，$C = 53 \ \mu$F 接于 $f = 50$ Hz 的电源上，$\dot{I} = 2 \underline{/-30°}$ A。

(1) 求复阻抗 $Z$，并确定电路的性质。

(2) 求 $\dot{U}_R$、$\dot{U}_L$、$\dot{U}_C$ 及端电压 $\dot{U}$。

(3) 绘电压、电流相量图。

4. 两个复阻抗 $Z_1 = 3 + j4 \ \Omega$、$Z_2 = 6 - j8 \ \Omega$ 相串联，接在 $u = 220\sqrt{2} \ \sin(\omega t - 30°)$ V 的电源上，试求：

(1) 总阻抗 $Z$。

(2) 电路中的电流 $\dot{I}$。

(3) 负载电压 $\dot{U}_1$、$\dot{U}_2$，并作相量图。

5. 串联电路的谐振条件是什么？串联电路的固有角频率和固有频率等于什么？

6. 图 4.42 所示的 RLC 串联电路发生谐振时，电压表和电流表的读数分别为多少？

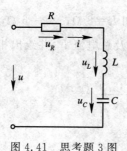

图 4.41　思考题 3 图

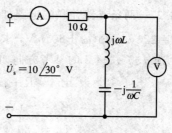

图 4.42　思考题 6 图

## 4.8　*RLC* 并联电路

前面我们讨论了电路参数 *RLC* 相互串联的各种情况，这一节我们将分析由 *RLC* 及其组合相互并联的一些情况。

### 4.8.1　阻抗法分析并联电路

图 4.43 所示为一个两条支路并联的电路，其中每一条支路都是一个简单的串联电路。在并联电路中，各条支路的电压相同，在电路参数已知的情况下，每一条支路的电流就不难求出来。

$$\dot{I}_1 = \frac{\dot{U}}{Z_1} = \frac{\dot{U}}{R_1 + jX_L}$$

$$\dot{I}_2 = \frac{\dot{U}}{Z_2} = \frac{\dot{U}}{R_2 - jX_C}$$

由 KCL 得总电流为 $\dot{I} = \dot{I}_1 + \dot{I}_2 = \dfrac{\dot{U}}{Z}$，其中

$$Z = \frac{Z_1 Z_2}{Z_1 + Z_2}$$

这个电路的相量图也是不难作出的。由于并联电路各支路的电压相同，因此习惯上常取电压为参考向量，即选择该电压相量的辐角为零。当把电压 *U* 的相量画出后，支路 1 是由 *R*、*L* 串联组成的，$\dot{I}_1$ 滞后于 $\dot{U}$ 为 $\varphi_1$ 角；支路 2 是由 *R*、*C* 串联组成的，$\dot{I}_2$ 超前于 $\dot{U}$ 为 $\varphi_2$ 角，如图 4.44 所示。$\dot{I}_1$ 和 $\dot{I}_2$ 相量之和为总电流 $\dot{I}$。从图 4.40 可以看出，$\dot{I}$ 滞后于电压$U\varphi$ 角。

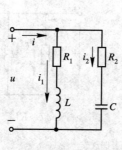

图 4.43　并联电路

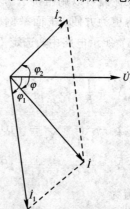

图 4.44　并联电路的相量图

**例 4.27** 两条支路并联的电路如图 4.45 所示。已知 $R = 8\ \Omega$，$X_L = 6\ \Omega$，$X_C = 10\ \Omega$，端电压 $u = 220\sqrt{2}\ \sin(\omega t + 60°)$ V，求各支路电流 $\dot{I}_1$、$\dot{I}_2$ 及总电流 $\dot{I}$，并绘出相量图。

**解** 选 $u$、$i_1$、$i_2$、$i$ 的参考方向如图所示。

$$Z_1 = R + jX_L = 8 + j6 = 10\ \underline{/36.9°}\ \Omega$$

$$Z_2 = -jX_C = -j10 = 10\ \underline{/-90°}\ \Omega$$

$$\dot{U} = 220\ \underline{/60°}\ \text{V}$$

$$\dot{I}_1 = \frac{\dot{U}}{Z_1} = \frac{220\ \underline{/60°}}{10\ \underline{/36.9°}} = 22\ \underline{/23.1°}\ \text{A}$$

$$\dot{I}_2 = \frac{\dot{U}}{Z_2} = \frac{220\ \underline{/60°}}{10\ \underline{/-90°}} = 22\ \underline{/150°}\ \text{A}$$

由 KCL 得

$$\dot{I} = \dot{I}_1 + \dot{I}_2 = 22\ \underline{/23.1°} + 22\ \underline{/150°} = 20.2 + j8.6 - 19.1 + j11$$

$$= 1.1 + j19.6 = 19.7\ \underline{/86.8°}\ \text{A}$$

相量图如图 4.46 所示。

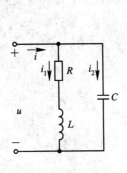

图 4.45　例 4.27 图

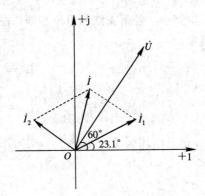

图 4.46　例 4.27 相量图

## 4.8.2　导纳法分析并联电路

一个并联电路可以用阻抗法分析，也可以用导纳法分析。对于多个支路的并联电路，用导纳法显得更为方便。下面举例分析 RLC 并联电路。

在图 4.47 所示电路中，选定 $\dot{U}$、$\dot{I}$、$\dot{I}_R$、$\dot{I}_L$、$\dot{I}_C$ 的参考方向如图所示，则各支路的导纳为

$$Y_1 = \frac{1}{R} = G$$

$$Y_2 = \frac{1}{jX_L} = \frac{-j}{X_L} = -jB_L$$

$$Y_3 = \frac{1}{-jX_C} = \frac{j}{X_C} = jB_C$$

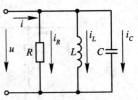

图 4.47　RLC 并联电路

各支路的电流为

$$\dot{I}_R = Y_1\dot{U} = \dot{U}G$$

$$\dot{I}_L = Y_2 \dot{U} = -jB_L \dot{U}$$

$$\dot{I}_C = Y_3 \dot{U} = jB_C \dot{U}$$

$$\dot{I} = \dot{I}_R + \dot{I}_L + \dot{I}_C = \dot{U}(G - jB_L + jB_C) = \dot{U}(G + jB)$$

其中，$G = \dfrac{1}{R}$ 为电阻支路的"电导"，$B_L = \dfrac{1}{\omega L}$ 为电感支路的"感纳"，$B_C = \omega C$ 为电容支路的"容纳"，$B = B_C - B_L$ 称为"电纳"，利用电纳也可判断电路的性质：

(1) $B > 0$，即 $B_C > B_L$，这时，$I_L < I_C$，总电流超前于端电压，电路呈电容性，如图 4.48(a)所示。

(2) $B < 0$，即 $B_C < B_L$，这时，$I_L > I_C$，总电流滞后于端电压，电路呈电感性，如图 4.48(b)所示。

(3) $B = 0$，即 $B_C = B_L$，这时，$I_L = I_C$，总电流与端电压同相，电路呈电阻性，如图 4.48(c) 所示。

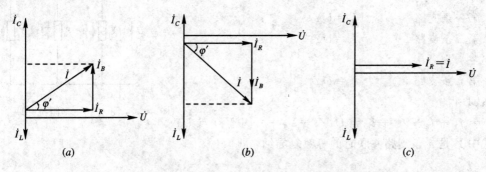

图 4.48　RLC 并联电路相量图

**例 4.28**　图 4.47 所示为 RLC 并联电路，已知端电压为 $u = 220\sqrt{2}\,\sin(314t + 30°)$ V，$R = 10\ \Omega$，$L = 127$ mH，$C = 159\ \mu$F。

(1) 求并联电路的复导纳 Y。

(2) 求各支路的电流 $\dot{I}_R$、$\dot{I}_L$、$\dot{I}_C$ 和总电流 $\dot{I}$。

(3) 绘出相量图。

**解**　选 $u$、$i$、$i_R$、$i_L$、$i_C$ 的参考方向如图 4.47 所示。

$$Y_1 = \frac{1}{R} = \frac{1}{10} = 0.1 \text{ S}$$

$$Y_2 = \frac{1}{jX_L} = \frac{-j}{314 \times 127 \times 10^{-3}} = -j0.025 \text{ S}$$

$$Y_3 = \frac{1}{-jX_C} = j\omega C = j314 \times 159 \times 10^{-6} = j0.05 \text{ S}$$

(1)　$Y = Y_1 + Y_2 + Y_3 = 0.1 + j(0.05 - 0.025) = 0.1 + j0.025 = 0.103 \underline{/14°}$ S

(2) 由已知 $U = 220 \underline{/30°}$ V，则

$$\dot{I}_R = \dot{U}Y_1 = 220 \underline{/30°} \times 0.1 = 22 \underline{/30°} \text{ A}$$

$$\dot{I}_L = \dot{U}Y_2 = 220 \underline{/30°} \times (-j0.025)$$

$$= 5.5 \underline{/-60°} \text{ A}$$

$$\dot{I}_C = \dot{U}Y_3 = 220\underline{/30°}\times j0.05$$

$$= 11\underline{/120°}\ \text{A}$$

$$\dot{I} = \dot{U}Y = 220\underline{/30°}\times 0.103\underline{/14°}$$

$$= 22.7\underline{/44°}\ \text{A}$$

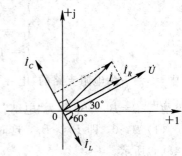

图 4.49　例 4.28 相量图

（3）相量图如图 4.49 所示。

### 4.8.3　多阻抗并联

图 4.50 给出了一个由多支路并联的电路图。

按习惯选定各电流 $\dot{I}$, $\dot{I}_1$, $\dot{I}_2$, …, $\dot{I}_n$ 及电压 $\dot{U}$ 的参考方向，每一条支路均用它的复导纳表示。由于各支路并联时其端电压相同，常选 $\dot{U}$ 为参考方向，则

第一条支路　　　　　$\dot{I}_1 = \dot{U}Y_1$

第二条支路　　　　　$\dot{I}_2 = \dot{U}Y_2$

$\vdots$　　　　　　　$\vdots$

第 $n$ 条支路　　　　　$\dot{I}_n = \dot{U}Y_n$

由 KCL 得

$$\dot{I} = \dot{I}_1 + \dot{I}_2 + \cdots + \dot{I}_n = \dot{U}(Y_1 + Y_2 + \cdots + Y_n) = \dot{U}Y$$

上式中 $Y$ 是 $n$ 条支路并联时的等效复导纳，即

$$Y = Y_1 + Y_2 + \cdots + Y_n \tag{4.71}$$

即并联电路中总导纳等于各支路的导纳之和。这样

$$Y = Y_1 + Y_2 + \cdots + Y_n = G_1 + jB_1 + G_2 + jB_2 + \cdots + G_n + jB_n$$

$$= (G_1 + G_2 + \cdots + G_n) + j(B_1 + B_2 + \cdots + B_n)$$

$$= G + jB$$

其中

$$G = G_1 + G_2 + \cdots + G_n$$

$$B = B_1 + B_2 + \cdots + B_n$$

**例 4.29**　图 4.51 所示并联电路中，已知端电压 $u = 220\sqrt{2}\ \sin(314t - 30°)$ V，$R_1 = R_2 = 6\ \Omega$，$X_L = X_C = 8\ \Omega$，试求：

（1）总导纳 $Y$。

（2）各支路电流 $\dot{I}_1$、$\dot{I}_2$ 和总电流 $\dot{I}$。

**解**　选 $u$、$i$、$i_1$、$i_2$ 的参考方向如图 4.47 所示。由已知 $\dot{U} = 220\underline{/-30°}$ V，有

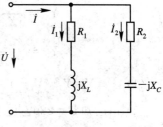

图 4.51　例 4.29 图

$$(1)\quad Y_1 = \frac{1}{R_1 + jX_L} = \frac{1}{6 + j8} = \frac{6 - j8}{100} = 0.06 - j0.08\ \text{S}$$

$$Y_2 = \frac{1}{R_2 - jX_C} = \frac{1}{6 - j8} = \frac{6 + j8}{100} = 0.06 + j0.08\ \text{S}$$

$$Y = Y_1 + Y_2 = 0.06 - j0.08 + 0.06 + j0.08 = 0.12\ \text{S}$$

(2)　$\dot{I}_1 = \dot{U}Y_1 = 220 \underline{/-30^\circ} \times 0.1 \underline{/-53.1^\circ} = 22 \underline{/-83.1^\circ}$ A

$\dot{I}_2 = \dot{U}Y_2 = 220 \underline{/-30^\circ} \times 0.1 \underline{/53.1^\circ} = 22 \underline{/23.1^\circ}$ A

$\dot{I} = \dot{U}Y = 220 \underline{/-30^\circ} \times 0.12 = 26.4 \underline{/-30^\circ}$ A

## 4.8.4　并联谐振

工程上也常用到电感线圈与电容并联的谐振电路。如图 4.52 所示，其中电感线圈用 $R$ 和 $L$ 的串联组合来表示。

同串联谐振一样，当端电压 $\dot{U}$ 和总电流 $\dot{I}$ 同相时，电路的这一工作状态称为并联谐振。

**1. 并联谐振的条件**

采用复导纳分析和讨论并联谐振较为方便。

电感支路的复导纳为

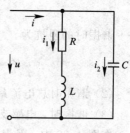

图 4.52　并联谐振

$$Y_1 = \frac{1}{R + j\omega L} = \frac{R - j\omega L}{R^2 + (\omega L)^2} = \frac{R}{R^2 + (\omega L)^2} - \frac{j\omega L}{R^2 + (\omega L)^2}$$

电容支路的复导纳为

$$Y_2 = \frac{1}{-jX_C} = j\omega C$$

则并联电路的总导纳为

$$Y = Y_1 + Y_2 = \frac{R}{R^2 + (\omega L)^2} + j\left[\omega C - \frac{\omega L}{R^2 + (\omega L)^2}\right]$$

当回路中总导纳的虚部（电纳）为 0 时，总电压 $\dot{U}$ 和总电流 $\dot{I}$ 同相，即电路处于谐振状态时，有

$$\omega C = \frac{\omega L}{R^2 + (\omega L)^2}$$

解得

$$\omega_0 = \sqrt{\frac{L - CR^2}{L^2 C}} = \frac{1}{\sqrt{LC}} \sqrt{1 - \frac{CR^2}{L}} \tag{4.72}$$

$$f_0 = \frac{1}{2\pi \sqrt{LC}} \sqrt{1 - \frac{CR^2}{L}} \tag{4.73}$$

由上式可以看出，电路的谐振频率完全由电路的参数来决定，而且只有当 $1 - \dfrac{CR^2}{L} > 0$，

即 $R < \sqrt{\dfrac{L}{C}}$ 时，电路才有谐振频率。

线圈的品质因数 $Q_L = \omega \dfrac{L}{R}$ 相当高时，由于 $\omega L \gg R$，$\omega_0$ 和 $f_0$ 就可以写成

$$\omega_0 = \frac{1}{\sqrt{LC}} \sqrt{1 - \frac{CR^2}{L}} = \frac{1}{\sqrt{LC}} \sqrt{1 - \frac{R^2}{\rho^2}} = \frac{1}{\sqrt{LC}} \sqrt{1 - \frac{1}{Q^2}}$$

即

$$\omega_0 \approx \frac{1}{\sqrt{LC}} \tag{4.74}$$

$$f_0 \approx \frac{1}{2\pi \sqrt{LC}} \qquad\qquad (4.75)$$

这与串联谐振条件是一样的。

**2. 并联谐振的基本特征**

并联谐振的基本特征如下：

(1) 谐振时，导纳为最小值，阻抗为最大值，且为纯阻性。

谐振时的导纳为

$$Y = \frac{R}{R^2 + (\omega L)^2}$$

谐振时的阻抗为

$$Z = \frac{R^2 + (\omega_0 L)^2}{R} \approx \frac{(\omega_0 L)^2}{R} = Q\omega_0 L = Q\rho = \frac{\rho^2}{R}$$

(2) 谐振时总电流最小，且与端电压同相。

(3) 谐振时，电感支路与电容支路的电流大小近似相等，为总电流的 $Q$ 倍。

在图 4.62 中，因为端电压为

$$\dot{U} = \dot{I}Z_0 \approx \dot{I}Q\omega_0 L \approx \dot{I}Q\frac{1}{\omega_0 C}$$

所以电感支路的电流为

$$\dot{I}_{L0} = \frac{\dot{U}}{R + \mathrm{j}\omega_0 L} \approx \frac{\dot{U}}{\mathrm{j}\omega_0 L} = -\mathrm{j}Q\dot{I}$$

电容支路的电流为

$$\dot{I}_{C0} = \frac{\dot{U}}{-\mathrm{j}\dfrac{1}{\omega_0 C}} = \mathrm{j}\omega_0 C\dot{U} = \mathrm{j}Q\dot{I}$$

即有

$$I_{L0} = I_{C0} = QI$$

也就是说，两条支路的电流近似相等，均为总电流的 $Q$ 倍，相位相反。因此并联谐振又称电流谐振。

## ❋ 思考题

1. 在图 4.53 所示的 $RLC$ 并联电路中，判断下列表达式的正($\checkmark$)误($\times$)。

(1) $I = I_R + I_L + I_C$　　　　　　　　　　　　　　　　　　( 　 )

(2) $i = i_R + i_L + i_C$　　　　　　　　　　　　　　　　　　( 　 )

(3) $\dot{I} = \dot{I}_R + \dot{I}_L + \dot{I}_C$　　　　　　　　　　　　　　　　　　( 　 )

(4) $I = \sqrt{I_R^2 + (I_C - I_L)^2}$　　　　　　　　　　　　　　　　( 　 )

(5) $\dot{I} = \dot{U}Y$　　　　　　　　　　　　　　　　　　　　( 　 )

(6) $i = u|Y|$　　　　　　　　　　　　　　　　　　　　( 　 )

(7) $\varphi' = \arctan\dfrac{B_L - B_C}{G}$　　　　　　　　　　　　　　( 　 )

(8) $U = \dfrac{I}{|Y|}$　　　　　　　　　　　　　　　　　　　　　　　　　　　（　　）

2. 图 4.53 所示的 $RLC$ 并联电路中，已知 $R = 3\ \Omega$，$X_L = 4\ \Omega$，$X_C = 8\ \Omega$，则电路的性质为_____性。

3. 图 4.54 所示并联电路中，$R_1 = 50\ \Omega$，$R_2 = 40\ \Omega$，$R_3 = 80\ \Omega$，$L = 42.9\ \text{mH}$，$C = 24\ \mu\text{F}$，接到电压 $u = 220\sqrt{2}\ \sin(700t + 45°)$ V 上，试求各支路电流 $\dot{I}_1$、$\dot{I}_2$、$\dot{I}_3$ 和总电流 $\dot{I}$。

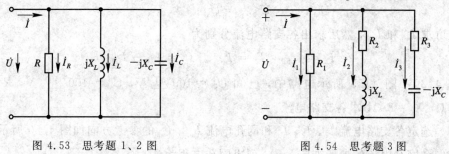

图 4.53　思考题 1、2 图　　　　　　　　　　图 4.54　思考题 3 图

4. 为什么把并联谐振叫电流谐振？

## 4.9　正弦交流电路的相量分析法

前面我们对简单的正弦交流电路进行了分析，对一些任意复杂的正弦交流电路，如果构成电路的电阻、电感、电容等元件都是线性的，电路中正弦电源都是同频率的，那么电路各部分的电压和电流仍将是同频率的正弦量，可用相量法进行分析。

和相量形式的欧姆定律及基尔霍夫定律类似，只要把电路中的无源元件表示为复阻抗或复导纳，所有正弦量均用相量表示，那么讨论直流电路时所采用的各种网络分析方法、原理、定理都完全适用于线性正弦交流电路。

### 4.9.1　网孔电流法

图 4.55 给出了一个由两个网孔组成的交流电路，图中 $\dot{U}_{s1}$、$\dot{U}_{s2}$、$R$、$X_L$、$X_C$ 都已知，求各支路电流。

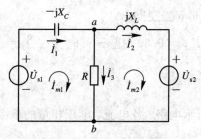

图 4.55　网孔电流法

选定网孔电流 $\dot{I}_{m1}$、$\dot{I}_{m2}$ 和各支路电流 $\dot{I}_1$、$\dot{I}_2$、$\dot{I}_3$，其参考方向如图 4.55 所示。各网孔绕行方向和本网孔电流参考方向一致，列网孔电流方程为

$$\begin{cases} Z_{11}\dot{I}_{m1} + Z_{12}\dot{I}_{m2} = \dot{U}_{s11} \\ Z_{21}\dot{I}_{m1} + Z_{22}\dot{I}_{m2} = \dot{U}_{s22} \end{cases}$$

其中

$$Z_{11} = R - jX_C, \quad Z_{12} = Z_{21} = -R$$
$$Z_{22} = R + jX_L$$
$$\dot{U}_{s11} = \dot{U}_{s1}, \qquad \dot{U}_{s22} = -\dot{U}_{s2}$$

解方程可求 $\dot{I}_{m1}$ 和 $\dot{I}_{m2}$，然后求出各支路电流分别为

$$\dot{I}_1 = \dot{I}_{m1}, \quad \dot{I}_2 = \dot{I}_{m2}, \quad \dot{I}_3 = \dot{I}_{m1} - \dot{I}_{m2}$$

**例 4.30** 图 4.55 所示电路中，已知 $\dot{U}_{s1} = 100\,\underline{/0^\circ}$ V，$\dot{U}_{s2} = 100\,\underline{/90^\circ}$ V，$R = 6\ \Omega$，$X_L = 8\ \Omega$，$X_C = 8\ \Omega$，求各支路电流。

**解** 选定各支路电流 $\dot{I}_1$、$\dot{I}_2$、$\dot{I}_3$ 和网孔电流 $\dot{I}_{m1}$、$\dot{I}_{m2}$ 的参考方向如图 4.50 所示，选定绕行方向和网孔电流的参考方向一致。列出网孔方程为

$$\begin{cases} (6 - j8)\dot{I}_{m1} - 6\dot{I}_{m2} = 100\,\underline{/0^\circ} & \text{①} \\ -6\dot{I}_{m1} + (6 + j8)\dot{I}_{m2} = -100j & \text{②} \end{cases}$$

由①式得

$$\dot{I}_{m2} = \frac{(6 - j8)\dot{I}_{m1} - 100}{6}$$

代入②式得

$$-6\dot{I}_{m1} + \frac{(6 + j8)[(6 - j8)\dot{I}_{m1} - 100]}{6} = -100j$$

整理得

$$\dot{I}_{m1} = 9.38 + j3.13 = 9.89\,\underline{/19^\circ}\ \text{A}$$
$$\dot{I}_{m2} = -3 - j9.25 = 9.8\,\underline{/-108^\circ}\ \text{A}$$

所以各支路的电流为

$$\dot{I}_1 = \dot{I}_{m1} = 9.89\,\underline{/19^\circ}\ \text{A}$$
$$\dot{I}_2 = \dot{I}_{m2} = 9.8\,\underline{/-108^\circ}\ \text{A}$$
$$\dot{I}_3 = \dot{I}_{m1} - \dot{I}_{m2} = 9.89\,\underline{/19^\circ} - 9.8\,\underline{/-108^\circ} = 17.6\,\underline{/45^\circ}\ \text{A}$$

### 4.9.2 节点法

用节点法求解图 4.55 所示电路。各电流、电压相量的参考方向如图中所示，以 $b$ 点为参考节点，则

$$\dot{U}_{ab} = \frac{\dot{U}_{s1}Y_1 + \dot{U}_{s2}Y_2}{Y_1 + Y_2 + Y_3}$$

其中，$Y_1 = \dfrac{1}{-jX_C}$，$Y_2 = \dfrac{1}{jX_L}$，$Y_3 = \dfrac{1}{R}$。

**例 4.31**　图 4.55 所示电路中已知数据同例 4.30，试用节点法求各支路电流。

**解**　以 $b$ 点为参考节点，各支路电流 $\dot{I}_1$、$\dot{I}_2$、$\dot{I}_3$ 参考方向如图 4.55 所示，有

$$Y_1 = \frac{1}{-jX_C} = -\frac{1}{j8} \text{ S}$$

$$Y_2 = \frac{1}{jX_L} = \frac{1}{j8} \text{ S}$$

$$Y_3 = \frac{1}{R} = \frac{1}{6} \text{ S}$$

则

$$\dot{U}_{ab} = \frac{\dfrac{100}{-j8} + \dfrac{j100}{j8}}{\dfrac{1}{-j8} + \dfrac{1}{j8} + \dfrac{1}{6}} = \frac{600}{8}(1+j) = 106.1 \underline{/45^\circ} \text{ V}$$

各支路电流分别为

$$\dot{I}_1 = \frac{\dot{U}_{s1} - \dot{U}_{ab}}{-jX_C} = \frac{100 - 106.1 \underline{/45^\circ}}{-j8} = \frac{632.5 \underline{/-71^\circ}}{64 \underline{/-90^\circ}} = 9.89 \underline{/19^\circ} \text{ A}$$

$$\dot{I}_2 = \frac{\dot{U}_{ab} - \dot{U}_{s2}}{jX_L} = \frac{106.1 \underline{/45^\circ} - j100}{j8} = \frac{632.5 \underline{/-18^\circ}}{8 \underline{/90^\circ}} = 9.89 \underline{/-108^\circ} \text{ A}$$

$$\dot{I}_3 = \frac{\dot{U}_{ab}}{R} = \frac{106 \underline{/45^\circ}}{6} = 17.7 \underline{/45^\circ} \text{ A}$$

## 4.10　正弦交流电路的功率

前面我们已分别讨论了 $R$、$L$、$C$ 中的功率计算，现在我们来分析一下不是单个参数时电路中功率的计算。

### 4.10.1　瞬时功率 $p$

如图 4.56 所示，设通过负载的电流为

$$i = \sqrt{2} I \sin\omega t$$

加在负载两端的电压为

$$u = \sqrt{2} U \sin(\omega t + \varphi)$$

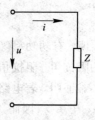

图 4.56　功率

其中 $\varphi$ 为阻抗角，$\varphi = \theta_u - \theta_i$，则在 $u$、$i$ 取关联参考方向时，负载吸收的瞬时功率为

$$p = ui = \sqrt{2} U \sin(\omega t + \varphi) \cdot \sqrt{2} I \sin\omega t$$

$$= 2UI \sin(\omega t + \varphi) \cdot \sin\omega t$$

$$= 2UI \cdot \frac{1}{2}\left[\cos(\omega t - \omega t - \varphi) - \cos(\omega t + \omega t + \varphi)\right]$$

$$= UI\left[\cos\varphi - \cos(2\omega t + \varphi)\right] \tag{4.76}$$

　　可见，瞬时功率有恒定分量 $UI\cos\varphi$ 和正弦分量 $UI\cos(2\omega t+\varphi)$ 两部分，正弦分量的频率是电源频率的两倍。

　　图 4.57 所示为正弦电流、电压和瞬时功率的波形图。当 $\varphi\neq0$ 时（一般情况），则在每一个周期里有两段时间 $u$ 和 $i$ 的方向相反。这时，瞬时功率 $p<0$，说明电路不从外电路吸收电能，而是发出电能。这主要是由于负载中有储能元件存在。

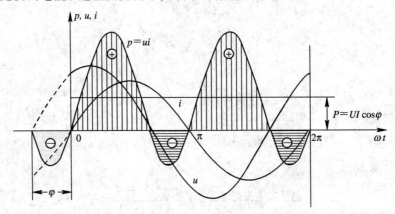

图 4.57　瞬时功率波形图

## 4.10.2　有功功率 $P$

　　上面讲的瞬时功率是一个随时间变化的量，它的计算和测量都不方便，通常也不需要对它进行计算和测量。我们介绍它是因为它是研究交流电路功率的基础。

　　我们把一个周期内瞬时功率的平均值称为"平均功率"或"有功功率"，用字母"$P$"表示，即

$$P = \frac{1}{T}\int_0^T p\,\mathrm{d}t = \frac{1}{T}\int_0^T UI[\cos\varphi - \cos(2\omega t+\varphi)]\,\mathrm{d}t$$
$$= \frac{1}{T}\int_0^T (UI\cos\varphi)\,\mathrm{d}t - \frac{1}{T}\int_0^T [UI\cos(2\omega t+\varphi)]\,\mathrm{d}t$$
$$= UI\cos\varphi - 0$$

所以有
$$P = UI\cos\varphi = UI\lambda \qquad\qquad (4.77)$$

上式表明，有功功率等于这个负载的电流、电压的有效值和 $\cos\varphi$ 的乘积。这里的 $\varphi$ 角是该负载的阻抗角，阻抗角的余弦值（即 $\lambda=\cos\varphi$）称做负载的"功率因数"。

　　不难证明，若电路中含有 $R$、$L$、$C$ 元件，由于电感、电容元件上的平均功率为零，即 $P_L=0$，$P_C=0$，因而，有功功率等于各电阻消耗的平均功率之和，即有

$$P = UI\cos\varphi = P_R = U_R I$$

或
$$P = U_R I = I^2 R \qquad\qquad (4.78)$$

## 4.10.3　无功功率 $Q$

　　无功功率的定义式为

$$Q = UI \sin\varphi \tag{4.79}$$

对于电感性电路,阻抗角 $\varphi$ 为正值,无功功率为正值;对于电容性电路,阻抗角 $\varphi$ 为负值,无功功率为负值。这样在既有电感又有电容的电路中,总的无功功率等于两者的代数和,即

$$Q = Q_L + Q_C \tag{4.80}$$

式(4.80)中 $Q$ 为一代数量,可正可负,$Q$ 为正代表接受无功功率,为负代表发出无功功率。

### 4.10.4  视在功率 $S$

视在功率的定义式为

$$S = UI \tag{4.81}$$

即视在功率为电路中的电压和电流有效值的乘积。视在功率的单位为伏安(V·A),工程上也常用千伏安(kV·A)表示。两者的换算关系为

$$1 \text{ kV} \cdot \text{A} = 1000 \text{ V} \cdot \text{A}$$

电机和变压器的容量是由它们的额定电压和额定电流决定的,因此往往可以用视在功率来表示。

### 4.10.5  功率三角形

以上三种功率和功率因数 $\cos\varphi$ 在数量上有一定的关系,可以用"功率三角形"将它们联系在一起(如图4.58所示),即

$$S^2 = P^2 + Q^2$$

或

$$S = \sqrt{P^2 + Q^2}$$

$$\tan\varphi = \frac{Q}{P}$$

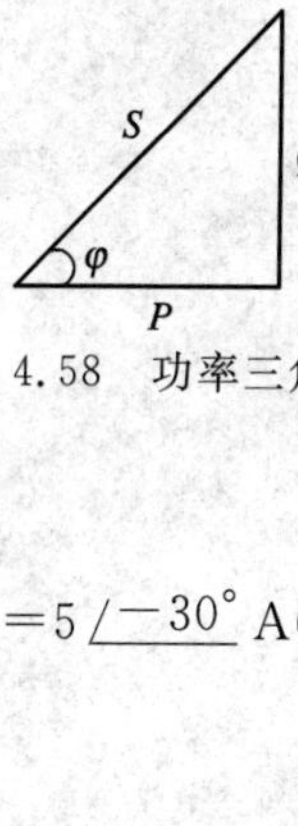

$$\lambda = \cos\varphi = \frac{P}{S} \tag{4.82}$$

图 4.58  功率三角形

**例 4.32**  已知一阻抗 $Z$ 上的电压、电流分别为 $\dot{U} = 220 \underline{/30^\circ}$ V,$\dot{I} = 5 \underline{/-30^\circ}$ A(电压和电流的参考方向一致),求 $Z$、$\cos\varphi$、$P$、$Q$、$S$。

**解**
$$Z = \frac{\dot{U}}{\dot{I}} = \frac{220 \underline{/30^\circ}}{5 \underline{/-30^\circ}} = 44 \underline{/60^\circ} \text{ } \Omega$$

$$\cos\varphi = \cos 60^\circ = \frac{1}{2}$$

$$P = UI \cos\varphi = 220 \times 5 \times \frac{1}{2} = 550 \text{ W}$$

$$Q = UI \sin\varphi = 220 \times 5 \times \frac{\sqrt{3}}{2} = 550\sqrt{3} \text{ V} \cdot \text{A}$$

$$S = \sqrt{P^2 + Q^2} = 1100 \text{ V} \cdot \text{A}$$

**例 4.33** 已知 40 W 的日光灯电路如图 4.59 所示，在 $U = 220$ V 的电压之下，电流值为 $I = 0.36$ A，求该日光灯的功率因数 $\cos\varphi$ 及所需的无功功率 $Q$。

**解** 因为

$$P = UI\cos\varphi$$

所以

$$\cos\varphi = \frac{P}{UI} = \frac{40}{220 \times 0.36} = 0.5$$

由于是电感性电路，因此 $\varphi = 60°$。

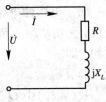

图 4.59　例 4.33 图

电路中的无功功率为

$$Q = UI\sin\varphi = 220 \times 0.36 \times \sin 60° = 69 \text{ V} \cdot \text{A}$$

**例 4.34** 用三表法测量一个线圈的参数(如图 4.60 所示)，得下列数据：电压表的读数为 50 V，电流表的读数为 1 A，功率表的读数为 30 W，试求该线圈的参数 $R$ 和 $L$。(电源的频率为 50 Hz。)

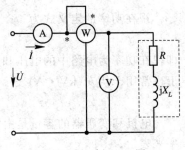

图 4.60　例 4.34 图

**解** 选 $u$、$i$ 为关联参考方向，如图 4.60 所示。根据

$$P = I^2 R$$

求得

$$R = \frac{P}{I^2} = \frac{30}{1^2} = 30 \ \Omega$$

线圈的阻抗为

$$|Z| = \frac{U}{I} = \frac{50}{1} = 50 \ \Omega$$

由于

$$|Z| = \sqrt{R^2 + X_L^2}$$

因此

$$X_L = \sqrt{|Z|^2 - R^2} = 40 \ \Omega$$

则

$$L = \frac{X_L}{\omega} = \frac{40}{314} = 0.127 \text{ H}$$

## ❋ 思考题

1. 已知一阻抗 $Z = 10 \underline{/60°}\ \Omega$，外加电压 $\dot{U} = 220 \underline{/15°}$ V，试求 $P$、$Q$、$S$ 及 $\cos\varphi$。

2. 图 4.61 所示为两阻抗串联电路，已知 $Z_1 = 60 + \text{j}30\ \Omega$，测得 $U = 220$ V，$I = 1$ A，电路的总功率为 $P = 200$ W，求 $Z_0$。

3. 试求一台 25 kV·A 的发电机除了供给一台额定电压为 220 V，功率为 14 kW，$\cos\varphi = 0.8$ 的电动机外，还能供应几盏电

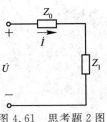

图 4.61　思考题 2 图

压为 220 V，功率为 100 W 的白炽灯用电？

# 4.11 功率因数的提高

## 4.11.1 提高功率因数的意义

在交流电路中，一般负载多为电感性负载，例如常用的交流感应电动机、日光灯等，通常它们的功率因数都比较低。交流感应电动机在额定负载时，功率因数约为 0.8~0.85，轻载时只有 0.4~0.5，空载时更低，仅为 0.2~0.3，不装电容器的日光灯的功率因数为 0.45~0.60。功率因数低会引起下述不良后果：

(1) 电源设备的容量不能得到充分的利用。电源设备（如变压器、发电机）的容量也就是视在功率，是依据其额定电压与额定电流设计的。例如一台 800 kV·A 的变压器，若负载功率因数 $\lambda=0.9$，变压器可输出 720 kW 的有功功率；若负载的功率因数 $\lambda=0.5$，则变压器就只能输出 400 kW 的有功功率。因此负载的功率因数低时，电源设备的容量就得不到充分的利用。

(2) 增加了线路上的功率损耗和电压降。若用电设备在一定电压与一定功率之下运行，那么当功率因数高时，线路上电流就小；反之，当功率因数低时，线路上电流就大，线路电阻中与设备绕组中的功率损耗也就越大，同时线路上的电压降也就增大，会使负载上电压降低，从而影响负载的正常工作。

由以上分析可以看到，提高用户的功率因数对国民经济有着十分重要的意义。

## 4.11.2 提高功率因数的方法

我们一般可以从两方面来考虑提高功率因数。一方面是提高自然功率因数，主要办法有改进电动机的运行条件，合理选择电动机的容量，或采用同步电动机等措施；另一方面是采用人工补偿，也叫无功补偿，就是在通常广泛应用的电感性电路中，人为地并联电容性负载，利用电容性负载的超前电流来补偿滞后的电感性电流，以达到提高功率因数的目的。

图 4.62(a) 给出了一个电感性负载并联电容时的电路图，图 4.62(b) 是它的相量图。从相量图中可以看出，电感性负载未并联电容时，电流 $\dot{I}_1$ 滞后于电压 $\dot{U}$ $\varphi_1$ 角，此时电路的总电流 $\dot{I}$ 等于负载电流 $\dot{I}_1$；并联电容后，由于端电压 $\dot{U}$ 不变，则负载电流 $\dot{I}_1$ 也没有变化，但电容支路的电流 $\dot{I}_C$ 超前于端电压 $\dot{U}$ 90°，电路的总电流 $\dot{I}$ 发生了变化，此时 $\dot{I}=\dot{I}_1+\dot{I}_C$，且 $I<I_1$，即总电流在数值上（有效值）减小了，同时总电流 $\dot{I}$ 与端电压 $\dot{U}$ 之间的相位差变小，$\varphi_2<\varphi_1$，因此 $\cos\varphi_2>\cos\varphi_1$，这样对总电路来说功率因数得到了提高。

应该注意：所谓提高功率因数，并不是提高电感性负载本身的功率因数，负载在并联电容前后，由于端电压没变，其工作状态不受影响，负载本身的电流、有功功率和功率因数均无变化。提高功率因数只是提高了电路总的功率因数。

用并联电容来提高功率因数，一般补偿到 0.9 左右，而不是补偿到更高，因为补偿到功率因数接近于 1 时，所需电容量大，反而不经济了。

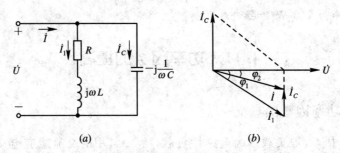

图 4.62　功率因数的提高

并联电容前，有

$$P = UI_1 \cos\varphi_1, \qquad I_1 = \frac{P}{U\cos\varphi_1}$$

并联电容后，有

$$P = UI \cos\varphi_2, \qquad I = \frac{P}{U\cos\varphi_2}$$

由图 4.62(b)可以看出

$$I_C = I_1 \sin\varphi_1 - I \sin\varphi_2 = \frac{P}{U}\frac{\sin\varphi_1}{\cos\varphi_1} - \frac{P}{U}\frac{\sin\varphi_2}{\cos\varphi_2} = \frac{P}{U}(\tan\varphi_1 - \tan\varphi_2)$$

又知

$$I_C = \frac{U}{X_C} = \omega C U$$

代入上式可得

$$\omega C U = \frac{P}{U}(\tan\varphi_1 - \tan\varphi_2)$$

即

$$C = \frac{P}{\omega U^2}(\tan\varphi_1 - \tan\varphi_2) \qquad (4.83)$$

应用式(4.83)就可以求出把功率因数从 $\cos\varphi_1$ 提高到 $\cos\varphi_2$ 所需的电容值。

在实用中往往需要确定电容器的个数，而制造厂家生产的补偿用的电容器的技术数据也是直接给出其额定电压 $U_N$ 和额定功率 $Q_N$（千伏安）。为此，我们就需要计算补偿的无功功率 $Q_C$。

因为

$$Q_C = I^2 X_C = \frac{U^2}{X_C} = \omega C U^2$$

所以

$$C = \frac{Q_C}{\omega U^2}$$

代入式(4.83)可得

$$Q_C = P(\tan\varphi_1 - \tan\varphi_2) \qquad (4.84)$$

**例 4.35**　图 4.63 所示为一日光灯装置等效电路，已知 $P = 40$ W，$U = 220$ V，$I = 0.4$ A，$f = 50$ Hz。

(1) 求此日光灯的功率因数。

(2) 若要把功率因数提高到 0.9，需补偿的无功功率 $Q_c$ 及电容量 $C$ 各为多少？

**解** (1) 因为

$$P = UI\cos\varphi$$

所以

$$\cos\varphi = \frac{P}{UI} = \frac{40}{220 \times 0.4} = 0.455$$

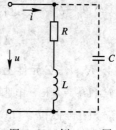

图 4.63　例 4.35 图

(2) 由 $\cos\varphi_1 = 0.455$ 得 $\varphi_1 = 63°$，$\tan\varphi_1 = 1.96$。

由 $\cos\varphi_2 = 0.9$ 得 $\varphi_2 = 26°$，$\tan\varphi_2 = 0.487$。

利用式(4.84)可得

$$Q_c = 40(1.96 - 0.487) = 58.9 \text{ V} \cdot \text{A}$$

所以

$$C = \frac{Q_c}{\omega U^2} = \frac{58.9}{2 \times 3.14 \times 50 \times 220^2}$$
$$= 3.88 \times 10^{-6} \text{ F} = 3.88 \text{ } \mu\text{F}$$

## ✲ 思考题

1. 为什么不用串联电容器的方法提高功率因数？

2. 人工补偿时，并联电容器是不是越多越好？

3. 一台 250 kV·A 的变压器，带功率因数 $\cos\varphi = 0.8(\varphi > 0)$ 的负载满载运行，若负载端并联补偿电容，功率因数提高到 0.9。

(1) 求补偿的无功功率 $Q_c$。

(2) 此变压器还能外接多少千瓦的电阻性负载？

# 本 章 小 结

**1. 正弦量的三要素**

(1) 最大值：如 $U_m$、$I_m$ 等，$U_m = \sqrt{2}U$，$I_m = \sqrt{2}I$。

(2) 角频率 $\omega$：$\omega = 2\pi f$，$\omega = \dfrac{2\pi}{T}$。

(3) 初相 $\theta$：$|\theta| \leqslant \pi$。

**2. 正弦量的表示法**

(1) 解析式：如 $i = I_m\sin(\omega t + \theta)$。

(2) 波形图。

(3) 相量表示法：如 $\dot{U}$、$\dot{I}$ 等。

以上三种表示法可相互转化。

**3. 超前、滞后**

(1) $0 < \theta_1 - \theta_2 < \pi$：第一个正弦量超前于第二个正弦量。

(2) $-\pi < \theta_1 - \theta_2 < 0$：第一个正弦量滞后于第二个正弦量。

(3) $\theta_1 - \theta_2 = 0$：这两个正弦量同相。

(4) $\theta_1 - \theta_2 = \pi$：这两个正弦量反相。

(5) $\theta_1 - \theta_2 = \dfrac{\pi}{2}$：这两个正弦量正交。

**4. $R$、$L$、$C$ 元件上电压和电流的相量关系**

$R$：$\dot{U}_R = \dot{I}_R R$　　电阻元件上电压和电流同相。

$L$：$\dot{U}_L = jX_L \dot{I}_L$　　电感元件上电压超前于电流 $90°$。

$C$：$\dot{U}_C = -jX_C \dot{I}_C$　　电容元件上电压滞后于电流 $90°$。

**5. 基尔霍夫定律的相量形式**

(1) KCL：

$$\sum \dot{I} = 0$$

(2) KVL：

$$\sum \dot{U} = 0$$

**6. 复阻抗与复导纳的关系**

$$Z = R + jX = \frac{1}{Y} = \frac{1}{G + jB}, \quad |Z| = \frac{1}{|Y|}, \quad \varphi_Z = -\varphi_Y$$

$$G = \frac{R}{|Z|^2}, \quad B = \frac{-X}{|Z|^2}$$

**7. $RLC$ 串联电路**

(1) 复阻抗：

$$Z = R + j(X_L - X_C) = R + jX$$

$$Z = |Z| \angle \varphi \begin{cases} |Z| = \sqrt{R^2 + X^2} \\ \varphi = \arctan \dfrac{X}{R} \end{cases}$$

(2) 电压与电流的关系：

$$\dot{U} = \dot{I} Z \begin{cases} |Z| = \dfrac{U}{I} \\ \varphi = \theta_u - \theta_i \end{cases}$$

**8. $RLC$ 并联电路**

(1) 阻抗法：

$$\dot{I}_n = \frac{\dot{U}}{Z_n}, \quad \dot{I} = \dot{I}_1 + \dot{I}_2 + \cdots + \dot{I}_n$$

(2) 导纳法：

$$\dot{I}_n = \dot{U} Y_n, \quad \dot{I} = \dot{I}_1 + \dot{I}_2 + \cdots + \dot{I}_n$$

**9. 相量法分析一般正弦交流电路**

(1) 网孔电流法(以两网孔为例)：

$$\begin{cases} Z_{11} \dot{I}_{m1} + Z_{12} \dot{I}_{m2} = \dot{U}_{s11} \\ Z_{21} \dot{I}_{m1} + Z_{22} \dot{I}_{m2} = \dot{U}_{s22} \end{cases}$$

（2）节点电压法（以两个独立节点为例）：

$$\begin{cases} Y_{11}\dot{U}_1 + Y_{12}\dot{U}_2 = \dot{I}_{s11} \\ Y_{21}\dot{U}_1 + Y_{22}\dot{U}_2 = \dot{I}_{s22} \end{cases}$$

### 10. 正弦交流电路的功率

（1）有功功率：

$$P = UI\cos\varphi = I^2 R$$

（2）无功功率：

$$Q = UI\sin\varphi = I^2 X$$

（3）视在功率：

$$S = UI$$

### 11. 功率因数的提高

$$C = \frac{P(\tan\varphi_1 - \tan\varphi_2)}{\omega U^2}$$

$$Q_C = P(\tan\varphi_1 - \tan\varphi_2)$$

### 12. 谐振

串联谐振与并联谐振的比较如表 4.2 所示。

表 4.2　串联谐振与并联谐振的比较

| | 串　联　谐　振 | 并　联　谐　振 |
|---|---|---|
| 电路形式 | | |
| 谐振条件 | $X_L = X_C$ | $B_L = B_C$<br>$X_L = X_C\,(Q \gg 1)$ |
| 谐振频率 | $\omega_0 = \dfrac{1}{\sqrt{LC}}$<br><br>$f_0 = \dfrac{1}{2\pi\sqrt{LC}}$ | $\omega_0 \approx \dfrac{1}{\sqrt{LC}}$<br><br>$f_0 \approx \dfrac{1}{2\pi\sqrt{LC}}$ |
| 谐振阻抗 | $Z_0 = R$　最小 | $Z_0 = \dfrac{(\omega_0 L)^2}{R} = Q\rho$　最大 |
| 特性阻抗 | $\rho = \sqrt{\dfrac{L}{C}}$ | $\rho = \sqrt{\dfrac{L}{C}}$ |
| 品质因数 | $Q = \dfrac{\rho}{R} = \dfrac{\sqrt{\dfrac{L}{C}}}{R} = \dfrac{\omega_0 L}{R}$ | $Q = \dfrac{\rho}{R} \approx \dfrac{\sqrt{\dfrac{L}{C}}}{R} \approx \dfrac{\omega_0 L}{R}$ |
| 别称 | 电压谐振（$U_L = U_C = QU_s$） | 电流谐振（$I_L = I_C = QI_s$） |

# 习 题

4.1  已知一正弦电压的振幅为 310 V，频率为 50 Hz，初相为 $-\dfrac{\pi}{6}$，试写出其解析式，并绘出波形图。

4.2  写出图示电压曲线的解析式。

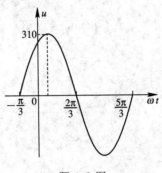

题 4.2 图

4.3  已知一正弦电流 $i = 20 \sin\left(1000\pi t - \dfrac{2\pi}{3}\right)$ A，试写出其振幅、角频率、频率、周期和初相。

4.4  一工频正弦电压的最大值为 310 V，初始值为 $-155$ V，试求它的解析式。

4.5  已知 $u = 220\sqrt{2}\,\sin(314t + 60°)$ V，当纵坐标向左移 $\dfrac{\pi}{6}$ 或向右移 $\dfrac{\pi}{6}$ 时，初相各为多少？

4.6  图中给出了 $u_1$、$u_2$ 的波形图，试确定 $u_1$ 和 $u_2$ 的初相各为多少？相位差为多少？哪个超前？哪个滞后？

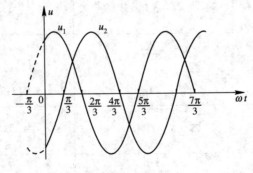

题 4.6 图

4.7  三个正弦电流 $i_1$、$i_2$ 和 $i_3$ 的最大值分别为 1 A、2 A、3 A，已知 $i_2$ 的初相为 30°，$i_1$ 较 $i_2$ 超前 60°，较 $i_3$ 滞后 150°，试分别写出三个电流的解析式。

4.8  三个正弦电压分别为

$$u_A = 220\sqrt{2}\,\sin\left(\omega t + \dfrac{\pi}{6}\right) \text{ V}$$

$$u_B = 220\sqrt{2}\,\sin\left(\omega t - \dfrac{2\pi}{3}\right) \text{ V}$$

$$u_C = 220\sqrt{2}\ \sin\left(\omega t + \frac{2\pi}{3}\right)\ \text{V}$$

试确定它们的相位关系。

4.9　已知 $i = 100\ \sin(\omega t + 30°)$ A，$u = 220\ \sin(\omega t - 30°)$ V，试求它们的最大值和有效值。

4.10　用于整流的二极管反向击穿电压为 50 V，接于 220 V 市电上，需要几只二极管串联才行？

4.11　一正弦交流电的有效值为 20 A，频率 $f = 60$ Hz，在 $t = t_1 = \dfrac{1}{720}$ s 时，$i_{t_1} = 10\sqrt{6}$ A，求电流 $i$ 的表达式。

4.12　将下列复数写成极坐标形式。

(1) 3+j4　　　　　　(2) −4+j3　　　　　　(3) 6−j8

(4) −10−j10　　　　(5) 10j　　　　　　　(6) 24+j18

4.13　将下列复数写成代数形式。

(1) $10\ \underline{/60°}$　　　　(2) $8\ \underline{/90°}$　　　　(3) $10\ \underline{/-90°}$

(4) $100\ \underline{/0°}$　　　(5) $220\ \underline{/-120°}$　　(6) $5\ \underline{/120°}$

4.14　已知两复数 $Z_1 = 8+\text{j}6$，$Z_2 = 10\ \underline{/-60°}$，求 $Z_1+Z_2$、$Z_1 \cdot Z_2$、$Z_1/Z_2$。

4.15　写出下列各正弦量对应的相量。

(1) $u_1 = 220\sqrt{2}\ \sin(\omega t + 120°)$ V　　　　(2) $i_1 = 10\sqrt{2}\ \sin(\omega t + 60°)$ A

(3) $u_2 = 311\ \sin(\omega t - 200°)$ V　　　　　　(4) $i_2 = 7.07\ \sin\omega t$ A

4.16　写出下列相量对应的正弦量（$f = 50$ Hz）。

(1) $\dot{U}_1 = 220\ \underline{\left/\dfrac{\pi}{6}\right.}$ V　　　　　　(2) $\dot{I}_1 = 10\ \underline{/-50°}$ A

(3) $\dot{U}_2 = -110\text{j}$ V　　　　　　(4) $\dot{I}_2 = 6+\text{j}8$ A

4.17　图示电路中，已知 $i_1 = 20\ \sin\omega t$ A，$i_2 = 20\ \sin(\omega t + 90°)$ A。

(1) 求 $\dot{I}_1$、$\dot{I}_2$、$\dot{I}$。

(2) 求各电流表的读数。

(3) 绘电流相量图。

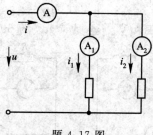

题 4.17 图

4.18　已知 $u_1 = 220\sqrt{2}\ \sin(\omega t + 60°)$ V，$u_2 = 220\sqrt{2}\ \cos(\omega t + 30°)$ V，试作 $u_1$ 和 $u_2$ 的相量图，并求 $u_1+u_2$、$u_1-u_2$。

4.19　两个同频率的正弦电压的有效值分别为 30 V 和 40 V，试问：

(1) 什么情况下，$u_1+u_2$ 的有效值为 70 V？

（2）什么情况下，$u_1 + u_2$ 的有效值为 50 V？

（3）什么情况下，$u_1 + u_2$ 的有效值为 10 V？

4.20　在一个 $R = 20\ \Omega$ 的电阻两端施加电压 $u = 100\ \sin(314t - 60°)$ V，写出电阻上电流的解析式，并作电压和电流的相量图。

4.21　有一个 220 V、1000 W 的电炉，接在 220 V 的交流电源上，试求通过电炉的电流和正常工作时的电阻。

4.22　已知在 10 Ω 的电阻上通过的电流为 $i_1 = 5\ \sin\left(314t - \dfrac{\pi}{6}\right)$ A，试求电阻上电压的有效值和电阻接受的功率。

4.23　一个 $L = 0.2$ H 的电感上，外施电压为 $u = 220\sqrt{2}\ \sin(100t - 30°)$ V，选定 $u$、$i$ 参考方向一致，试求通过电感的电流 $i$，并绘出电流和电压的相量图。

4.24　一个 $L = 0.15$ H 的电感，先后接在 $f_1 = 50$ Hz 和 $f_2 = 1000$ Hz，电压为 220 V 的电源上，计算两种情况下的 $X_L$、$I_L$ 和 $Q_L$。

4.25　在关联参考方向下，已知加于电感元件两端的电压为 $u_L = 100\ \sin(100t + 30°)$ V，通过的电流为 $i_L = 10\ \sin(100t + \theta_i)$ A，试求电感的参数 $L$ 及电流的初相 $\theta_i$。

4.26　一个 $C = 50\ \mu$F 的电容接于 $u = 220\sqrt{2}\ \sin(314t + 60°)$ V 的电源上，求 $i_C$、$Q_C$，并绘电流和电压的相量图。

4.27　把一个 $C = 100\ \mu$F 的电容，先后接于 $f_1 = 50$ Hz 和 $f_2 = 60$ Hz，电压为 220 V 的电源上，试计算上述两种情况下的 $X_C$、$I_C$ 和 $Q_C$。

4.28　图示电路中，已知电流表 $A_1$、$A_2$ 的读数均为 20 A，求电路中电流表 A 的读数。

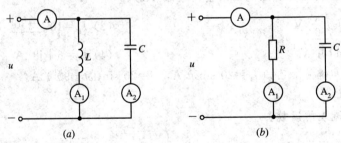

（a）　　　　　　　　　　（b）

题 4.28 图

4.29　图示电路中，已知电压表 $V_1$、$V_2$ 的读数均为 50 V，求电路中电压表 V 的读数。

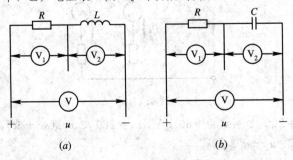

（a）　　　　　　　　　　（b）

题 4.29 图

4.30　图示电路中，已知电压表 $V_1$ 的读数为 24 V，$V_3$ 的读数为 20 V，$V_4$ 的读数为 60 V，试分别求出电压表 V、$V_2$ 的读数。

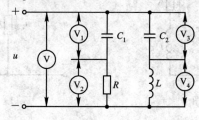

题 4.30 图

4.31　已知通过一复阻抗上的电流为 $\dot{I}=10\underline{/60^\circ}$ A，加在复阻抗上的电压为 $u=220\sqrt{2}\,\sin(\omega t-60^\circ)$ V，试求：

（1）$|Z|$、$|Y|$。

（2）阻抗角 $\varphi$ 及导纳角 $\varphi'$。

4.32　已知某电路的复阻抗 $Z=100\underline{/30^\circ}$ Ω，求与之等效的复导纳 $Y$。

4.33　图中为一电阻 $R$ 与一线圈的串联电路，已知 $R=28$ Ω，测得 $I=4.4$ A，$U=220$ V，电路总功率 $P=580$ W，频率 $f=50$ Hz，求线圈的参数 $r$ 和 $L$。

4.34　将一电阻 $R=8$ Ω，电容 $C=167$ μF 所组成的串联电路接到 $u=100\sqrt{2}\cdot\sin(1000t+30^\circ)$ V 的电源上，试求电流 $I$，并绘出相量图。

4.35　图示电路中，$Z=5\underline{/36.9^\circ}$ Ω，$U_1=U_2$，试求 $X_C$。

题 4.33 图　　　　　　　　　　　　　题 4.35 图

4.36　在 RLC 串联电路中，已知 $R=10$ Ω，$X_L=5$ Ω，$X_C=15$ Ω，电源电压 $u=200\cdot\sin(\omega t+30^\circ)$ V。

（1）求此电路的复阻抗 $Z$，并说明电路的性质。

（2）求电流 $\dot{I}$ 和电压 $\dot{U}_R$、$\dot{U}_L$、$\dot{U}_C$。

（3）绘电压、电流相量图。

4.37　在 RLC 串联电路中，已知 $R=30$ Ω，$L=40$ mH，$C=100$ μF，$\omega=1000$ rad/s，$\dot{U}_L=10\underline{/0^\circ}$ V。

（1）求电路的阻抗 $Z$。

（2）求电流 $\dot{I}$ 和电压 $\dot{U}_R$、$\dot{U}_C$ 及 $\dot{U}$。

（3）绘电压、电流相量图。

4.38　在图示电路中，$\dot{U}=100\underline{/-30^\circ}$ V，$R=4$ Ω，$X_L=5$ Ω，$X_C=15$ Ω，试求电流 $\dot{I}_1$、$\dot{I}_2$ 和 $\dot{I}$，并绘出相量图。

4.39　图示电路中，$R=3$ Ω，$X_L=4$ Ω，$X_C=8$ Ω，$\dot{I}_C=10\underline{/0^\circ}$ A，求 $\dot{U}$、$\dot{I}_R$、$\dot{I}_L$ 及总电流 $\dot{I}$。

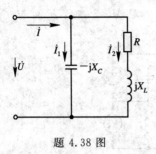

题 4.38 图

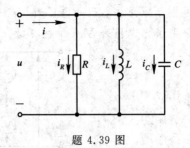

题 4.39 图

4.40　题 4.39 图所示的电路中，已知 $R=X_C=10\ \Omega$，$X_L=5\ \Omega$，$\dot{U}=220\ \underline{/0^\circ}$ V。

(1) 求复导纳 $Y$，并说明电路的性质。

(2) 求 $\dot{I}$、$\dot{I}_R$、$\dot{I}_L$、$\dot{I}_C$。

(3) 绘出相量图。

4.41　分别列出图示电路的网孔电流方程和节点电压方程。

4.42　图示电路中，已知 $\dot{I}_s=2\ \underline{/0^\circ}$ A，$Z_0=1+\mathrm{j}1\ \Omega$，$Z_1=6-\mathrm{j}8\ \Omega$，$Z_2=10+\mathrm{j}10\ \Omega$，求 $\dot{I}_1$、$\dot{I}_2$ 和 $\dot{U}_0$。

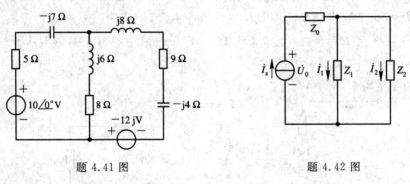

题 4.41 图　　　　　　　　　　　题 4.42 图

4.43　求图示电路中各支路的电流及电压源输出的功率。

4.44　利用戴维南定理求解题 4.43 图所示的电路中电容支路的电流 $\dot{I}_1$。

4.45　求图示含源二端网络 $ab$ 端的戴维南等效电路。

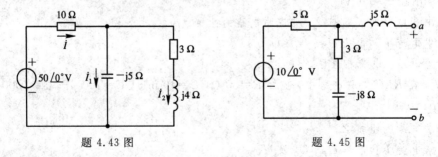

题 4.43 图　　　　　　　　　　　题 4.45 图

4.46　已知一 $RLC$ 串联电路中，$R=10\ \Omega$，$X_L=15\ \Omega$，$X_C=5\ \Omega$，其中电流 $\dot{I}=2\ \underline{/30^\circ}$ A，试求：

(1) 总电压 $\dot{U}$。

(2) $\cos\varphi$。

(3) 该电路的功率 $P$、$Q$、$S$。

4.47　用三表法测得一线圈在电路中 $P=120$ W，$U=100$ V，$I=2$ A，电源的频率 $f=50$ Hz，求：

(1) 该线圈的参数 $R$、$L$。

(2) 线圈的 $Q$、$S$ 及 $\cos\varphi$。

4.48　已知某一无源网络的等效阻抗 $Z=10\underline{/60°}$ Ω，外加电压 $\dot{U}=220\underline{/15°}$ V，求该网络的功率 $P$、$Q$、$S$ 及功率因数 $\cos\varphi$。

4.49　一台 $P=1.1$ kW，$U_N=220$ V，$\cos\varphi=0.5$ 的感应电动机，接到 220 V，$f=50$ Hz的单相电源上，试求电动机上通过的电流。若在该电机两端并联一个 $C=79.5$ μF 的电容器，试求这时电路中的电流和功率因数。

4.50　在一电压为 380 V，频率为 50 Hz 的电源上，接有一电感性负载，$P=300$ kW，$\cos\varphi=0.65$，现需将功率因数提高到 0.9，试问应并联多大的电容？

4.51　一收音机接收线圈的 $R=20$ Ω，$L=250$ μH，调节电容 $C$ 收听频率为 720 kHz 的广播电台，输入回路可视为一 $RLC$ 串联电路，问这时的电容值为多少？回路的品质因数 $Q$ 为多少？

4.52　一 $RLC$ 串联电路中，$R=10$ Ω，$L=1.5\times10^{-4}$ H，$C=600$ pF，已知电源电压 $U_s=5$ mV，试求电路在谐振时的频率、电路的品质因数及元件 $L$ 和 $C$ 上的电压。

4.53　一串联谐振电路的特性阻抗 $\rho=100$ Ω，谐振时 $\omega_0=1000$ rad/s，试求电路元件的参数 $L$ 和 $C$。

4.54　在 $RL$ 串和 $C$ 并联的电路中，已知 $\omega_0=5\times10^6$ rad/s，$Q=100$，谐振阻抗 $Z_0=2000$ Ω，试求参数 $R$、$L$、$C$。

4.55　一线圈与一电容并联，已知发生谐振时的阻抗 $Z_0=10\ 000$ Ω，$L=0.02$ mH，$C=2000$ pF，试求线圈的电阻 $R$ 和回路的品质因数 $Q$。

4.56　试证明图示电路的谐振频率为

$$f_0 = \frac{1}{2\pi\sqrt{LC}} \cdot \sqrt{\frac{1-\left(\dfrac{R_1}{\rho}\right)^2}{1-\left(\dfrac{R_2}{\rho}\right)^2}}$$

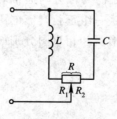

题 4.56 图

# 第5章

# 三相正弦交流电路

在电力系统中，电能的生产、传输和分配几乎都采用了三相制。所谓三相制，就是由三个同频率、等幅值、相位依次相差120°的正弦电压源作为电源供电的体系。三相制系统之所以得到广泛的应用，是因为三相制系统有许多优点。本章将在前一章正弦交流电路的基础上，分析对称三相电源、三相负载的连接及其特点，介绍对称三相电路的分析计算、不对称星形(Y)电路的分析计算，以及三相电路的功率计算。

## 5.1　三　相　电　源

### 5.1.1　三相对称正弦交流电压

三相正弦电压是由三相发电机产生的。图5.1所示是三相交流发电机的原理图。在发电机的转子上，固定有三组完全相同的绕组，它们的空间位置相差120°。其中 $U_1$、$V_1$、$W_1$ 为这三个绕组的始端；$U_2$、$V_2$、$W_2$ 为三个绕组的末端。其定子是一对磁极，由于磁极面的特殊形状，使定子与转子间的空气隙中的磁场按正弦规律分布。

当发电机的转子以角速度 $\omega$ 按逆时针旋转时，在三个绕组的两端分别产生幅值相同、频率相同、相位依次相差120°的正弦交流电压。每个绕组电压的参考方向通常规定为由绕组的始端指向绕组的末端。这一组正弦交流电压叫三相对称正弦交流电压。它们的波形图和相量图分别如图5.2和图5.3所示。

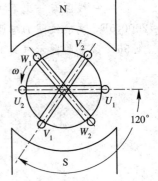

图 5.1　三相交流发电机的原理

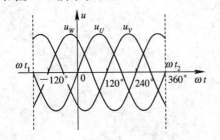

图 5.2　对称三相正弦量的波形图

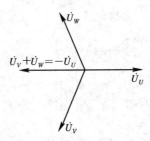

图 5.3　对称三相正弦量的相量图

若以 $u_U = u_{U_1U_2}$ 为参考正弦量，则三个正弦电压的解析式分别为

$$u_U = u_{U_1U_2} = U_{pm} \sin\omega t$$

$$u_V = u_{V_1V_2} = U_{pm} \sin(\omega t - 120°)$$

$$u_W = u_{W_1W_2} = U_{pm} \sin(\omega t + 120°)$$

三个电压的相量分别表示为

$$\dot{U}_U = U_p \underline{/0°}, \qquad \dot{U}_V = U_p \underline{/-120°}, \qquad \dot{U}_W = U_p \underline{/120°}$$

从相量图中不难看出，这组对称三相正弦电压的相量之和等于零，即

$$\dot{U}_U + \dot{U}_V + \dot{U}_W = U_p \underline{/0°} + U_p \underline{/-120°} + U_p \underline{/120°}$$

$$= U_p\left(1 - \frac{1}{2} - j\frac{\sqrt{3}}{2} - \frac{1}{2} + j\frac{\sqrt{3}}{2}\right) = 0$$

从波形图中可看出，任意时刻三个正弦电压的瞬时值之和恒等于零，即

$$u_U + u_V + u_W = 0$$

能够提供这样一组对称三相正弦电压的就是对称三相电源，通常所说的三相电源都是指对称三相电源。

对称三相正弦量达到最大值（或零值）的顺序称为相序，上述 $U$ 相超前于 $V$ 相，$V$ 相超前于 $W$ 相的顺序称为正相序，简称为正序，一般的三相电源都是正序对称的。工程上以黄、绿、红三种颜色分别作为 $U$、$V$、$W$ 三相的标志。

## 5.1.2 三相电源的星形(Y)连接

将三个绕组的末端 $U_2$、$V_2$、$W_2$ 连接在一起，而从绕组的三个始端 $U_1$、$V_1$、$W_1$ 引出三根导线与外电路相连的三相电路称为三相电源的星形连接，如图 5.4 所示。从始端引出的导线称为端线（俗称火线）。连接三个末端的节点 $N$ 称为中性点。从中性点可以引出导线，与外电路相连接，这条连接线称为中线。若三相电路中有中线，则称为三相四线制星形电路；若无中线，则称为三相三线制星形电路。

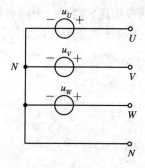

图 5.4 三相电源的星形连接

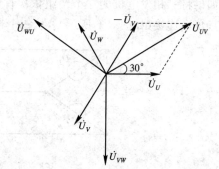

图 5.5 三相电源相电压、线电压的相量图

在星形电路中，端线与中线间的电压称为相电压，用 $u_U$、$u_V$、$u_W$ 表示。两端线间的电压称为线电压，用 $u_{UV}$、$u_{VW}$、$u_{WU}$ 表示。因此，在三相四线制电路中，可以按需要提供两组不同的对称三相电压；而三相三线制只能提供一组对称的线电压。

在图 5.5 所示的相量图中，根据 KVL 不难求得线电压与相电压的关系，即

$$\dot{U}_{UV} = \dot{U}_U - \dot{U}_V = \dot{U}_U - \dot{U}_U \underline{/-120°}$$

$$= \dot{U}_U \left[ 1 - \left( 1 - \frac{1}{2} - j\frac{\sqrt{3}}{2} \right) \right] = \dot{U}_U \left( \frac{3}{2} + j\frac{\sqrt{3}}{2} \right)$$

$$= \sqrt{3}\dot{U}_U \underline{/30°}$$

同理可得

$$\dot{U}_{VW} = \sqrt{3}\dot{U}_V \underline{/30°}$$

$$\dot{U}_{WU} = \sqrt{3}\dot{U}_W \underline{/30°}$$

即线电压的大小是相电压大小的 $\sqrt{3}$ 倍，且线电压的相位比相应相电压相位超前 $30°$。

在三相电路中，三个线电压之间的关系是

$$\dot{U}_{UV} + \dot{U}_{VW} + \dot{U}_{WU} = \dot{U}_U - \dot{U}_V + \dot{U}_V - \dot{U}_W + \dot{U}_W - \dot{U}_U = 0$$

或用瞬时值表示为

$$u_{UV} + u_{VW} + u_{WU} = u_U - u_V + u_V - u_W + u_W - u_U = 0$$

即三个线电压的相量和总等于零，或三个线电压瞬时值的代数和恒等于零。

**例 5.1**　星形连接的对称三相电源，线电压是 $u_{UV} = 380 \sin 314t$ V，试求出其它各线电压和各相电压的解析式。

**解**　根据星形对称三相电源的特点，可以求得各线电压分别为

$$u_{VW} = 380 \sin(314t - 120°) \text{ V}$$

$$u_{WU} = 380 \sin(314t + 120°) \text{ V}$$

各相电压分别为

$$u_U = 220 \sin(314t - 30°) \text{ V}$$

$$u_V = 220 \sin(314t - 150°) \text{ V}$$

$$u_W = 220 \sin(314t + 90°) \text{ V}$$

### 5.1.3　三相电源的三角形（△）连接

如果将三相发电机的三个绕组依次首（始端）尾（末端）相连，接成一个闭合回路，则可构成三角形连接（如图 5.6 所示）。从三个连接点引出的三根导线即为三根端线。

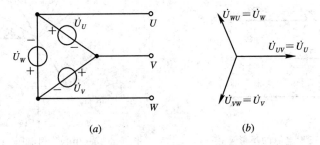

$$(a) \qquad\qquad (b)$$

图 5.6　三相电源的三角形连接（线电压等于相电压）

当三相电源作三角形连接时，只能是三相三线制，而且线电压就等于相电压，即分别表示为

$$\dot{U}_{UV} = \dot{U}_U, \qquad \dot{U}_{VW} = \dot{U}_V, \qquad \dot{U}_{WU} = \dot{U}_W$$

　　由对称的概念可知，在任何时刻，三相电压之和等于零。因此，即便是三个绕组接成闭合回路，只要连接正确，在电源内部并没有回路电流。但是，如果某一相的始端与末端接反，则会在回路中引起电流。例 5.2 说明了这种情况以及采取的预防措施。

　　**例 5.2**　三相发电机接成三角形供电。如果误将 $U$ 相接反，会产生什么后果？如何使连接正确？

　　**解**　$U$ 相接反时的电路如图 5.7($a$)所示。此时，回路中的电流为

$$\dot{I}_s = \frac{-\dot{U}_U + \dot{U}_V + \dot{U}_W}{3Z_{sp}} = \frac{-2\dot{U}_U}{3Z_{sp}}$$

　　由图 5.7($b$)所示的相量图可以看出，此时闭合回路内总电压的大小为一相电压大小的 2 倍。而发电机绕组的阻抗一般都很小，将在绕组回路中引起很大的电流，使发电机绕组过热而损坏。

　　为了连接正确，可以按图 5.7($c$)将一电压表(量程大于 2 倍的相电压)串接在三个绕组的闭合回路中，若发电时电压为零，说明连接正确。这时即可撤去电压表，再将回路闭合。

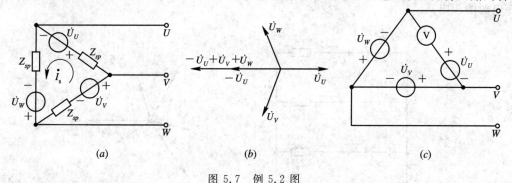

图 5.7　例 5.2 图

## ✲ 思考题

　　1. 对称三相电源星形连接时，$U_l =$ _____ $U_p$，线电压的相位超前于它所对应相电压的相位 _____ 。

　　2. 正序对称三相星形连接电源，若 $\dot{U}_{VW} = 380\ \underline{/30°}$ V，则 $\dot{U}_{UV} =$ _____ V，$\dot{U}_U =$ _____ V，$\dot{U}_W =$ _____ V。

　　3. 正序对称三相三角形连接电源，相电压 $\dot{U}_W = 220\ \underline{/90°}$ V，则 $\dot{U}_U =$ _____ V，$\dot{U}_V =$ _____ V，$\dot{U}_{UV} =$ _____ V，$\dot{U}_{VW} =$ _____ V，$\dot{U}_{WU} =$ _____ V，$\dot{U}_{UV} + \dot{U}_{VW} + \dot{U}_{WU} =$ _____ 。

# 5.2　三　相　负　载

　　三相负载即三相电源的负载，由互相连接的三个负载组成，其中每个负载称为一相负载。在三相电路中，负载有两种情况：一种是负载是单相的，例如电灯、日光灯等照明负载，还有电炉、电视机、电冰箱，等等。但是通过适当的连接，可以组成三相负载。另一种负载如电动机，三相绕组中的每一相绕组也是单相负载。所以也存在如何将这三个单相绕

组连接起来接入电网的问题。

　　三相负载的连接方法也有两种,即星形连接和三角形连接。

## 5.2.1　负载的星形(Y)连接

　　三相负载的星形连接,就是把三相负载的一端连接到一个公共端点,负载的另一端分别与电源的三个端线相连。负载的公共端点称为负载的中性点,简称中点,用 $N'$ 表示。如果电源为星形连接,则负载中点与电源中点的连线称为中线,两中点间的电压 $\dot{U}_{N'N}$ 称为中点电压。若电路中有中线连接,可以构成三相四线制电路;若没有中线连接,或电源端为三角形连接,则只能构成三相三线制电路。

### 1. 三相四线制电路

　　在图 5.8 所示的三相四线制电路中,若中线的阻抗远小于负载的阻抗,则中线连接的两中点的电压 $\dot{U}_{N'N}=0$。此时,不计线路阻抗,根据 KVL 可得,各相负载的电压就等于该相电源的相电压。

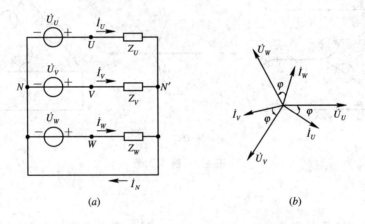

$(a)$　　　　　　　　　　　　　$(b)$

图 5.8　三相四线制电路及电压、电流相量图

　　不论负载对称与否,负载端的电压总是对称的,这是三相四线制电路的一个重要特点。因此,在三相四线制供电系统中,可以将各种单相负载如照明、家电电器接入其中一相使用。

　　在三相电路中,通过端线的电流叫线电流,通过每相负载的电流叫相电流。从图 5.8 中可以看出,星形连接的负载,其线电流等于相电流。如果知道每相负载的复阻抗和负载两端的电压,则可以按单相正弦交流电路求得相电流,即

$$\dot{I}_U = \frac{\dot{U}_U}{Z_U}, \qquad \dot{I}_V = \frac{\dot{U}_V}{Z_V}, \qquad \dot{I}_W = \frac{\dot{U}_W}{Z_W}$$

中线电流则为

$$\dot{I}_N = \dot{I}_U + \dot{I}_V + \dot{I}_W$$

　　如果电源线电压对称,负载的复阻抗相等,即 $Z_U = Z_V = Z_W = Z$,这便是对称三相电路。由于电压对称,因此负载端相电流大小相等,相位依次相差 $120°$,也是一组对称的正弦量。

$$\dot{I}_U = \frac{\dot{U}_U}{Z}$$

$$\dot{I}_V = \frac{\dot{U}_V}{Z} = \frac{\dot{U}_U\ \underline{/-120°}}{Z} = \dot{I}_U\ \underline{/-120°}$$

$$\dot{I}_W = \frac{\dot{U}_W}{Z} = \frac{\dot{U}_U\ \underline{/120°}}{Z} = \dot{I}_U\ \underline{/120°}$$

此时,中线电流为

$$\dot{I}_N = \dot{I}_U + \dot{I}_V + \dot{I}_W = \dot{I}_U + \dot{I}_U\ \underline{/-120°} + \dot{I}_U\ \underline{/120°} = 0$$

**例 5.3**　三相四线制电路中,星形负载各相阻抗分别为 $Z_U = 8+j6\ \Omega$, $Z_V = 3-j4\ \Omega$, $Z_W = 10\ \Omega$,电源线电压为 380 V,求各相电流及中线电流。

**解**　设电源为星形连接,则由题意知

$$U_p = \frac{U_l}{\sqrt{3}} = 220\ \text{V}$$

设

$$\dot{U}_U = 220\ \underline{/0°}\ \text{V}$$

则各相负载的相电流为

$$\dot{I}_U = \frac{\dot{U}_U}{Z_U} = \frac{220\ \underline{/0°}}{8+j6} = \frac{220\ \underline{/0°}}{10\ \underline{/36.9°}} = 22\ \underline{/-36.9°}\ \text{A}$$

$$\dot{I}_V = \frac{\dot{U}_V}{Z_V} = \frac{220\ \underline{/-120°}}{3-j4} = \frac{220\ \underline{/-120°}}{5\ \underline{/-53.1°}} = 44\ \underline{/-66.9°}\ \text{A}$$

$$\dot{I}_W = \frac{\dot{U}_W}{Z_W} = \frac{220\ \underline{/120°}}{10} = \frac{220\ \underline{/120°}}{10\ \underline{/0°}} = 22\ \underline{/120°}\ \text{A}$$

中线电流为

$$\begin{aligned}
\dot{I}_N &= \dot{I}_U + \dot{I}_V + \dot{I}_W \\
&= 22\ \underline{/-36.9°} + 44\ \underline{/-66.9°} + 22\ \underline{/120°} \\
&= 17.6 - j13.2 + 17.3 - j40.5 - 11 + j19.1 \\
&= 23.9 - j34.6 \\
&= 42\ \underline{/-55.4°}\ \text{A}
\end{aligned}$$

**2. 三相三线制电路**

图 5.9 所示为三相三线制电路,其中电源和负载均为星形连接。对图中的三线制电路,根据弥尔曼定理可得中点电压为

$$\dot{U}_{N'N} = \frac{\dfrac{\dot{U}_U}{Z_U} + \dfrac{\dot{U}_V}{Z_V} + \dfrac{\dot{U}_W}{Z_W}}{\dfrac{1}{Z_U} + \dfrac{1}{Z_V} + \dfrac{1}{Z_W}}$$

若负载对称,即 $Z_U = Z_V = Z_W = Z = |Z|\ \underline{/\varphi}$,则

$$\dot{U}_{N'N} = \frac{\dfrac{\dot{U}_U}{Z_U} + \dfrac{\dot{U}_V}{Z_V} + \dfrac{\dot{U}_W}{Z_W}}{\dfrac{1}{Z_U} + \dfrac{1}{Z_V} + \dfrac{1}{Z_W}} = \frac{\dfrac{1}{Z}(\dot{U}_U + \dot{U}_V + \dot{U}_W)}{\dfrac{3}{Z}} = 0$$

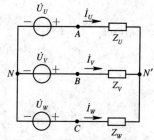

图 5.9　负载为 Y 形连接的
三相三线制电路

可见，负载对称时，中点的电压为零，即负载中点与电源中点等电位。由 KVL 可知，各相负载的电压就等于该相电源的电压，与四线制的情况相同。因而，各相电流也是对称的，即负载端相电流大小相等，相位依次相差120°。

若负载不对称，则中点电压不等于零，即

$$\dot{U}_{N'N} = \frac{\dfrac{\dot{U}_U}{Z_U} + \dfrac{\dot{U}_V}{Z_V} + \dfrac{\dot{U}_W}{Z_W}}{\dfrac{1}{Z_U} + \dfrac{1}{Z_V} + \dfrac{1}{Z_W}} \neq 0$$

这种情况我们将在后面的 5.4 节中详细讨论。

### 5.2.2 负载的三角形(△)连接

图 5.10(a)所示为负载的三角形电路。不计线路阻抗时，电源的线电压直接加于各相负载，负载的相电压等于电源的线电压。由于电源的线电压总是对称，因此，无论负载本身是否对称，负载的相电压总是对称的。此时，各相负载的电流分别为

$$\dot{I}_{UV} = \frac{\dot{U}_{UV}}{Z_{UV}}, \qquad \dot{I}_{VW} = \frac{\dot{U}_{VW}}{Z_{VW}}, \qquad \dot{I}_{WU} = \frac{\dot{U}_{WU}}{Z_{WU}}$$

各线电流可根据 KCL 求得，分别为

$$\dot{I}_U = \dot{I}_{UV} - \dot{I}_{WU}$$
$$\dot{I}_V = \dot{I}_{VW} - \dot{I}_{UV}$$
$$\dot{I}_W = \dot{I}_{WU} - \dot{I}_{VW}$$

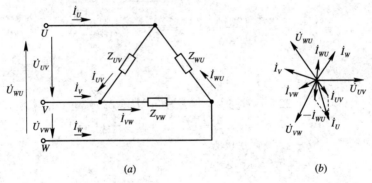

(a) 　　　　　　　　　　　　　　　(b)

图 5.10　负载的三角形连接及电压、电流相量图

如果负载对称，即

$$Z_{UV} = Z_{VW} = Z_{WU} = Z$$

则各相电流

$$\dot{I}_{UV} = \frac{\dot{U}_{UV}}{Z_{UV}} = \frac{\dot{U}_{UV}}{Z}$$

$$\dot{I}_{VW} = \frac{\dot{U}_{VW}}{Z_{VW}} = \frac{\dot{U}_{VW}}{Z} = \frac{\dot{U}_{UV}\ \underline{/-120°}}{Z} = \dot{I}_{UV}\ \underline{/-120°}$$

$$\dot{I}_{WU} = \frac{\dot{U}_{WU}}{Z_{WU}} = \frac{\dot{U}_{WU}}{Z} = \frac{\dot{U}_{UV}\ \underline{/120°}}{Z} = \dot{I}_{UV}\ \underline{/120°}$$

为一组对称三相正弦量，如图 5.10(b)所示。从相量图可求得各线电流分别为

$$\dot{I}_U = \dot{I}_{UV} - \dot{I}_{WU} = \sqrt{3}\,\dot{I}_{UV}\,\underline{/-30^\circ}$$

$$\dot{I}_V = \dot{I}_{VW} - \dot{I}_{UV} = \sqrt{3}\,\dot{I}_{VW}\,\underline{/-30^\circ}$$

$$\dot{I}_W = \dot{I}_{WU} - \dot{I}_{VW} = \sqrt{3}\,\dot{I}_{WU}\,\underline{/-30^\circ}$$

可见，线电流也是一组对称三相正弦量，其有效值为相电流的 $\sqrt{3}$ 倍，相位滞后于相应的相电流 $30^\circ$。

**例 5.4**　对称负载接成三角形，接入线电压为 380 V 的三相电源，若每相阻抗 $Z = 6 + j8\ \Omega$，求负载各相电流及各线电流。

**解**　设线电压 $\dot{U}_{UV} = 380\,\underline{/0^\circ}$ V，则负载各相电流为

$$\dot{I}_{UV} = \frac{\dot{U}_{UV}}{Z} = \frac{380\,\underline{/0^\circ}}{6 + j8} = \frac{380\,\underline{/0^\circ}}{10\,\underline{/53.1^\circ}} = 38\,\underline{/-53.1^\circ}\ \text{A}$$

$$\dot{I}_{VW} = \frac{\dot{U}_{VW}}{Z} = \dot{I}_{UV}\,\underline{/-120^\circ} = 38\,\underline{/-53.1^\circ - 120^\circ} = 38\,\underline{/-173.1^\circ}\ \text{A}$$

$$\dot{I}_{WU} = \frac{\dot{U}_{WU}}{Z} = \dot{I}_{UV}\,\underline{/120^\circ} = 38\,\underline{/-53.1^\circ + 120^\circ} = 38\,\underline{/66.9^\circ}\ \text{A}$$

负载各线电流为

$$\dot{I}_U = \sqrt{3}\,\dot{I}_{UV}\,\underline{/-30^\circ} = \sqrt{3} \times 38\,\underline{/-53.1^\circ - 30^\circ} = 66\,\underline{/-83.1^\circ}\ \text{A}$$

$$\dot{I}_V = \dot{I}_U\,\underline{/-120^\circ} = 66\,\underline{/-83.1^\circ - 120^\circ} = 66\,\underline{/156.9^\circ}\ \text{A}$$

$$\dot{I}_W = \dot{I}_U\,\underline{/120^\circ} = 66\,\underline{/-83.1^\circ + 120^\circ} = 66\,\underline{/36.9^\circ}\ \text{A}$$

## ❋ 思考题

1. 试述负载星形连接的三相四线制电路和三相三线制电路的异同。

2. 将图 5.11 中的各相负载分别接成星形或三角形，电源的线电压为 380 V，相电压为 220 V。每只灯的额定电压为 220 V，每台电动机的额定电压为 380 V。

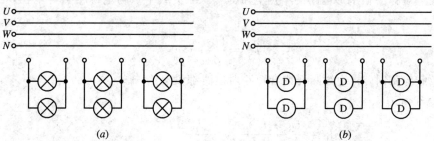

图 5.11　思考题 2 图

## 5.3　对称三相电路的分析计算

对称三相电路是指三相电源对称、三相负载对称、三相输电线也对称（即三根输电线的复阻抗也相等）的三相电路。在此，首先分析星形对称三相电路的特点，然后讨论一般情况下，也就是在对称三相电路上有多组对称负载时（包括三角形连接的对称负载），三相电

路是如何计算的。

### 5.3.1 对称星形电路的特点

图 5.12 是对称三相四线制电路。其中，$Z_l$ 是输电线的复阻抗，$Z_N$ 是中线复阻抗，负载复阻抗为 $Z_U = Z_V = Z_W = Z$。

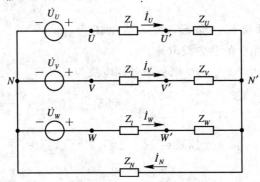

图 5.12　三相四线制电路

根据弥尔曼定理，图 5.12 电路的中点电压为

$$\dot{U}_{N'N} = \frac{\dfrac{\dot{U}_U}{Z_U + Z_l} + \dfrac{\dot{U}_V}{Z_V + Z_l} + \dfrac{\dot{U}_W}{Z_W + Z_l}}{\dfrac{1}{Z_U + Z_l} + \dfrac{1}{Z_V + Z_l} + \dfrac{1}{Z_W + Z_l} + \dfrac{1}{Z_N}}$$

$$= \frac{\dfrac{1}{Z_l + Z}(\dot{U}_U + \dot{U}_V + \dot{U}_W)}{\dfrac{3}{Z_l + Z} + \dfrac{1}{Z_N}}$$

$$= 0$$

可见，对称三相星形电路的中点电压为零，即负载中点与电源中点等电位，因而中线电流为

$$\dot{I}_N = \frac{\dot{U}_{N'N}}{Z_N} = 0$$

所以，负载对称时，将中线断开或者短路对电路都没有影响。

各端线电流

$$\dot{I}_U = \frac{\dot{U}_U - \dot{U}_{N'N}}{Z_l + Z} = \frac{\dot{U}_U}{Z_l + Z}$$

$$\dot{I}_V = \frac{\dot{U}_V - \dot{U}_{N'N}}{Z_l + Z} = \frac{\dot{U}_V}{Z_l + Z} = \dot{I}_U \underline{/-120°}$$

$$\dot{I}_W = \frac{\dot{U}_W - \dot{U}_{N'N}}{Z_l + Z} = \frac{\dot{U}_W}{Z_l + Z} = \dot{I}_U \underline{/120°}$$

都只取决于本相电源和负载，而与其他相无关。

负载各相电压分别为

$$\dot{U}_{U'N'} = Z\dot{I}_U$$

$$\dot{U}_{V'N'} = Z\dot{I}_V = \dot{U}_{U'N'} \underline{/-120°}$$

$$\dot{U}_{W'N'} = Z\dot{I}_W = \dot{U}_{U'N'} \underline{/120°}$$

负载端的线电压分别为

$$\dot{U}_{U'V'} = \dot{U}_{U'N'} - \dot{U}_{V'N'}$$

$$\dot{U}_{V'W'} = \dot{U}_{V'N'} - \dot{U}_{W'N'} = \dot{U}_{U'V'} \underline{/-120°}$$

$$\dot{U}_{W'U'} = \dot{U}_{W'N'} - \dot{U}_{U'N'} = \dot{U}_{U'V'} \underline{/120°}$$

可见，各线电流(即负载各相电流)、负载各相电压、负载端的线电压都分别对称。

### 5.3.2   对称三相电路的一般解法

根据上述对称三相电路的特点，可以进一步研究对称三相电路的一般解法，即单相法。

图 5.13 是具有两组对称负载的三相三线制电路。其中 $Z_1$ 组负载是星形连接，$Z_2$ 组负载是三角形连接，电源的线电压对称。

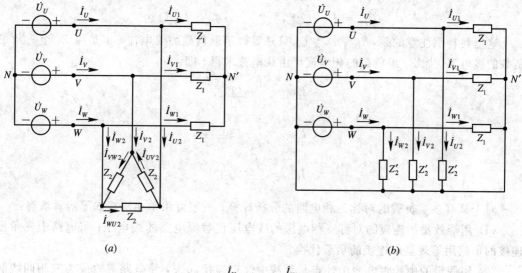

(a)                                                              (b)

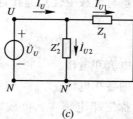

(c)

图 5.13   两组对称负载的三相电路

首先，引入一组星形连接的对称三相电源的线电压作为等效电源。

其次，将 $Z_2$ 组三角形连接的负载用等效星形连接的负载来代替。等效星形负载的复阻抗为

$$Z_2' = \frac{Z_2}{3}$$

　　根据星形对称三相电路的特点，即负载端中性点与电源端等电位，我们可以用一条假想的中线将这两端的中性点连接起来，如图 5.13($b$) 所示。这样对于电路的电流、电压都不会产生影响。经过这样的连接，电路成为三相四线制电路。

　　对称三相电路的电流、电压具有独立性，这样就可以取出一相（例如 $U$ 相）来进行单独的计算。图 5.13($c$) 表示取出来的 $U$ 相电路。由单相电路图可得

$$\dot{I}_U = \frac{\dot{U}_U}{\dfrac{Z_1 Z_2'}{Z_1 + Z_2'}}$$

　　由并联电路的分流公式可以求得各支路电流为

$$\dot{I}_{U1} = \dot{I}_U \frac{Z_2'}{Z_1 + Z_2'}, \qquad \dot{I}_{U2} = \dot{I}_U \frac{Z_1}{Z_1 + Z_2'}$$

由负载端电路的对称性，可以求出其余两相的电流，即

$$\dot{I}_V = \dot{I}_U \underline{/-120°}, \qquad \dot{I}_W = \dot{I}_U \underline{/120°}$$

$$\dot{I}_{V1} = \dot{I}_{U1} \underline{/-120°}, \qquad \dot{I}_{V2} = \dot{I}_{U2} \underline{/-120°}$$

$$\dot{I}_{W1} = \dot{I}_{U1} \underline{/120°}, \qquad \dot{I}_{W2} = \dot{I}_{U2} \underline{/120°}$$

　　这里要特别注意的是，$\dot{I}_{U2}$、$\dot{I}_{V2}$、$\dot{I}_{W2}$ 只是等效星形负载的线电流，也是原 $Z_2$ 组三角形负载的线电流。原 $Z_2$ 组负载的相电流可由线电流求得，即

$$\dot{I}_{UV2} = \frac{\dot{I}_{U2}}{\sqrt{3}} \underline{/30°}$$

$$\dot{I}_{VW2} = \frac{\dot{I}_{V2}}{\sqrt{3}} \underline{/30°}$$

$$\dot{I}_{WU2} = \frac{\dot{I}_{W2}}{\sqrt{3}} \underline{/30°}$$

　　对于具有多组负载的对称三相电路的分析计算，一般可用单相法按如下步骤求解：

　　(1) 用等效星形连接的对称三相电源的线电压代替原电路的线电压；将电路中三角形连接的负载用等效星形连接的负载代换。

　　(2) 用假设的中线将电源中性点与负载中性点连接起来，使电路等效成为三相四线制电路。

　　(3) 取出一相电路，单独求解。

　　(4) 由对称性求出其余两相的电流和电压。

　　(5) 求出原来三角形连接负载的各相电流。

　　**例 5.5**　图 5.14($a$) 所示的对称三相电路中，负载每相阻抗 $Z = 6 + j8\ \Omega$，端线阻抗 $Z_l = 1 + j1\ \Omega$，电源线电压有效值为 380 V。求负载各相电流、每条端线的电流、负载端各相电压。

　　**解**　由已知 $U_l = 380$ V，可得

$$U_p = \frac{U_l}{\sqrt{3}} = \frac{380}{\sqrt{3}} = 220\ \text{V}$$

单独画出 $U$ 相电路，如图 5.14($b$) 所示。

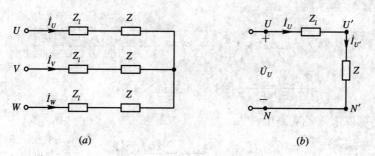

图 5.14　例 5.5 图

设 $\dot{U}_U = 220\,\underline{/0°}$ V，负载是星形连接，则负载端相电流和线电流相等，即

$$\dot{I}_U = \frac{\dot{U}_U}{Z_l + Z} = \frac{220\,\underline{/0°}}{(1+j1)+(6+j8)} = \frac{220\,\underline{/0°}}{11.4\,\underline{/52.1°}} = 19.3\,\underline{/-52.1°}\ \text{A}$$

$$\dot{I}_V = \dot{I}_U\,\underline{/-120°} = 19.3\,\underline{/-172.1°}\ \text{A}$$

$$\dot{I}_W = \dot{I}_U\,\underline{/120°} = 19.3\,\underline{/67.9°}\ \text{A}$$

负载各相电压为

$$\dot{U}_{U'} = \dot{U}_{U'N'} = Z\dot{I}_U = 19.3\,\underline{/-52.1°} \times (6+j8) = 192\,\underline{/1°}\ \text{V}$$

$$\dot{U}_{V'} = \dot{U}_{V'N'} = \dot{U}_{U'N'}\,\underline{/-120°} = 192\,\underline{/-119°}\ \text{V}$$

$$\dot{U}_{W'} = \dot{U}_{W'N'} = \dot{U}_{U'N'}\,\underline{/120°} = 192\,\underline{/121°}\ \text{V}$$

**例 5.6**　图 5.15(a)所示的电路中，电源线电压有效值为 380 V，两组负载 $Z_1 = 12+j16\ \Omega$，$Z_2 = 48+j36\ \Omega$，端线阻抗 $Z_l = 1+j2\ \Omega$，分别求两组负载的相电流、线电流、相电压、线电压。

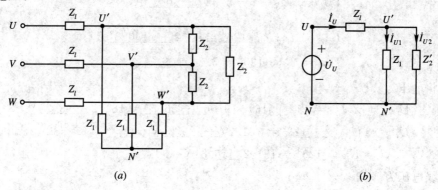

图 5.15　例 5.6 图

**解**　设电源为一组星形连接的对称三相电源，$U_l = 380$ V，可得

$$U_p = \frac{U_l}{\sqrt{3}} = \frac{380}{\sqrt{3}} = 220\ \text{V}$$

将 $Z_2$ 组三角形连接的负载等效为星形连接的负载，则

$$Z_2' = \frac{Z_2}{3} = \frac{48+j36}{3} = 16+j12 = 20\,\underline{/36.9°}\ \Omega$$

添加一条假想的阻抗为零的中线来等效电路。取出 $U$ 相，画出其单相电路，如图 5.15(b)所示。设 $\dot{U}_U = 220\,\underline{/0°}$ V，则

$$\dot{I}_U = \frac{\dot{U}_U}{Z_l + \dfrac{Z_1 Z_2'}{Z_1 + Z_2'}} = \frac{220 \underline{/0^\circ}}{1 + j2 + \dfrac{(12 + j16)(16 + j12)}{(12 + j16) + (16 + j12)}}$$

$$= \frac{220 \underline{/0^\circ}}{12.25 \underline{/48.4^\circ}} = 17.96 \underline{/-48.4^\circ} \text{ A}$$

在单相图中，可以求得各支路电流为

$$\dot{I}_{U1} = \dot{I}_U \frac{Z_2'}{Z_1 + Z_2'} = 17.96 \underline{/-48.4^\circ} \frac{20 \underline{/36.9^\circ}}{(12 + j16) + (16 + j12)} = 9.06 \underline{/-56.5^\circ} \text{ A}$$

$$\dot{I}_{U2} = \dot{I}_U - \dot{I}_{U1} = 17.96 \underline{/-48.4^\circ} - 9.06 \underline{/-56.5^\circ} = 9.06 \underline{/-40.3^\circ} \text{ A}$$

根据线电流、相电流的关系以及对称性，得 $Z_1$ 组的相电流（即线电流）为

$$\dot{I}_{U1} = 9.06 \underline{/-56.5^\circ} \text{ A}$$

$$\dot{I}_{V1} = \dot{I}_{U1} \underline{/-120^\circ} = 9.06 \underline{/-175.5^\circ} \text{ A}$$

$$\dot{I}_{W1} = \dot{I}_{U1} \underline{/120^\circ} = 9.06 \underline{/63.5^\circ} \text{ A}$$

$Z_2$ 组的线电流为

$$\dot{I}_{U2} = 9.06 \underline{/-40.3^\circ} \text{ A}$$

$$\dot{I}_{V2} = \dot{I}_{U2} \underline{/-120^\circ} = 9.06 \underline{/-160.3^\circ} \text{ A}$$

$$\dot{I}_{W2} = \dot{I}_{U2} \underline{/120^\circ} = 9.06 \underline{/139.7^\circ} \text{ A}$$

$Z_2$ 组的相电流为

$$\dot{I}_{U'V'} = \frac{\dot{I}_{U2} \underline{/30^\circ}}{\sqrt{3}} = 5.32 \underline{/-10.3^\circ} \text{ A}$$

$$\dot{I}_{V'W'} = \dot{I}_{U'V'} \underline{/-120^\circ} = 5.32 \underline{/-130.3^\circ} \text{ A}$$

$$\dot{I}_{W'U'} = \dot{I}_{U'V'} \underline{/120^\circ} = 5.32 \underline{/109.7^\circ} \text{ A}$$

$Z_1$ 组的相电压为

$$\dot{U}_{U'N'} = Z_1 \dot{I}_{U1} = (12 + j16) \times 9.06 \underline{/-56.5^\circ} = 181.2 \underline{/-3.2^\circ} \text{ V}$$

$$\dot{U}_{V'N'} = \dot{U}_{U'N'} \underline{/-120^\circ} = 181.2 \underline{/-123.2^\circ} \text{ V}$$

$$\dot{U}_{W'N'} = \dot{U}_{U'N'} \underline{/120^\circ} = 181.2 \underline{/116.8^\circ} \text{ V}$$

$Z_1$ 组的线电压为

$$\dot{U}_{U'V'} = \sqrt{3} \dot{U}_{U'N'} \underline{/30^\circ} = 313.8 \underline{/26.8^\circ} \text{ V}$$

$$\dot{U}_{V'W'} = \dot{U}_{U'V'} \underline{/-120^\circ} = 313.8 \underline{/146.8^\circ} \text{ V}$$

$$\dot{U}_{W'U'} = \dot{U}_{U'V'} \underline{/120^\circ} = 313.8 \underline{/-93.2^\circ} \text{ V}$$

负载 $Z_2$ 组是三角形连接，故其线电压、相电压相等且等于负载 $Z_1$ 组的线电压。

## ✱ 思考题

1. 什么情况下可将三相电路的计算转变为对一相电路的计算？

2. 三相负载三角形连接时，测出各相电流相等，能否说明三相负载是对称的？

3. 对称三相电路中，为什么可将两中性点 $N$、$N'$ 短接起来？

# 5.4 三相电路的功率

## 5.4.1 三相电路的有功功率、无功功率、视在功率和功率因数

通过前面的学习，我们从元件电磁性能的角度考虑，任意线性无源二端网络的平均功率(有功功率)等于该网络内所有电阻的平均功率之和，而无功功率等于该网络内所有电感和电容的无功功率之和。同样，三相负载的有功功率等于各相负载的有功功率之和，三相负载的无功功率等于各相负载的无功功率之和。

### 1. 三相负载的有功功率

三相负载的总有功功率为

$$P = P_U + P_V + P_W = U_U I_U \cos\varphi_U + U_V I_V \cos\varphi_V + U_W I_W \cos\varphi_W$$

其中，$U_U$、$U_V$、$U_W$ 分别为各相电压的有效值，$I_U$、$I_V$、$I_W$ 分别为各相电流的有效值，$\cos\varphi_U$、$\cos\varphi_V$、$\cos\varphi_W$ 分别为各相负载的功率因数。

从元件电磁性能角度考虑，三相电路的有功功率还可以表示为

$$P = P_U + P_V + P_W = I_U^2 R_U + I_V^2 R_V + I_W^2 R_W$$

其中，$R_U$、$R_V$、$R_W$ 分别为 $U$、$V$、$W$ 三相负载阻抗的电阻部分(复阻抗的实部)。

若三相负载是对称的，则三相电压、电流分别对称，有效值分别相等；各相负载的复阻抗、功率因数也相等，即

$$U_U I_U \cos\varphi_U = U_V I_V \cos\varphi_V = U_W I_W \cos\varphi_W = U_P I_P \cos\varphi_P$$

三相总有功功率则为

$$P = P_U + P_V + P_W = 3 U_P I_P \cos\varphi_P$$

当负载为星形连接时，有

$$U_P = \frac{U_l}{\sqrt{3}}, \qquad I_P = I_l$$

$$P = \sqrt{3} U_l I_l \cos\varphi_P$$

当负载为三角形连接时，有

$$U_P = U_l, \qquad I_P = \frac{I_l}{\sqrt{3}}$$

$$P = \sqrt{3} U_l I_l \cos\varphi_P$$

在对称三相电路中，无论负载接成星形还是三角形，总有功功率均为

$$P = \sqrt{3} U_l I_l \cos\varphi_P$$

或者

$$P = P_U + P_V + P_W = 3 I_P^2 R_P \qquad (R_P \text{ 为负载阻抗的电阻部分})$$

### 2. 三相负载的无功功率

类似地，三相负载的总无功功率为

$$Q = Q_U + Q_V + Q_W = U_U I_U \sin\varphi_U + U_V I_V \sin\varphi_V + U_W I_W \sin\varphi_W$$

从元件电磁性能角度考虑，三相电路的无功功率还可以表示为

$$Q = Q_U + Q_V + Q_W = I_U^2 X_U + I_V^2 X_V + I_W^2 X_W$$

其中，$X_U$、$X_V$、$X_W$ 分别为 $U$、$V$、$W$ 三相负载阻抗的电抗部分（复阻抗的虚部）。

若负载对称，则各相负载的无功功率相等，均为

$$Q_P = U_P I_P \sin\varphi_P$$

无论负载接成星形还是三角形，三相总无功功率均为

$$Q = Q_U + Q_V + Q_W = \sqrt{3} U_l I_l \sin\varphi_P$$

或者

$$Q = Q_U + Q_V + Q_W = 3 I_P^2 X_P \qquad （X_P 为负载阻抗的电抗部分）$$

### 3. 三相负载的视在功率

三相负载的视在功率为

$$S = \sqrt{P^2 + Q^2}$$

若负载对称，则

$$S = \sqrt{(\sqrt{3} U_l I_l \cos\varphi_P)^2 + (\sqrt{3} U_l I_l \sin\varphi_P)^2} = \sqrt{3} U_l I_l$$

### 4. 三相负载的功率因数

三相负载的功率因数为

$$\lambda = \frac{P}{S}$$

若负载对称，则

$$\lambda = \frac{\sqrt{3} U_l I_l \cos\varphi_P}{\sqrt{3} U_l I_l} = \cos\varphi_P$$

即负载对称时三相负载的功率因数与每一相负载的功率因数相等。

**例 5.7**　有一对称三相负载，每相阻抗 $Z = 80 + j60\ \Omega$，电源线电压 $U_l = 380$ V。求当三相负载分别连接成星形和三角形时电路的有功功率和无功功率。

**解**　（1）负载为星形连接时，有

$$U_P = \frac{U_l}{\sqrt{3}} = \frac{380}{\sqrt{3}} = 220\ \text{V}$$

$$I_P = I_l = \frac{U_P}{|Z|} = \frac{220}{\sqrt{80^2 + 60^2}} = 2.2\ \text{A}$$

由阻抗三角形可得

$$\cos\varphi_P = \frac{80}{\sqrt{80^2 + 60^2}} = 0.8, \qquad \sin\varphi_P = 0.6$$

所以

$$P = \sqrt{3} U_l I_l \cos\varphi_P = \sqrt{3} \times 380 \times 2.2 \times 0.8 = 1.16\ \text{kW}$$

$$Q = \sqrt{3} U_l I_l \sin\varphi_P = \sqrt{3} \times 380 \times 2.2 \times 0.6 = 0.87\ \text{kV} \cdot \text{A}$$

或者

$$P = 3 I_P^2 R_P = 3 \times 2.2^2 \times 80 = 1.16\ \text{kW}$$

$$Q = 3I_P^2 X_P = 3 \times 2.2^2 \times 60 = 0.87 \text{ kV} \cdot \text{A}$$

（2）负载为三角形连接时，有

$$U_P = U_l = 380 \text{ V}$$

$$I_l = \sqrt{3}\, I_P = \sqrt{3}\,\frac{380}{\sqrt{80^2 + 60^2}} = 6.6 \text{ A}$$

$$P = \sqrt{3}\, U_l I_l \cos\varphi_P = \sqrt{3} \times 380 \times 6.6 \times 0.8 = 3.48 \text{ kW}$$

$$Q = \sqrt{3}\, U_l I_l \sin\varphi_P = \sqrt{3} \times 380 \times 6.6 \times 0.6 = 2.61 \text{ kV} \cdot \text{A}$$

同样，还可以从元件的电磁性能角度考虑来计算负载的功率，请读者自己思考。

### 5.4.2　对称三相电路的瞬时功率

三相电路总瞬时功率可以表示为

$$p = p_U + p_V + p_W = u_U i_U + u_V i_V + u_W i_W$$

由于电路是对称三相电路，三相电压是一组对称量，电流也是一组对称量。将各相电压、电流值代入上式，经过三角运算即可得到总瞬时功率为

$$p = \sqrt{3}\, U_l I_l \cos\varphi_P$$

即在对称三相正弦交流电路中，各瞬时功率的总和是不随时间变化而变化的恒定值，而且正好等于总有功功率。这是对称三相电路的又一个优点。当三相电动机通入对称的三相电流后，电动机的运行是稳定的。

**例 5.8**　图 5.16 所示的电路中，三相电动机的功率为 3 kW，$\cos\varphi = 0.866$，电源的线电压为 380 V，求图中两功率表的读数。

**解**　由 $P = \sqrt{3}\, U_l I_l \cos\varphi$ 可求得线电流为

$$I_l = \frac{P}{\sqrt{3}\, U_l \cos\varphi}$$

$$= \frac{3 \times 10^3}{\sqrt{3} \times 380 \times 0.866}$$

$$= 5.26 \text{ A}$$

设

$$\dot{U}_U = \frac{380}{\sqrt{3}} \underline{/0^\circ} = 220 \underline{/0^\circ} \text{ V}$$

而

$$\varphi = \arccos 0.866 = 30^\circ$$

所以

$$\dot{I}_U = 5.26 \underline{/-30^\circ} \text{ A}$$

$$\dot{U}_{UV} = 380 \underline{/30^\circ} \text{ V}$$

$$\dot{I}_W = 5.26 \underline{/90^\circ} \text{ A}$$

$$\dot{U}_{WV} = -\dot{U}_{VW} = -380 \underline{/-90^\circ} = 380 \underline{/90^\circ} \text{ V}$$

功率表 $W_1$ 的读数为

$$P_1 = U_{UV} I_U \cos\varphi_1 = 380 \times 5.26 \cos[30^\circ - (-30^\circ)] = 1 \text{ kW}$$

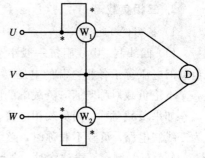

图 5.16　例 5.10 图

功率表 $W_2$ 的读数为

$$P_2 = U_{WV} I_W \cos\varphi_2 = 380 \times 5.26 \cos(90° - 90°) = 2 \text{ kW}$$

所以

$$P_1 + P_2 = 1 + 2 = 3 \text{ kW}$$

由本例讨论可知，一般情况下，即使对称电路，"二瓦计"法中的两表读数也是不相等的。

## ✳ 思考题

1. 试证明对称三相电路的瞬时功率等于总有功功率，并说明三相电动机具有这一特点有什么好处。

2. 画出除图 5.22 所示的"二瓦计"法测量线路以外的其它两种形式，并说明功率表的读数由哪些因素决定。

# 本 章 小 结

### 1. 三相电源

振幅相等、频率相同、相位彼此互差 120°角的三个正弦电压源，构成一组对称三相电源。任意时刻对称三相正弦量的三个瞬时值之和恒等于零，它们的相量之和也等于零。

三相电源有星形(Y)和三角形(△)两种接法。

星形(Y)连接：线电压的有效值为相电压的 $\sqrt{3}$ 倍，相位超前于相应的相电压 30°。四线制可以提供线电压和相电压两组不同的对称三相电压，而三线制只能提供线电压。

三角形(△)连接：线电压就是相应的相电压。

### 2. 三相负载

1) 星形(Y)连接

(1) 四线制：中线阻抗一般小于负载阻抗，中点电压接近于零。不计线路阻抗时，各相负载的电压等于各相电源的电压。

不论负载对称与否，负载端的电压总是对称的。

如果负载对称，则负载相电流(即线电流)也对称，中线电流为零，可以省去中线而成为三线制电路。负载不对称时，必须保证中线可靠连接。

(2) 三线制：负载对称时，中点电压为零，与四线制负载对称时的情况相同。

负载不对称时，将导致中点位移，使负载端电压不对称，有烧毁负载的危险。

2) 三角形(△)连接

负载的相电压等于电源的线电压，总是对称的。

如果负载对称，则各相电流、线电流也分别对称，且线电流的有效值为相电流的 $\sqrt{3}$ 倍，相位滞后于相应的相电流 30°。

### 3. 三相电路的计算

对称三相电路采用单相法计算，步骤如下：

(1) 用等效星形连接的对称三相电源的线电压代替原电路的线电压，将电路中三角形连接的负载用等效星形连接的负载代换。

（2）假设中线将电源中性点与负载中性点连接起来，使电路形成等效的三相四线制电路。

（3）取出一相电路，单独求解。

（4）由对称性求出其余两相的电流和电压。

（5）求出原来三角形连接负载的各相电流。

**4. 三相电路的功率**

对称三相电路中，无论负载接成星形还是三角形，负载总有功功率为

$$P = \sqrt{3} U_l I_l \cos\varphi_P$$

总无功功率为

$$Q = \sqrt{3} U_l I_l \sin\varphi_P$$

或者从元件电磁性能角度考虑，还可以表示为

$$P = P_U + P_V + P_W = 3I_P^2 R_P \quad （R_P \text{ 为负载阻抗的电阻部分}）$$

$$Q = Q_U + Q_V + Q_W = 3I_P^2 X_P \quad （X_P \text{ 为负载阻抗的电抗部分}）$$

视在功率为

$$S = \sqrt{P^2 + Q^2}$$

功率因数为

$$\lambda = \frac{P}{S} = \cos\varphi_P$$

三相总瞬时功率为恒定值，且等于三相总有功功率。

# 习　　题

5.1　三相正序对称的三角形连接电源，若 V 相绕组的首、末端接反了，则三个相电压的相量和为多少？若每个绕组的电阻及感抗很小，则在三个绕组形成的回路中会出现什么现象？是否影响电源的正常工作？（要求通过画三个相电压的相量图进行分析）

5.2　三相正序对称的星形连接电源，若 U 相绕组首、末端接反了，如图所示，则三个相电压的有效值为多少？三个线电压的有效值为多少？（通过画相量图进行分析）

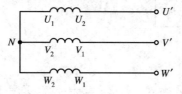

题 5.2 图

5.3　三相对称负载星形连接，每相阻抗 $Z = 30 + \mathrm{j}40\ \Omega$，每相输电线的复阻抗 $Z_l = 1 + \mathrm{j}2\ \Omega$，三相对称星形连接电源的线电压为 220 V。

（1）请画出电路图，并在图中标出各电压、电流的参考方向。

（2）求各相负载的相电压、相电流。

（3）画出相量图。

5.4　三相对称星形连接电源的线电压为 380 V，三相对称负载三角形连接，每相复阻

抗 $Z=60+j80\ \Omega$，试画出电路图，标出各线电流、相电流的方向，并求三相相电流及线电流。

5.5　图示三相对称电路中，A 的读数为 10 A，则 $A_1$、$A_2$、$A_3$ 表的读数为多少？若 $U'$、$V'$ 之间发生断路，则 $A_1$、$A_2$、$A_3$ 表的读数又为多少？

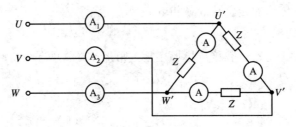

题 5.5 图

5.6　图示电路中，三相对称电源的线电压为 380 V，三相对称三角形连接负载复阻抗 $Z=90+j90\ \Omega$，输电线复阻抗每相 $Z_l=3+j4\ \Omega$。求：

（1）三相线电流；

（2）各相负载的相电流；

（3）各相负载的相电压。

5.7　三相对称电路如图所示，已知 $Z_1=9+j9\ \Omega$，$Z_2=3+j3\ \Omega$，$Z_3=1+j1\ \Omega$，线电压为 380 V。求：

（1）三相线电流；

（2）三角形连接负载的线电流及 $Z_2$ 负载的相电流；

（3）$Z_1$ 负载的相电流、相电压。

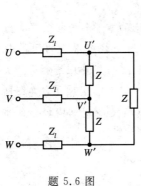

题 5.6 图

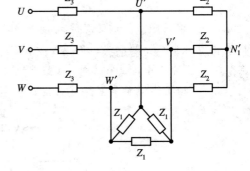

题 5.7 图

5.8　三相对称电路如图所示，已知 $Z_1=3+j4\ \Omega$，$Z_2=10+j10\ \Omega$，$Z_l=2+j2\ \Omega$，对称电源星形连接，相电压为 127 V。求：

（1）输电线上的三相电流；

（2）两组负载的相电流；

（3）$Z_2$ 负载的相电压；

（4）负载侧的线电压；

（5）三相电路的 $P$、$Q$、$S$。

5.9　图示电路中，三相电源对称星形连接，相电压为 220 V，三相负载三角形连接，

已知 $Z_{UV}=3+j4\ \Omega$，$Z_{VW}=10+j10\ \Omega$，$Z_{WU}=j20\ \Omega$。求：

(1) 三相相电流；

(2) 三相相电压；

(3) 三相有功功率 $P$。

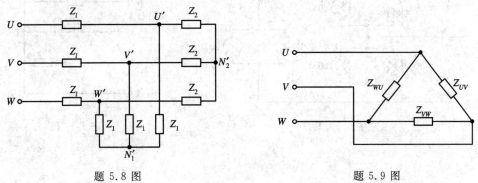

题 5.8 图　　　　　　　　　　　　　　　　　　题 5.9 图

5.10　图示三相四线制电路中，三相电源对称，线电压为 380 V，$X_L=X_C=R=40\ \Omega$。求：

(1) 三相相电压、相电流；

(2) 中线电流；

(3) 三相功率 $P$、$Q$、$S$。

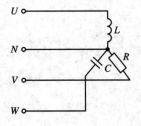

题 5.10 图

5.11　对称三相负载 $Z=|Z|\underline{/\varphi}$，接于三相对称星形连接电源，线电压为 $U_l$，试比较负载作星形和三角形连接时下列各量的关系：

相电流 $I_{p\triangle}=$＿＿＿＿＿＿，$I_{pY}=$＿＿＿＿＿＿，$I_{p\triangle}/I_{pY}=$＿＿＿＿＿＿；

线电流 $I_{l\triangle}=$＿＿＿＿＿＿，$I_{lY}=$＿＿＿＿＿＿，$I_{l\triangle}/I_{lY}=$＿＿＿＿＿＿；

功率 $P_{\triangle}=$＿＿＿＿＿＿，$P_Y=$＿＿＿＿＿＿，$P_{\triangle}/P_Y=$＿＿＿＿＿＿。

5.12　有一台电动机绕组为星形连接，测得其线电压为 220 V，线电流为 50 A，已知电动机的三相功率为 4.4 kW，试求电动机每相绕组的参数 $R$ 与 $X_L$。

5.13　三相对称电路如图所示，已知电源星形连接，相电压为 220 V。求：

(1) 三相相电流；

(2) 三相相电压；

(3) 三相功率 $P$、$Q$、$S$ 及 $\cos\varphi$。

5.14　电路如图所示，已知三相对称电源，负载端相电压为 220 V，$R_1=20\ \Omega$，$R_2=6\ \Omega$，$X_L=8\ \Omega$，$X_C=10\ \Omega$。求：

(1) 三相相电流；

（2）中线电流；

（3）三相功率 $P$、$Q$。

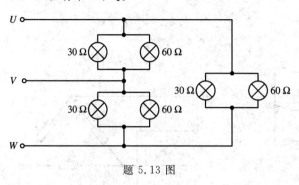

题 5.13 图

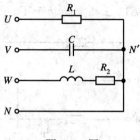

题 5.14 图

# 第6章────

# 互 感 电 路

　　在第 3 章中曾介绍过线圈的电流使线圈自身具有磁性，线圈的电流变化时，使线圈的磁链也变化，并在其自身引起了感应电压，这种电磁感应现象叫自感应现象。互感现象也是电磁感应现象中重要的一种，在工程实际中应用也很广泛，如变压器和收音机的输入回路都是应用互感这一原理制成的。

　　本章主要介绍互感现象、互感线圈中电压与电流的关系、同名端及其判定、互感线圈的串联与并联，以及互感电路的计算方法和空芯变压器电路。

## 6.1　互感与互感电压

### 6.1.1　互感现象

　　图 6.1 中，设两个线圈的匝数分别为 $N_1$、$N_2$。在线圈 1 中通以交变电流 $i_1$，使线圈 1 具有的磁通 $\Phi_{11}$ 叫自感磁通，$\Psi_{11} = N_1\Phi_{11}$ 叫线圈 1 的自感磁链。由于线圈 2 处在 $i_1$ 所产生的磁场之中，$\Phi_{11}$ 的一部分穿过线圈 2，线圈 2 具有的磁通 $\Phi_{21}$ 叫做互感磁通，$\Psi_{21} = N_2\Phi_{21}$ 叫做互感磁链。这种由于一个线圈电流的磁场使另一个线圈具有的磁通、磁链分别叫做互感磁通、互感磁链。

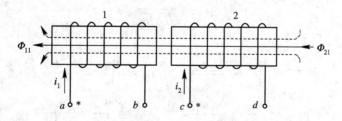

图 6.1　互感应现象

　　由于 $i_1$ 的变化引起 $\Psi_{21}$ 的变化，从而在线圈 2 中产生的电压叫互感电压。同理，线圈 2 中电流 $i_2$ 的变化，也会在线圈 1 中产生互感电压。这种由一个线圈的交变电流在另一个线圈中产生感应电压的现象叫做互感现象。

　　为明确起见，磁通、磁链、感应电压等应用双下标表示。第一个下标代表该量所在线圈的编号，第二个下标代表产生该量的原因所在线圈的编号。例如，$\Psi_{21}$ 表示由线圈 1 产生的穿过线圈 2 的磁链。

## 6.1.2　互感系数

在非铁磁性的介质中，电流产生的磁通与电流成正比，当匝数一定时，磁链也与电流大小成正比。选择电流的参考方向与它产生的磁通的参考方向满足右手螺旋法则时，可得

$$\Psi_{21} \propto i_1$$

设比例系数为 $M_{21}$，则

$$\Psi_{21} = M_{21} i_1$$

或

$$M_{21} = \frac{\Psi_{21}}{i_1} \tag{6.1}$$

$M_{21}$ 叫做线圈 1 对线圈 2 的互感系数，简称互感。

同理，线圈 2 对线圈 1 的互感为

$$M_{12} = \frac{\Psi_{12}}{i_2}$$

可以证明，$M_{12} = M_{21}$（本书不作证明），今后讨论时无须区分 $M_{12}$ 和 $M_{21}$。两线圈间的互感系数用 $M$ 表示，即

$$M = M_{12} = M_{21}$$

互感 $M$ 的 SI 单位是亨（H）。

线圈间的互感 $M$ 不仅与两线圈的匝数、形状及尺寸有关，还和线圈间的相对位置及磁介质有关。当用铁磁材料作为介质时，$M$ 将不是常数。本章只讨论 $M$ 为常数的情况。

## 6.1.3　耦合系数

两个耦合线圈的电流所产生的磁通，一般情况下，只有部分相交链。两耦合线圈相交链的磁通越多，说明两个线圈耦合越紧密。耦合系数 $k$ 用来表示磁耦合线圈的耦合程度。

耦合系数定义为

$$k = \frac{M}{\sqrt{L_1 L_2}} \tag{6.2}$$

因为

$$L_1 = \frac{\Psi_{11}}{i_1} = \frac{N_1 \Phi_{11}}{i_1}, \qquad L_2 = \frac{\Psi_{22}}{i_2} = \frac{N_2 \Phi_{22}}{i_2}$$

$$M_{12} = \frac{\Psi_{12}}{i_2} = \frac{N_1 \Phi_{12}}{i_2}, \qquad M_{21} = \frac{\Psi_{21}}{i_1} = \frac{N_2 \Phi_{21}}{i_1}$$

所以

$$k = \sqrt{\frac{M_{12} M_{21}}{L_1 L_2}} = \sqrt{\frac{\Psi_{12} \Psi_{21}}{\Psi_{11} \Psi_{22}}} = \sqrt{\frac{\Phi_{12} \Phi_{21}}{\Phi_{11} \Phi_{22}}}$$

而 $\Phi_{21} \leqslant \Phi_{11}$，$\Phi_{12} \leqslant \Phi_{22}$，所以有 $0 \leqslant k \leqslant 1$，$0 \leqslant M \leqslant \sqrt{L_1 L_2}$。

紧密绕在一起的两个线圈，当 $k=1$、$M = \sqrt{L_1 L_2}$ 时称为全耦合。而两线圈轴线相互垂直且在对称位置上时，$k=0$。所以，改变两线圈的相互位置，可以相应地改变 $M$ 的大小。

### 6.1.4　互感电压

互感电压与互感磁链的关系也遵循电磁感应定律。与讨论自感现象相似，选择互感电压与互感磁链两者的参考方向符合右手螺旋法则时，因线圈 1 中电流 $i_1$ 的变化在线圈 2 中产生的互感电压为

$$u_{21}=\frac{\mathrm{d}\Psi_{21}}{\mathrm{d}t}=M\frac{\mathrm{d}i_1}{\mathrm{d}t}\tag{6.3}$$

同样，因线圈 2 中电流 $i_2$ 的变化在线圈 1 中产生的互感电压为

$$u_{12}=\frac{\mathrm{d}\Psi_{12}}{\mathrm{d}t}=M\frac{\mathrm{d}i_2}{\mathrm{d}t}\tag{6.4}$$

由式(6.3)和式(6.4)可看出，互感电压的大小取决于电流的变化率。当 $\mathrm{d}i/\mathrm{d}t>0$ 时，互感电压为正值，表示互感电压的实际方向与参考方向一致；当 $\mathrm{d}i/\mathrm{d}t<0$ 时，互感电压为负值，表明互感电压的实际方向与参考方向相反。

当线圈中通过的电流为正弦交流电时，如

$$i_1=I_{1\mathrm{m}}\sin\omega t,\qquad i_2=I_{2\mathrm{m}}\sin\omega t$$

则

$$\begin{aligned}u_{21}&=M\frac{\mathrm{d}i_1}{\mathrm{d}t}=M\frac{\mathrm{d}(I_{1\mathrm{m}}\sin\omega t)}{\mathrm{d}t}\\&=\omega MI_{1\mathrm{m}}\cos\omega t=\omega MI_{1\mathrm{m}}\sin\left(\omega t+\frac{\pi}{2}\right)\end{aligned}$$

同理

$$u_{12}=\omega MI_{2\mathrm{m}}\sin\left(\omega t+\frac{\pi}{2}\right)$$

互感电压可用相量表示，即

$$\dot{U}_{21}=\mathrm{j}\omega M\dot{I}_1=\mathrm{j}X_M\dot{I}_1,\qquad \dot{U}_{12}=\mathrm{j}\omega M\dot{I}_2=\mathrm{j}X_M\dot{I}_2$$

式中，$X_M=\omega M$ 称为互感抗，单位为欧姆(Ω)。

**✲ 思考题**

1. 互感应现象与自感应现象有什么异同?
2. 互感系数与线圈的哪些因素有关?
3. 已知两耦合线圈的 $L_1=0.04$ H，$L_2=0.06$ H，$k=0.4$，试求其互感。
4. $\dot{U}_{21}=\mathrm{j}\omega M\dot{I}_1$ 中互感电压的参考方向与互感磁通及电流的参考方向之间有什么关系?

## 6.2　同名端及其判定

分析线圈的自感电压和电流方向关系时，只要选择自感电压 $u_L$ 与电流 $i$ 为关联参考方向，其元件约束关系 $u_L=L(\mathrm{d}i/\mathrm{d}t)$ 就成立，不必考虑线圈的实际绕向。当线圈电流增加时($\mathrm{d}i/\mathrm{d}t>0$)，自感电压的实际方向与电流实际方向一致；当线圈电流减少时($\mathrm{d}i/\mathrm{d}t<0$)，自感电压的实际方向与电流的实际方向相反。

分析互感线圈时，需要知道线圈的绕向。如图 6.2 所示，图(a)和图(b)的区别只是线圈 2 的绕向不同，其它情况相同。当线圈 1 的电流 $i_1$ 增加时，即 $di_1/dt > 0$，由楞次定律知线圈 2 的互感电压 $u_{21}$ 的方向在图(a)中由注"∗"号的一端指向另一端，在图(b)中由注"△"号的一端指向另一端。可见，要确定互感电压的方向时，需要知道线圈的绕向。

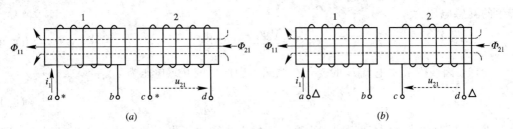

图 6.2　互感电压与线圈绕向的关系

## 6.2.1　同名端

用同名端来反映磁耦合线圈的相对绕向，从而在分析互感电压时不需要考虑线圈的实际绕向及相对位置。

当两个线圈的电流分别从端钮 1 和端钮 2 流进时，每个线圈的自感磁通和互感磁通的方向一致，就认为磁通相助，则端钮 1、2 就称为同名端。如图 6.1 中的两个线圈，$i_1$、$i_2$ 分别从端钮 $a$、$c$ 流入，线圈 1 的自感磁通 $\Phi_{11}$ 和互感磁通 $\Phi_{12}$ 方向一致，线圈 2 的自感磁通 $\Phi_{22}$ 和互感磁通 $\Phi_{21}$ 方向一致，则线圈 1 的端钮 $a$ 和线圈 2 的端钮 $c$ 为同名端。显然，端钮 $b$ 和端钮 $d$ 也是同名端。而 $a$、$d$ 及 $b$、$c$ 端钮则称异名端。

同名端用相同的符号"∗"或"△"标记。为了便于区别，仅将两个线圈的一对同名端用标记标出，另一对同名端不需标注。

在电路理论中，把有互感的一对电感元件称为耦合电感元件，简称耦合电感。图 6.3 所示为耦合电感的电路模型，其中两线圈的互感为 $M$，自感分别为 $L_1$、$L_2$。图中"∗"号表示它们的同名端。

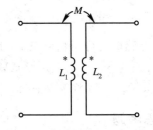

图 6.3　有耦合电感的电路模型

## 6.2.2　同名端的测定

如果已知磁耦合线圈的绕向及相对位置，同名端便很容易利用其概念进行判定。但是，实际的磁耦合线圈的绕向一般是无法确定的，因而同名端就很难判别。在生产实际中，经常用实验的方法来进行同名端的判断。

测定同名端比较常用的一种方法为直流法，其接线方式如图 6.4 所示。当开关 S 接通瞬间，线圈 1 的电流 $i_1$ 经图示方向流入且增加，若此时直流电压表指针正偏（不必读取指示值），则电压表"＋"柱所接线圈端钮和另一线圈接电源正极的端钮为同名端。反之，电压表指针反偏，则电压表

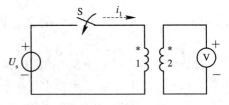

图 6.4　同名端的测定

"一"柱所接线圈端钮与另一线圈接电源正极的端钮为同名端。

上述实验告诉我们一个很有用的结论：当随时间增大的电流从一线圈的同名端流入时，会引起另一线圈同名端电位升高。

判别互感线圈的同名端不仅在理论分析中很重要，而且在实际应用中也非常重要。如变压器使用中，经常根据需要用同名端标记各绕组的绕向关系。在电子技术中广泛应用的互感线圈，许多情况下也必须考虑互感线圈的同名端。

### 6.2.3　同名端原则

当两个线圈的同名端确定后，如图 6.5 所示，在选择一个线圈的互感电压参考方向与引起该电压的另一线圈的电流的参考方向遵循对同名端一致的原则下，有

$$\left.\begin{array}{l} u_{12} = M \dfrac{\mathrm{d}i_2}{\mathrm{d}t} \\[2mm] u_{21} = M \dfrac{\mathrm{d}i_1}{\mathrm{d}t} \end{array}\right\} \tag{6.5}$$

其中，若 $\mathrm{d}i_2/\mathrm{d}t > 0$ ，按照同名端的概念 $u_{12} > 0$ ，与实际情况相符。同理，若 $\mathrm{d}i_1/\mathrm{d}t > 0$ ，则 $u_{21} > 0$ 。因此，利用同名端的概念在分析互感电路时，不必考虑线圈的绕向及相对位置，但对参考方向所遵循的原则必须理解和掌握。

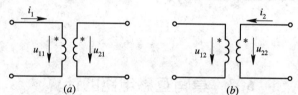

图 6.5　互感线圈中电流、电压参考方向

在正弦交流电路中，互感电压与引起它的电流为同频率的正弦量，当其相量的参考方向满足上述原则时，有

$$\left.\begin{array}{l} \dot{U}_{21} = \mathrm{j}\omega M \dot{I}_1 = \mathrm{j}X_M \dot{I}_1 \\[2mm] \dot{U}_{12} = \mathrm{j}\omega M \dot{I}_2 = \mathrm{j}X_M \dot{I}_2 \end{array}\right\} \tag{6.6}$$

可见，在上述参考方向原则下，互感电压比引起它的正弦电流超前 $\pi/2$ 。

**例 6.1**　图 6.6 所示电路中，$M = 0.025$ H，$i_1 = \sqrt{2}\,\sin 1200t$ A，试求互感电压 $u_{21}$ 。

**解**　选择互感电压 $u_{21}$ 与电流 $i_1$ 的参考方向对同名端一致，如图 6.6 所示，则

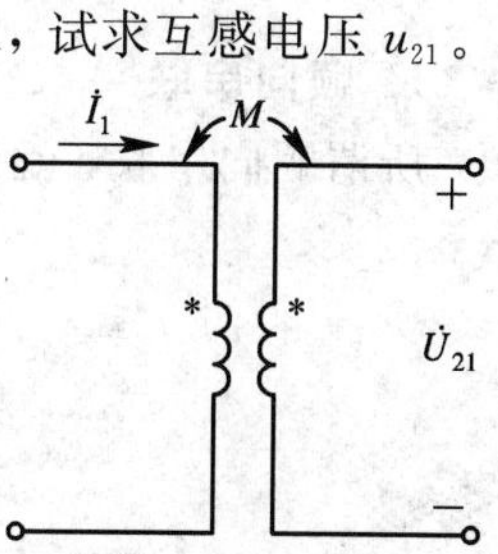

$$u_{21} = M \frac{\mathrm{d}i_1}{\mathrm{d}t}$$

其相量形式为

$$\dot{U}_{21} = \mathrm{j}\omega M \dot{I}_1, \quad \dot{I}_1 = 1\underline{/0^\circ}\ \text{A}$$

故

$$\dot{U}_{21} = \mathrm{j}\omega M \dot{I}_1 = \mathrm{j}1200 \times 0.025 \times 1\underline{/0^\circ} = 30\underline{/90^\circ}\ \text{V}$$

所以

图 6.6　例 6.1 图

$$u_{21} = 30\sqrt{2}\,\sin(1200t + 90^\circ)\ \text{V}$$

## ✿ 思考题

1. 试判定图 6.7$(a)$、$(b)$中各对磁耦合线圈的同名端。

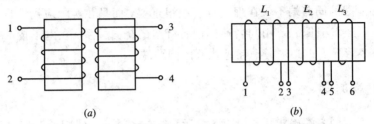

图 6.7 思考题 1 图

2. 在图 6.4 中，若同名端已知，开关原先闭合已久，若瞬时切断开关，电压表指针如何偏转？为什么？这与同名端一致原则矛盾吗？

3. 请在图 6.8 中标出自感电压和互感电压的参考方向，并写出 $u_1$ 和 $u_2$ 的表达式。

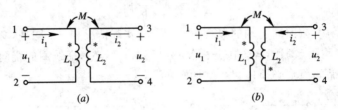

图 6.8 思考题 3 图

# 6.3　具有互感电路的计算

在计算具有互感的正弦交流电路时，相量法、基尔霍夫定律仍然适用，但在列写电路的电压方程时，应附加由于互感作用而引起的互感电压。当某些支路之间具有互感时，则这些支路的电压将不仅与本支路的电流有关，同时还与其它与之有互感关系的支路电流有关。因此，在分析与计算有互感的电路时，应充分注意其特殊性。

### 6.3.1　互感线圈的串联

**1. 顺向串联**

所谓顺向串联，就是把两线圈的异名端相连，如图 6.9 所示。

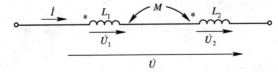

图 6.9 顺向串联

这种连接方式中，电流将从两线圈的同名端流进或流出。选择电流、电压的参考方向如图 6.9 所示，则在正弦电路中有

$$\dot{U}_1 = \dot{U}_{11} + \dot{U}_{12} = j\omega L_1 \dot{I} + j\omega M \dot{I}$$
$$\dot{U}_2 = \dot{U}_{22} + \dot{U}_{21} = j\omega L_2 \dot{I} + j\omega M \dot{I}$$

串联后线圈的总电压为
$$\dot{U} = \dot{U}_1 + \dot{U}_2 = j\omega(L_1 + L_2 + 2M)\dot{I} = j\omega L_F \dot{I}$$
其中，$L_F$ 为顺向串联的等效电感：
$$L_F = L_1 + L_2 + 2M \tag{6.7}$$

**2. 反向串联**

反向串联是两个线圈的同名端相连，如图 6.10 所示。

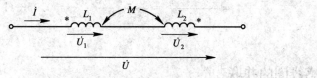

图 6.10 反向串联

电流从两个线圈的异名端流入，电流、电压按习惯选择参考方向，如图 6.10 所示，则在正弦交流电路中有
$$\dot{U}_1 = \dot{U}_{11} - \dot{U}_{12} = j\omega L_1 \dot{I} - j\omega M\dot{I}$$
$$\dot{U}_2 = \dot{U}_{22} - \dot{U}_{21} = j\omega L_2 \dot{I} - j\omega M\dot{I}$$
其总电压为
$$\dot{U} = \dot{U}_1 + \dot{U}_2 = j\omega(L_1 + L_2 - 2M)\dot{I} = j\omega L_R \dot{I}$$
其中，$L_R$ 为线圈反向串联的等效电感：
$$L_R = L_1 + L_2 - 2M \tag{6.8}$$

由式(6.7)和式(6.8)可以看出，两线圈顺向串联时的等效电感大于两线圈的自感之和，而两线圈反向串联时的等效电感小于两线圈的自感之和。从物理本质上说明顺向串联时，电流从同名端流入，两磁通相互增强，总磁链增加，等效电感增大；而反向串联时情况则相反，总磁链减小，等效电感减小。

根据 $L_F$ 和 $L_R$ 可以求出两线圈的互感 $M$ 为
$$M = \frac{L_F - L_R}{4} \tag{6.9}$$

**例 6.2** 将两个线圈串联接到工频 220 V 的正弦电源上，顺向串联时电流为 2.7 A，功率为 218.7 W，反向串联时电流为 7 A，求互感 $M$。

**解** 正弦交流电路中，当计入线圈的电阻时，互感为 $M$ 的串联磁耦合线圈的复阻抗为
$$Z = (R_1 + R_2) + j\omega(L_1 + L_2 \pm 2M)$$
根据已知条件，顺向串联时有
$$R_1 + R_2 = \frac{P}{I_F^2} = \frac{218.7}{2.7^2} = 30 \ \Omega$$

$$L_F = L_1 + L_2 + 2M = \frac{1}{100\pi}\sqrt{\left(\frac{U}{I_F}\right)^2 - (R_1 + R_2)^2}$$

$$= \frac{1}{100\pi}\sqrt{\left(\frac{220}{2.7}\right)^2 - 30^2} = 0.24 \ \text{H}$$

反向串联时，线圈电阻不变，根据已知条件可得

$$L_R = L_1 + L_2 - 2M = \frac{1}{100\pi} \sqrt{\left(\frac{U}{I_R}\right)^2 - (R_1 + R_2)^2}$$

$$= \frac{1}{100\pi} \sqrt{\left(\frac{220}{7}\right)^2 - 30^2} = 0.03 \text{ H}$$

得

$$M = \frac{L_F - L_R}{4} = \frac{0.24 - 0.03}{4} = 0.053 \text{ H}$$

### 6.3.2　互感线圈的并联

互感线圈的并联也有两种连接方式,一种是两个线圈的同名端相连,称同侧并联,如图 6.11(a)所示;另一种为两个线圈的异名端相连,称异侧并联,如图 6.11(b)所示。

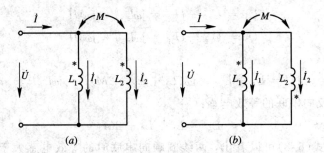

图 6.11　互感线圈的并联

在图 6.11 所示电压、电流的参考方向下,可列出如下电路方程:

$$\left.\begin{array}{l} \dot{I} = \dot{I}_1 + \dot{I}_2 \\ \dot{U} = j\omega L_1 \dot{I}_1 \pm j\omega M \dot{I}_2 \\ \dot{U} = j\omega L_2 \dot{I}_2 \pm j\omega M \dot{I}_1 \end{array}\right\} \tag{6.10}$$

式(6.10)中互感电压前的正号对应于同侧并联,负号对应于异侧并联。求解式(6.10)可得并联电路的等效复阻抗 $Z$ 为

$$Z = \frac{\dot{U}}{\dot{I}} = \frac{j\omega(L_1 L_2 - M^2)}{L_1 + L_2 \mp 2M} = j\omega L \tag{6.11}$$

$L$ 为两个线圈并联后的等效电感,即

$$L = \frac{L_1 L_2 - M^2}{L_1 + L_2 \mp 2M} \tag{6.12}$$

式(6.11)和式(6.12)的分母中,负号对应于同侧并联,正号对应于异侧并联。

有时为了便于分析电路,将式(6.10)进行变量代换、整理,可得如下方程:

$$\left.\begin{array}{l} \dot{U} = j\omega L_1 \dot{I}_1 \pm j\omega M(\dot{I} - \dot{I}_1) = j\omega(L_1 \mp M)\dot{I}_1 \pm j\omega M \dot{I} \\ \dot{U} = j\omega L_2 \dot{I}_2 \pm j\omega M(\dot{I} - \dot{I}_2) = j\omega(L_2 \mp M)\dot{I}_2 \pm j\omega M \dot{I} \end{array}\right\} \tag{6.13}$$

式(6.13)中方程与图 6.12 所示电路的方程是一致的，因此，用图 6.12 所示无互感的电路可等效替代图 6.11 所示的互感电路。图 6.12 就称为图 6.11 的去耦等效电路，即消去互感后的等效电路。用去耦等效电路来分析求解互感电路的方法称为互感消去法。

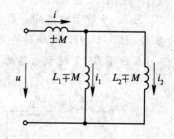

图 6.12　消去互感后的等效电路

在图 6.12 中，$\pm M$ 前面的正号对应于互感线圈的同侧并联，负号对应于互感线圈的异侧并联。而 $L_1 \mp M$ 和 $L_2 \mp M$ 中 $M$ 前的负号对应于同侧并联，正号对应于异侧并联。同时应当注意，去耦等效电路仅仅对外电路等效。一般情况下，消去互感后，节点将增加。

有时还会遇到有互感的两个线圈仅有一端相连接的情况，如图 6.13 所示。在图示各量参考方向下，其端钮间的电压方程为

$$\left.\begin{array}{l} \dot{U}_{13} = \mathrm{j}\omega L_1 \dot{I}_1 \pm \mathrm{j}\omega M \dot{I}_2 \\ \dot{U}_{23} = \mathrm{j}\omega L_2 \dot{I}_2 \pm \mathrm{j}\omega M \dot{I}_1 \end{array}\right\} \tag{6.14}$$

式中，$M$ 前的正号对应于同侧相连，负号对应于异侧相连。由于 $\dot{I} = \dot{I}_1 + \dot{I}_2$ 的关系，故式(6.14)也可写成

$$\left.\begin{array}{l} \dot{U}_{13} = \mathrm{j}\omega (L_1 \mp M) \dot{I}_1 \pm \mathrm{j}\omega M \dot{I} \\ \dot{U}_{23} = \mathrm{j}\omega (L_2 \mp M) \dot{I}_2 \pm \mathrm{j}\omega M \dot{I} \end{array}\right\} \tag{6.15}$$

由式(6.15)可得图 6.14 所示的去耦等效电路模型。$M$ 前的正、负号，上面的对应于同侧相连，下面的对应于异侧相连。

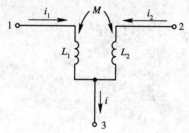

图 6.13　一端相连的互感线圈

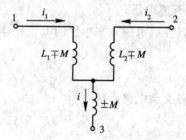

图 6.14　去耦等效电路

## ✳ 思考题

1. 图 6.15 中给出了有互感的两个线圈的两种连接方式，现测出等效电感 $L_{AC} = 16 \text{ mH}$，$L_{AD} = 24 \text{ mH}$，试标出线圈的同名端，并求出 $M$。

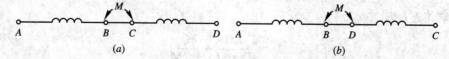

图 6.15　思考题 1 图

2. 两线圈的自感分别为 $0.8 \text{ H}$ 和 $0.7 \text{ H}$，互感为 $0.5 \text{ H}$，电阻不计。试求当电源电压一定时，两线圈反向串联时的电流与顺向串联时的电流之比。

3. 图 6.16 所示电路中，已知 $L_1 = 0.01$ H，$L_2 = 0.02$ H，$M = 0.01$ H，$C = 20$ μF，$R_1 = 5$ Ω，$R_2 = 10$ Ω，试分别确定当两个线圈顺向串联和反向串联时电路的谐振角频率 $\omega_0$。

4. 画出图 6.17 所示电路的去耦等效电路，并求出电路的输入阻抗。

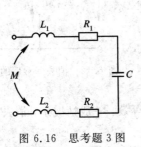

图 6.16  思考题 3 图

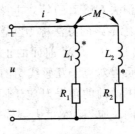

图 6.17  思考题 4 图

# 本 章 小 结

### 1. 互感系数

$$M = \frac{\Psi_{21}}{i_1} = \frac{\Psi_{12}}{i_2}$$

### 2. 同名端

电流分别从同名端流入，磁耦合线圈中的自感磁通和互感磁通相助。用同名端来表示线圈的绕向。

### 3. 互感电压

选择互感电压和产生它的电流的参考方向对同名端一致时，有

$$u_{12} = M \frac{\mathrm{d}i_2}{\mathrm{d}t}, \qquad u_{21} = M \frac{\mathrm{d}i_1}{\mathrm{d}t}$$

对于正弦交流电路，有

$$\dot{U}_{12} = \mathrm{j}\omega M \dot{I}_2, \qquad \dot{U}_{21} = \mathrm{j}\omega M \dot{I}_1$$

### 4. 线圈的串、并联

(1) 两互感线圈顺向串联时，其等效电感为 $L_F = L_1 + L_2 + 2M$；反向串联时，等效电感为 $L_R = L_1 + L_2 - 2M$。其中，互感为 $M = (L_F - L_R)/4$。

(2) 两线圈并联时，若同名端相连，则

$$L = \frac{L_1 L_2 - M^2}{L_1 + L_2 - 2M}$$

若异名端相连，则

$$L = \frac{L_1 L_2 - M^2}{L_1 + L_2 + 2M}$$

### 5. 互感电路

有关互感电路的计算与一般的正弦交流电路相同，运用的电路定律也一样，但应计及各互感电压并确定其正负（正负遵循同名端原则）。

# 习 题

6.1 已知两线圈的自感为 $L_1 = 5$ mH，$L_2 = 4$ mH。

(1) 若 $k = 0.5$，求互感 $M$；

(2) 若 $M = 3$ mH，求耦合系数 $k$；

(3) 若两线圈全耦合，求互感 $M$。

6.2 电路如图 $(a)$ 所示，试确定两线圈的同名端；若初级电流波形为三角波，如图 $(b)$ 所示，次级开路，试定性画出互感电压的波形。

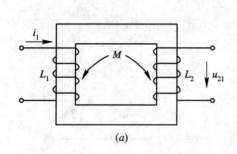 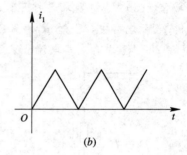

题 6.2 图

6.3 图示电路中，$i = 3\sin 100t$ A，$M = 0.1$ H，试求电压 $u_{AB}$ 的解析式。

6.4 图示电路中，电源频率为 50 Hz，电流表读数为 2 A，电压表读数为 220 V，求两线圈的互感 $M$。

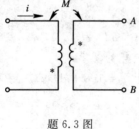 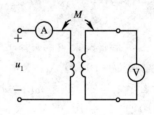

题 6.3 图          题 6.4 图

6.5 通过测量流入有互感的两串联线圈的电流、功率和外施电压，可以确定两个线圈之间的互感。现在用 $U = 220$ V，$f = 50$ Hz 的电源进行测量，当顺向串联时，测得 $I = 2.5$ A，$P = 62.5$ W；当反向串联时，测得 $P = 250$ W。试求互感 $M$。

6.6 图示电路中，已知 $i = \sqrt{2}\sin(1000t + 30°)$ A，$L_1 = L_2 = 0.02$ H，$M = 0.01$ H。

(1) 试求 $\dot{U}_{AB}$。

(2) 画出电压、电流相量图。

6.7 图示电路中，已知 $X_C = 4\ \Omega$，$X_{L1} = 21\ \Omega$，$X_{L2} = 30\ \Omega$，$R_1 = 3\ \Omega$，$R_2 = 6\ \Omega$，$\omega M = 5\ \Omega$，外加电压 $\dot{U} = 10$ V，求电路的输入阻抗和电流。

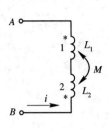

题 6.6 图

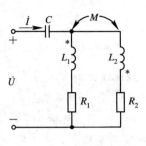

题 6.7 图

6.8　图示电路中，已知 $R_1=3\ \Omega$，$R_2=5\ \Omega$，$\omega L_1=7.5\ \Omega$，$\omega L_2=12.5\ \Omega$，$\omega M=6\ \Omega$，电源有效值为 50 V。分别求 S 打开和闭合时的 $\dot{I}_1$ 与 $\dot{I}_2$。

6.9　图示电路中，已知 $R_1=3\ \Omega$，$R_2=4\ \Omega$，$X_{L1}=20\ \Omega$，$X_{L2}=30\ \Omega$，$X_M=X_C=15\ \Omega$，$U=220$ V。求各支路电流。

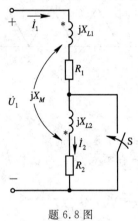

题 6.8 图

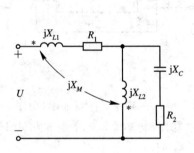

题 6.9 图

6.10　图示正弦交流电路中，已知 $R_1=R_2=10\ \Omega$，$\omega L_1=30\ \Omega$，$\omega L_2=20\ \Omega$，$\omega M=10\ \Omega$，电源电压 $\dot{U}=100\underline{/0^\circ}$ V。求电压 $\dot{U}_2$ 及电阻 $R_2$ 消耗的功率。

6.11　图示电路中，已知 $\omega L_1=10\ \Omega$，$\omega L_2=2$ kΩ，$\omega=100$ rad/s，两线圈的耦合系数 $k=1$，$R_1=10\ \Omega$，$\dot{U}_1=10\underline{/0^\circ}$ V，求：

（1）$ab$ 端的戴维南等效电路；

（2）$ab$ 间的短路电流。

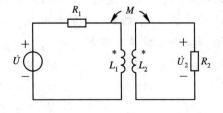

题 6.10 图

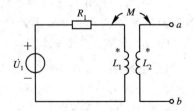

题 6.11 图

# 第7章 ————

# 非正弦周期电流电路

前面几章我们研究了正弦电流电路的性质和分析方法，在实际工程中，还会经常遇到电流、电压不按正弦变化的非正弦交流电路。电力工程中应用的正弦激励只是近似的。发电机与变压器等设备中均存在非正弦周期电流或电压。在通信工程、自动控制和电子技术中，脉冲信号广泛应用，其电流和电压也是非正弦的。因此，研究非正弦交流电路是非常必要的。

本章主要介绍非正弦周期电流电路的一种分析方法——谐波分析法，它是正弦电流电路分析方法的推广。主要内容有非正弦周期量的分解，周期电流的有效值、平均值、平均功率，非正弦周期电流电路的计算，滤波器的概念等。

## 7.1　非正弦周期量及其分解

工程中比较常见的几种非正弦周期量如图 7.1 所示，图(a)、(b)为脉冲电路中常遇到的尖脉冲和矩形脉冲信号，图(c)所示锯齿波是实验室常用的示波器中扫描电压所具有的波形。

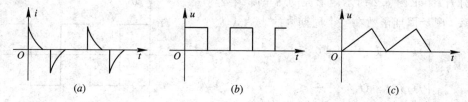

$(a)$　　　　　　　$(b)$　　　　　　　$(c)$

图 7.1　几种常见的非正弦波

非正弦信号可分为周期性的和非周期性的两种。上述波形虽然形状各不相同，但变化规律都是周期性的。含有周期性非正弦信号的电路，称为非正弦周期电流电路。本章仅讨论线性非正弦周期电流电路。

从高等数学中知道，凡是满足狄里赫利条件的周期函数都可分解为傅里叶级数。在电工技术中所遇到的周期函数通常都满足这个条件，因此都可以分解为傅里叶级数。

设周期函数 $f(t)$ 的周期为 $T$，角频率 $\omega = 2\pi/T$，则其分解为傅里叶级数为

$$f(t) = A_0 + A_{1\mathrm{m}} \sin(\omega t + \theta_1) + A_{2\mathrm{m}} \sin(2\omega t + \theta_2) + \cdots + A_{k\mathrm{m}} \sin(k\omega t + \theta_k) + \cdots$$

$$= A_0 + \sum_{k=1}^{\infty} A_{k\mathrm{m}} \sin(k\omega t + \theta_k) \tag{7.1}$$

用三角公式展开，式(7.1)还可以写成另外一种形式，即

$$f(t) = A_0 + \sum_{k=1}^{\infty}(A_{km}\sin\theta_k\cos k\omega t + A_{km}\cos\theta_k\sin k\omega t)$$

$$= a_0 + \sum_{k=1}^{\infty}(a_k\cos k\omega t + b_k\sin k\omega t) \qquad\qquad (7.2)$$

上述两式应满足下列关系：

$$A_{km} = \sqrt{a_k^2 + b_k^2}, \qquad \tan\theta_k = \frac{a_k}{b_k}$$

$$a_0 = A_0$$

$$a_k = A_{km}\sin\theta_k$$

$$b_k = A_{km}\cos\theta_k$$

其中 $a_0$、$a_k$、$b_k$ 为傅里叶系数，可按下列各式求得

$$a_0 = \frac{1}{T}\int_0^T f(t)\,\mathrm{d}t = \frac{1}{2\pi}\int_0^{2\pi}f(t)\,\mathrm{d}(\omega t)$$

$$a_k = \frac{2}{T}\int_0^T f(t)\cos k\omega t\,\mathrm{d}t = \frac{1}{\pi}\int_0^{2\pi}f(t)\cos k\omega t\,\mathrm{d}(\omega t)$$

$$b_k = \frac{2}{T}\int_0^T f(t)\sin k\omega t\,\mathrm{d}t = \frac{1}{\pi}\int_0^{2\pi}f(t)\sin k\omega t\,\mathrm{d}(\omega t)$$

可见，将周期函数分解为傅里叶级数，实质上就是计算傅里叶系数 $a_0$、$a_k$、$b_k$。

式(7.1)中 $A_0$ 是不随时间变化的常数，称为 $f(t)$ 的直流分量或恒定分量，它就是 $f(t)$ 在一个周期内的平均值；第二项 $A_{1m}\sin(\omega t + \theta_1)$，其周期或频率与原周期函数 $f(t)$ 的周期或频率相同，称为基波或一次谐波；其余各项的频率为基波频率的整数倍，分别为二次、三次、…、$k$ 次谐波，统称为高次谐波，$k$ 为奇数的谐波称为奇次谐波，$k$ 为偶数的谐波称为偶次谐波。

**例 7.1**　求图 7.2 所示矩形波的傅里叶级数。

**解**　图示周期函数在一个周期内的表达式为

$$\begin{cases} f(t) = U_m & 0 \leqslant t \leqslant \dfrac{T}{2} \\[2mm] f(t) = -U_m & \dfrac{T}{2} \leqslant t \leqslant T \end{cases}$$

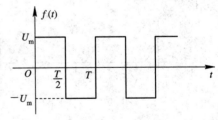

图 7.2　例 7.1 图

根据前述有关知识得

$$a_0 = \frac{1}{2\pi}\int_0^{\pi}U_m\,\mathrm{d}(\omega t) + \frac{1}{2\pi}\int_{\pi}^{2\pi}(-U_m)\,\mathrm{d}(\omega t) = 0$$

$$a_k = \frac{1}{\pi}\int_0^{\pi}U_m\cos k\omega t\,\mathrm{d}(\omega t) + \frac{1}{\pi}\int_{\pi}^{2\pi}(-U_m)\cos k\omega t\,\mathrm{d}(\omega t) = 0$$

$$b_k = \frac{1}{\pi}\int_0^{\pi}U_m\sin k\omega t\,\mathrm{d}(\omega t) + \frac{1}{\pi}\int_{\pi}^{2\pi}(-U_m)\sin k\omega t\,\mathrm{d}(\omega t) = \frac{2U_m}{k\pi}(1 - \cos k\omega t)$$

当 $k$ 为奇数时，$\cos k\pi = -1$，$b_k = \dfrac{4U_m}{k\pi}$；当 $k$ 为偶数时，$\cos k\pi = 1$，$b_k = 0$。

由此可知，该函数的傅里叶级数表达式为

$$f(t) = \frac{4U_{\mathrm{m}}}{\pi}\left(\sin\omega t + \frac{1}{3}\sin3\omega t + \frac{1}{5}\sin5\omega t + \cdots\right)$$

以上介绍了用数学分析的方法来求解函数的傅里叶级数。工程上经常采用查表的方法来获得周期函数的傅里叶级数。电工技术中常见的几种周期函数波形及其傅里叶级数展开式如表 7.1 所示。

表 7.1　几种周期函数

| 名称 | 波　　形 | 傅 里 叶 级 数 | 有效值 | 平均值 |
|---|---|---|---|---|
| 正弦波 | | $f(t) = A_{\mathrm{m}}\sin\omega t$ | $\dfrac{A_{\mathrm{m}}}{\sqrt{2}}$ | $\dfrac{2A_{\mathrm{m}}}{\pi}$ |
| 梯形波 | | $f(t) = \dfrac{4A_{\mathrm{m}}}{\alpha\pi}\left(\sin\alpha\,\sin\omega t + \dfrac{1}{9}\sin3\alpha\,\sin3\omega t\right.$ $+ \dfrac{1}{25}\sin5\alpha\,\sin5\omega t + \cdots$ $\left.+ \dfrac{1}{k^2}\sin k\alpha\,\sin k\omega t + \cdots\right)$ （$k$ 为奇数） | $A_{\mathrm{m}}\sqrt{1 - \dfrac{4\alpha}{3\pi}}$ | $A_{\mathrm{m}}\left(1 - \dfrac{\alpha}{\pi}\right)$ |
| 三角波 | | $f(t) = \dfrac{8A_{\mathrm{m}}}{\pi^2}\left(\sin\omega t - \dfrac{1}{9}\sin3\omega t\right.$ $+ \dfrac{1}{25}\sin5\omega t + \cdots$ $\left.+ \dfrac{(-1)^{\frac{k-1}{2}}}{k^2}\sin k\omega t + \cdots\right)$ （$k$ 为奇数） | $\dfrac{A_{\mathrm{m}}}{\sqrt{3}}$ | $\dfrac{A_{\mathrm{m}}}{2}$ |
| 矩形波 | | $f(t) = \dfrac{4A_{\mathrm{m}}}{\pi}\left(\sin\omega t + \dfrac{1}{3}\sin3\omega t\right.$ $+ \dfrac{1}{5}\sin5\omega t + \cdots + \dfrac{1}{k}\sin k\omega t + \cdots\left.\right)$ （$k$ 为奇数） | $A_{\mathrm{m}}$ | $A_{\mathrm{m}}$ |
| 半波整流波 | | $f(t) = \dfrac{2A_{\mathrm{m}}}{\pi}\left(\dfrac{1}{2} + \dfrac{\pi}{4}\cos\omega t\right.$ $+ \dfrac{1}{1\times3}\cos2\omega t - \dfrac{1}{3\times5}\cos4\omega t$ $+ \dfrac{1}{5\times7}\cos6\omega t - \cdots + \cdots$ $\left.- \dfrac{\cos\frac{k\pi}{2}}{k^2-1}\cos k\omega t + \cdots\right)$ （$k = 2,\ 4,\ 6\cdots$） | $\dfrac{A_{\mathrm{m}}}{2}$ | $\dfrac{A_{\mathrm{m}}}{\pi}$ |

| 名称 | 波　形 | 傅 里 叶 级 数 | 有效值 | 平均值 |
|---|---|---|---|---|
| 全波整流波 | <br>$f(t)$ 图形，$A_m$，$0$，$\frac{T}{4}$，$T$，$t$ | $f(t)=\dfrac{4A_m}{\pi}\left(\dfrac{1}{2}+\dfrac{1}{1\times 3}\cos 2\omega t\right.$<br><br>$-\dfrac{1}{3\times 5}\cos 4\omega t+\cdots$<br><br>$\left.-\dfrac{\cos\frac{k\pi}{2}}{k^2-1}\cos k\omega t+\cdots\right]$<br><br>$(k=2,4,6\cdots)$ | $\dfrac{A_m}{\sqrt{2}}$ | $\dfrac{2A_m}{\pi}$ |
| 锯齿波 | <br>$f(t)$ 图形，$A_m$，$0$，$T$，$2T$，$t$ | $f(t)=\dfrac{A_m}{2}-\dfrac{A_m}{\pi}\left(\sin\omega t+\dfrac{1}{2}\sin 2\omega t\right.$<br><br>$+\dfrac{1}{3}\sin 3\omega t+\cdots$<br><br>$\left.+\dfrac{1}{k}\sin k\omega t+\cdots\right)$<br><br>$(k=1,2,3\cdots)$ | $\dfrac{A_m}{\sqrt{3}}$ | $\dfrac{A_m}{2}$ |

　　傅里叶级数是一个无穷级数，理论上要取无限项才能准确表示原周期函数，但实际应用时，由于其收敛很快，较高次谐波的振幅很小，因此只需取级数的前几项进行计算就足够准确了。

　　电工技术中常见的周期函数具有某种对称性时，其傅里叶级数中不含某些谐波。它们有一定的规律可循，掌握这些规律可使分解傅里叶级数的计算得以简化。

　　**1. 周期函数为奇函数**

　　奇函数是 $f(t)=-f(-t)$ 的函数，其波形对称于原点，如表 7.1 中的三角波、梯形波、矩形波都是奇函数。可以证明奇函数的 $a_0=0$，$a_k=0$，所以奇函数的傅里叶级数中只含有正弦项，不含直流分量和余弦项，可表示为

$$f(t)=\sum_{k=1}^{\infty}b_k\sin k\omega t$$

　　**2. 周期函数为偶函数**

　　偶函数是 $f(t)=f(-t)$ 的函数，其波形对称于纵轴，如表 7.1 中半波整流波、全波整流波均是偶函数。偶函数的傅里叶级数中 $b_k=0$，所以偶函数的傅里叶级数中不含正弦项。

　　**3. 奇谐波函数**

　　奇谐波函数是指函数 $f(t)$ 满足 $f(t)=-f(t+T/2)$ 的函数，也就是说，将波形移动半个周期后便与原波形对称于横轴，所以它也叫镜像函数，如图 7.3 所示，图中虚线表示移动后的波形。表 7.1 中，三角波、梯形波、锯形波都是奇谐波函数。交流发电机所产生的电压实际为非正弦周期性的电压(一般为平顶波)，也属于奇谐波函数。

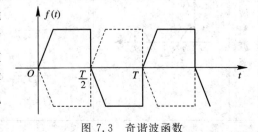

图 7.3　奇谐波函数

可以证明,奇谐波函数的傅里叶展开式中只含有奇次谐波,而不含直流分量和偶次谐波,可表示为

$$f(t) = \sum_{k=1}^{\infty} (a_k \cos k\omega t + b_k \sin k\omega t) \qquad (k \text{ 为奇数})$$

函数对称于坐标原点或纵轴,除与函数自身有关外,与计时起点也有关。而函数对称于横轴,只与函数本身有关,与计时起点的选择无关。因此,对某些奇谐波函数,合理地选择计时起点,可使它又是奇函数或又是偶函数,从而使函数的分解得以简化。如表 7.1 中的三角波、矩形波、梯形波,它们本身是奇谐波函数,其傅里叶级数中只含奇次谐波,如表中选择的计时起点,则它们又是奇函数,不含余弦项,所以,这些函数的傅里叶级数中只含有奇次正弦项。

顺便指出,切不要将奇次谐波与奇函数,偶次谐波与偶函数混淆起来。

有些函数,从表面来看,该函数既非奇函数又非偶函数,如图 7.4(a)所示电压 $u(t)$。但如果对该函数作适当的变化,就可能很容易地得到该函数的傅里叶级数展开式。如将图 7.4(a)所示电压可分解为图 7.4(b)、(c)所示电压之和,即 $u(t)=u_1(t)+u_2(t)$。根据例7.1 的结果或查表 7.1 可得该函数的傅里叶级数为

$$u(t) = U_m + \frac{4U_m}{\pi}\left(\sin\omega t + \frac{1}{3}\sin 3\omega t + \frac{1}{5}\sin 5\omega t + \cdots\right)$$

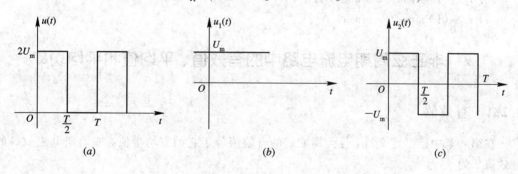

图 7.4　波形的分解

**例 7.2**　试把表 7.1 中振幅为 50 V、周期为 0.02 s 的三角波电压分解为傅里叶级数(取至五次谐波)。

**解**　电压基波的角频率为

$$\omega = \frac{2\pi}{T} = \frac{2\pi}{0.02} = 100\pi \text{ rad/s}$$

选择它为奇函数,查表 7.1 可得

$$u(t) = \frac{8U_m}{\pi^2}\left(\sin\omega t - \frac{1}{9}\sin 3\omega t + \frac{1}{25}\sin 5\omega t\right)$$

$$= \frac{8 \times 50}{\pi^2}\left(\sin 100\pi t - \frac{1}{9}\sin 300\pi t + \frac{1}{25}\sin 500\pi t\right)$$

$$= (40.5\sin 100\pi t - 4.50\sin 300\pi t + 1.62\sin 500\pi t) \text{ V}$$

这一级数收敛很快,实际分析时只取前几项,计算结果就已经满足实际要求了。

以上介绍了周期函数分解为傅里叶级数的方法。工程中为了清晰地表示一个非正弦周期量所含各次谐波分量的大小和相位,通常采用频谱图的方法。所谓频谱图,就是用长度

与各次谐波振幅大小或相位大小成比例的线段按照谐波频率的次序排列起来的图形。这种方法可以很直观地将各次谐波振幅、相位与频率的关系表示出来。非正弦周期函数的频谱是离散的。

## ✿ 思考题

1. 一个半波整流后的电流波，其振幅为 300 mA，频率为 50 Hz，查表 7.1，将它分解为傅里叶级数（精确到四次谐波）。

2. 奇函数、偶函数、奇谐波函数各有什么异同点？

3. 指出下列各函数的波形特征。

(1) $f_1(t) = 6 + 5 \cos\omega t + 3 \cos3\omega t$

(2) $f_2(t) = 6 + 4 \cos2\omega t + 2 \cos4\omega t$

(3) $f_3(t) = 10 \sin\omega t + 8 \sin3\omega t + 6 \sin5\omega t$

(4) $f_4(t) = 12 \sin\omega t + 8 \sin2\omega t + 4 \sin3\omega t$

4. 下列各电流表达式都是非正弦周期电流吗？

(1) $i_1 = (10 \sin\omega t + 3 \sin\omega t)$ A

(2) $i_2 = (10 \sin\omega t + 3 \cos\omega t)$ A

(3) $i_3 = (10 \sin\omega t + 3 \sin3\omega t)$ A

(4) $i_4 = (10 \sin\omega t - 5 \sin\omega t)$ A

## 7.2　非正弦周期电流电路中的有效值、平均值和平均功率

### 7.2.1　有效值

在第 4 章中已经定义过，任何周期量的有效值等于它的方均根值。如周期电流 $i(t)$ 的有效值 $I$ 为

$$I = \sqrt{\frac{1}{T} \int_0^T i^2(t) \mathrm{d}t}$$

设某一非正弦周期电流分解为傅里叶级数为

$$i(t) = I_0 + \sum_{k=1}^{\infty} I_{km} \sin(k\omega t + \theta_k)$$

将 $i(t)$ 代入有效值定义式，得

$$I = \sqrt{\frac{1}{T} \int_0^T \left[ I_0 + \sum_{k=1}^{\infty} I_{km} \sin(k\omega t + \theta_k) \right]^2 \mathrm{d}t}$$

将上式根号内的平方项展开，展开后的各项可分为两种类型。一类为各次谐波的平方，其值为

$$\frac{1}{T} \int_0^T \left[ I_0^2 + \sum_{k=1}^{\infty} I_{km}^2 \sin^2(k\omega t + \theta_k) \right] \mathrm{d}t = I_0^2 + \sum_{k=1}^{\infty} I_k^2$$

另一类为两个不同次谐波乘积的两倍，即

$$\frac{1}{T} \int_0^T 2 I_0 I_{km} \sin(k\omega t + \theta_k) \mathrm{d}t$$

$$\frac{1}{T}\int_0^T 2I_{km}\,\sin(k\omega t+\theta_k)\,I_{qm}\,\sin(q\omega t+\theta_q)\mathrm{d}t \qquad (k\neq q)$$

根据三角函数的正交性，上述函数在一个周期内的平均值为零。

这样可以求得非正弦周期电流 $i(t)$ 的有效值为

$$I=\sqrt{I_0^2+\sum_{k=1}^{\infty}I_k^2}=\sqrt{I_0^2+I_1^2+\cdots+I_k^2+\cdots} \qquad (7.3)$$

同理，非正弦周期电压 $u(t)$ 的有效值为

$$U=\sqrt{U_0^2+\sum_{k=1}^{\infty}U_k^2}=\sqrt{U_0^2+U_1^2+\cdots+U_k^2+\cdots} \qquad (7.4)$$

应当注意的是，零次谐波的有效值为恒定分量的值，其它各次谐波有效值与最大值的关系是 $I_k=I_{km}/\sqrt{2}$，$U_k=U_{km}/\sqrt{2}$。

**例 7.3**　试求周期电压 $u(t)=[100+70\,\sin(100\pi t-70°)-40\,\sin(300\pi t+15°)]$ V 的有效值。

**解**　$u(t)$ 的有效值为

$$U=\sqrt{100^2+\left(\frac{70}{\sqrt{2}}\right)^2+\left(\frac{40}{\sqrt{2}}\right)^2}=115.1\text{ V}$$

## 7.2.2　平均值

除有效值外，非正弦周期量有时还引用平均值。对于非正弦周期量的傅里叶级数展开式中直流分量为零的交变量，平均值总为零。但为了便于测量和分析，一般定义周期量的平均值为它的绝对值的平均值。设周期电流为 $i(t)$，则

$$I_{av}=\frac{1}{T}\int_0^T|i(t)|\,\mathrm{d}t \qquad (7.5)$$

应当注意的是，一个周期内其值有正、有负的周期量的平均值 $I_{av}$ 与其直流分量 $I$ 是不同的，只有一个周期内其值均为正值的周期量，平均值才等于其直流分量。

例如，当 $i(t)=I_m\,\sin\omega t$ 时，其平均值为

$$I_{av}=\frac{1}{2\pi}\int_0^{2\pi}|I_m\,\sin\omega t|\,\mathrm{d}\omega t=\frac{1}{\pi}\int_0^{\pi}I_m\,\sin\omega t\,\mathrm{d}\omega t$$

$$=\frac{2I_m}{\pi}=0.637I_m=0.898I$$

或

$$I=1.11I_{av}$$

同样，周期电压的平均值为

$$U_{av}=\frac{1}{T}\int_0^T|u(t)|\,\mathrm{d}t$$

对周期量，有时还用波形因数 $K_f$、波顶因数 $K_A$ 和畸变因数 $K_j$ 来反映其性质：

$$\left.\begin{aligned}K_f&=\frac{I}{I_{av}}\\K_A&=\frac{I_m}{I}\end{aligned}\right\} \qquad (7.6)$$

式(7.6)中这两个因数均大于 1。一般情况下还有这样的特点：周期函数的波形越尖，则这两个因数越大；波形越平，则因数越小。波形因数越大，则受同样电压有效值作用的电器越容易损坏，在某些场合下应特别注意。

畸变因数是表达非正弦周期函数的波形与正弦波的差异的量，它等于基波的有效值与非正弦周期函数的有效值之比，即

$$K_j = \frac{I_1}{I} \tag{7.7}$$

对上例的正弦量

$$K_f = \frac{I}{I_{av}} = 1.11$$

$$K_A = \frac{I_m}{I} = \sqrt{2} = 1.414$$

$$K_j = \frac{I_1}{I} = 1$$

对于同一非正弦周期电流，当我们用不同类型的仪表进行测量时，往往会有不同的结果。如用磁电系仪表测量时，所得结果为电流的恒定分量；用电磁系或电动系仪表测量时，所得结果将是电流的有效值；用全波整流磁电系仪表测量时，所得结果将是电流的平均值，但标尺按正弦量的有效值与整流平均值的关系换算成有效值刻度，只有在测量正弦量时读数为其实际有效值，而测量非正弦量时会有误差。由此可见，测量非正弦周期电流或电压时，要注意选择合适的仪表，并注意各种不同类型仪表测量结果所代表的意义。

### 7.2.3　平均功率

非正弦周期电流电路的平均功率仍可定义为

$$P = \frac{1}{T} \int_0^T p(t) \mathrm{d}t$$

设某二端网络端口电压 $u(t)$、电流 $i(t)$ 各为

$$u(t) = U_0 + \sum_{k=1}^{\infty} U_{km} \sin(k\omega t + \theta_{uk})$$

$$i(t) = I_0 + \sum_{k=1}^{\infty} I_{km} \sin(k\omega t + \theta_{ik})$$

式中，$\theta_{uk}$、$\theta_{ik}$ 为 $k$ 次谐波电压、电流的初相。并设 $\varphi_k = \theta_{uk} - \theta_{ik}$，即 $k$ 次谐波电压超前于 $k$ 次谐波电流的相位，所以

$$P = \frac{1}{T} \int_0^T p(t) \mathrm{d}t = \frac{1}{T} \int_0^T u(t) i(t) \mathrm{d}t$$

$$= \frac{1}{T} \int_0^T \left[ U_0 + \sum_{k=1}^{\infty} U_{km} \sin(k\omega t + \theta_{uk}) \right] \cdot \left[ I_0 + \sum_{k=1}^{\infty} I_{km} \sin(k\omega t + \theta_{ik}) \right] \mathrm{d}t$$

由于

$$P_0 = \frac{1}{T} \int_0^T U_0 I_0 \mathrm{d}t = U_0 I_0$$

因而

$$P_k = \frac{1}{T} \int_0^T U_{km} \sin(k\omega t + \theta_{uk}) I_{km} \sin(k\omega t + \theta_{ik}) \, \mathrm{d}t$$

$$= \frac{1}{2} U_{km} I_{km} \cos(\theta_{uk} - \theta_{ik})$$

$$= U_k I_k \cos\varphi_k$$

式中，$U_k$、$I_k$ 为 $k$ 次谐波电压、电流的有效值。

注意到三角函数的正交性，不同次谐波电压、电流的乘积，它们的平均值均为零。所以，平均功率为

$$P = P_0 + \sum_{k=1}^{\infty} U_k I_k \cos\varphi_k \tag{7.8}$$

上式说明，只有同频率的电压和电流相互作用才产生平均功率，不同频率的电压和电流相互作用只产生瞬时功率而不产生平均功率。总的平均功率等于各次谐波平均功率之和。

非正弦电流电路的无功功率则定义为各次谐波无功功率之和，即

$$Q = \sum_{k=1}^{\infty} U_k I_k \sin\varphi_k \tag{7.9}$$

非正弦电流电路的视在功率定义为

$$S = UI = \sqrt{U_0^2 + \sum_{k=1}^{\infty} U_k^2} \cdot \sqrt{I_0^2 + \sum_{k=1}^{\infty} I_k^2} \tag{7.10}$$

应当注意：视在功率不等于各次谐波视在功率之和。

在工程计算中，为了计算简便，往往采用等效正弦波替代原来的非正弦波。等效的条件是：等效正弦量的有效值为非正弦量的有效值，等效正弦量的频率为基波的频率，平均功率不变。由此可得

$$\cos\varphi = \frac{P}{UI} = \frac{P}{S} \tag{7.11}$$

$\cos\varphi$ 也称非正弦电路的功率因数，$\varphi$ 为等效正弦电压与电流的相位差。

**例 7.4**　已知某电路的电压、电流分别为

$$u(t) = [10 + 20 \sin(100\pi t - 30°) + 8 \sin(300\pi t - 30°)] \text{ V}$$
$$i(t) = [3 + 6 \sin(100\pi t + 30°) + 2 \sin 500\pi t] \text{ A}$$

求该电路的平均功率、无功功率和视在功率。

**解**　平均功率为

$$P = \left[ 10 \times 3 + \frac{20}{\sqrt{2}} \times \frac{6}{\sqrt{2}} \times \cos(-60°) \right] = 60 \text{ W}$$

无功功率为

$$Q = \left[ \frac{20}{\sqrt{2}} \times \frac{6}{\sqrt{2}} \times \sin(-60°) \right] = -52 \text{ V} \cdot \text{A}$$

视在功率为

$$S = UI = \sqrt{10^2 + \left(\frac{20}{\sqrt{2}}\right)^2 + \left(\frac{8}{\sqrt{2}}\right)^2} \times \sqrt{3^2 + \left(\frac{6}{\sqrt{2}}\right)^2 + \left(\frac{2}{\sqrt{2}}\right)^2} = 98.1 \text{ V} \cdot \text{A}$$

## ❋ 思考题

1. 试求周期电流 $i(t)=0.2+0.8\sin(\omega t-15°)+0.3\sin(2\omega t+40°)$ A 的有效值。

2. 测量交流信号的有效值、整流平均值、直流分量应分别选用何种测量机构的仪表?

3. 试分别求出半波整流波和全波整流波的波形因数、波顶因数和畸变因数。

# 7.3　非正弦周期电流电路的计算

非正弦周期性电流电路的分析计算方法,主要是利用傅里叶级数将激励信号分解成恒定分量和不同频率的正弦量之和,然后分别计算恒定分量和各频率正弦量单独作用下电路的响应,最后利用线性电路的叠加原理,就可以得到电路的实际响应。这种分析电路的方法称谐波分析法。其分析电路的一般步骤如下:

(1) 将给定的非正弦激励信号分解为傅里叶级数,并根据计算精度要求,取有限项高次谐波。

(2) 分别计算各次谐波单独作用下电路的响应,计算方法与直流电路及正弦交流电路的计算方法完全相同。对直流分量,电感元件等于短路,电容元件等于开路。对各次谐波,电路成为正弦交流电路。但应当注意,电感元件、电容元件对不同频率的谐波有不同的电抗。如基波,感抗为 $X_{L1}=\omega L$,容抗为 $X_{C1}=1/(\omega C)$;而对 $k$ 次谐波,感抗为 $X_{Lk}=k\omega L=kX_{L1}$,容抗为 $X_{Ck}=1/(k\omega C)=(1/k)X_{C1}$,所以谐波次数越高,感抗越大,容抗越小。

(3) 应用叠加原理,将各次谐波作用下的响应解析式进行叠加。需要注意的是,必须先将各次谐波分量响应写成瞬时值表达式后才可以叠加,而不能把表示不同频率的谐波的正弦量的相量进行加减。最后所求响应的解析式是用时间函数表示的。

**例 7.5**　图 7.5$(a)$所示电路中,$u(t)=10+100\sqrt{2}\sin\omega t+50\sqrt{2}\sin(3\omega t+30°)$ V,并且已知 $\omega L=2\ \Omega$,$1/\omega C=15\ \Omega$,$R_1=5\ \Omega$,$R_2=10\ \Omega$,求各支路电流及 $R_1$ 支路吸收的平均功率。

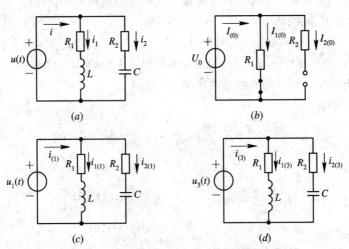

$(a)$　　　　　　　　　　　$(b)$

$(c)$　　　　　　　　　　　$(d)$

图 7.5　例 7.5 图

**解**　因电源电压的傅里叶级数已知，因而可直接计算各次谐波作用下的电路响应。

(1) 在直流分量 $U_0 = 10$ V 单独作用下的等效电路如图 7.5(b) 所示，这时电感相当于短路，而电容相当于开路。各支路电流分别为

$$I_{1(0)} = \frac{U_0}{R_1} = \frac{10}{5} = 2 \text{ A}$$

$$I_{2(0)} = 0$$

$$I_{(0)} = I_{1(0)} = 2 \text{ A}$$

(2) 在基波分量 $u_1(t) = 100\sqrt{2} \, \sin\omega t$ V 单独作用下，等效电路如图 7.5(c) 所示，用相量法计算如下：

$$\dot{U}_1 = 100 \underline{/0°} \text{ V}$$

$$\dot{I}_{1(1)} = \frac{\dot{U}_1}{R_1 + j\omega L} = \frac{100 \underline{/0°}}{5 + j2} = 18.6 \underline{/-21.8°} \text{ A}$$

$$\dot{I}_{2(1)} = \frac{\dot{U}_1}{R_2 - j\dfrac{1}{\omega C}} = \frac{100 \underline{/0°}}{10 - j15} = 5.55 \underline{/56.3°} \text{ A}$$

$$\dot{I}_{(1)} = \dot{I}_{1(1)} + \dot{I}_{2(1)} = (18.6 \underline{/-21.8°} + 5.55 \underline{/56.3°}) = 20.5 \underline{/-6.38°} \text{ A}$$

(3) 在三次谐波分量 $u_3 = 50\sqrt{2} \, \sin(3\omega t + 30°)$ V 单独作用下，等效电路如图 7.5(d) 所示。此时，感抗 $X_{L(3)} = 3\omega L = 6 \ \Omega$，容抗 $X_{C(3)} = \dfrac{1}{3\omega C} = 5 \ \Omega$。

$$\dot{U}_3 = 50 \underline{/30°} \text{ V}$$

$$\dot{I}_{1(3)} = \frac{\dot{U}_3}{R_1 + jX_{L(3)}} = \frac{50 \underline{/30°}}{5 + j6} = 6.4 \underline{/-20.19°} \text{ A}$$

$$\dot{I}_{2(3)} = \frac{\dot{U}_3}{R_2 - jX_{C(3)}} = \frac{50 \underline{/30°}}{10 - j5} = 4.47 \underline{/56.57°} \text{ A}$$

$$\dot{I}_{(3)} = \dot{I}_{1(3)} + \dot{I}_{2(3)} = 8.62 \underline{/10.17°} \text{ A}$$

把以上求得的基波分量、三次谐波分量化成瞬时值，属于同一支路的进行相加，可得各支路电流为

$$i(t) = I_{(0)} + i_{(1)} + i_{(3)}$$

$$= [2 + 20.5\sqrt{2} \, \sin(\omega t - 6.38°) + 8.62\sqrt{2} \, \sin(3\omega t + 10.17°)] \text{ A}$$

$$i_1(t) = I_{1(0)} + i_{1(1)} + i_{1(3)}$$

$$= [2 + 18.6\sqrt{2} \, \sin(\omega t - 21.8°) + 6.4\sqrt{2} \, \sin(3\omega t - 20.19°)] \text{ A}$$

$$i_2(t) = I_{2(0)} + i_{2(1)} + i_{2(3)}$$

$$= [5.55\sqrt{2} \, \sin(\omega t + 56.3°) + 4.47\sqrt{2} \, \sin(3\omega t + 56.57°)] \text{ A}$$

各支路电流有效值分别为

$$I = \sqrt{2^2 + 20.5^2 + 8.62^2} = 22.26 \text{ A}$$

$$I_1 = \sqrt{2^2 + 18.6^2 + 6.4^2} = 19.72 \text{ A}$$

$$I_2 = \sqrt{5.55^2 + 4.47^2} = 7.12 \text{ A}$$

$R_1$ 支路吸收的平均功率为

$$P_1 = I_{1(0)}U_0 + I_{1(1)}U_1 \cos\varphi_1 + I_{1(3)}U_3 \cos\varphi_3$$

$$= 2 \times 10 + 18.6 \times 100 \cos(-21.8°) + 6.4 \times 50 \cos50.19°$$

$$= 20 + 1727 + 204.8 = 1951.8 \text{ W}$$

**例 7.6** 图 7.6 所示电路中，$u_s = (10 + 50\sqrt{2} \sin\omega t + 30\sqrt{2} \sin3\omega t)$ V，已知 $R = 10$ Ω，$\omega L = 30$ Ω，$\omega L_1 = 10$ Ω，$1/(\omega C) = 90$ Ω。试求 $i(t)$、$i_1(t)$、$u(t)$。

**解** （1）对直流分量：

$$U_0 = 10 \text{ V}$$

$$I_0 = I_{1(0)} = \frac{U_{s0}}{R} = \frac{10}{10} = 1 \text{ A}$$

（2）在基波作用下：

$$\dot{U}_{s1} = 50\underline{/0°} \text{ V}$$

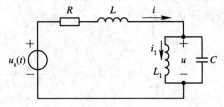

图 7.6　例 7.6 图

$$Z_1 = R + j\omega L + \frac{j\omega L_1 \left(-j\dfrac{1}{\omega C}\right)}{j\omega L_1 - j\dfrac{1}{\omega C}}$$

$$= 10 + j30 + \frac{10 \times 90}{j10 - j90}$$

$$= 10 + j30 + j11.25 = 42.44\underline{/76.37°} \text{ Ω}$$

$$\dot{I}_{(1)} = \frac{\dot{U}_{s1}}{Z_1} = \frac{50\underline{/0°}}{42.44\underline{/76.37°}} = 1.178\underline{/-76.37°} \text{ A}$$

$$\dot{U}_{(1)} = j11.25 \times 1.178\underline{/-76.37°} = 13.25\underline{/13.63°} \text{ V}$$

$$\dot{I}_{1(1)} = \frac{\dot{U}_{(1)}}{j\omega L_1} = \frac{13.25\underline{/13.63°}}{j10} = 1.325\underline{/-76.37°} \text{ A}$$

（3）对三次谐波，并联的 $L_1$、$C$ 发生谐振，即 $3\omega L_1 = 1/(3\omega C) = 30$ Ω，这部分阻抗为无穷大，所以

$$\dot{I}_{(3)} = 0$$

$$\dot{U}_{(3)} = \dot{U}_{s3} = 30 \text{ V}$$

$$\dot{I}_{1(3)} = \frac{\dot{U}_{s3}}{3j\omega L} = \frac{30\underline{/0°}}{3 \times j10} = -j1 \text{ A}$$

因此，可以得到

$$i(t) = I_0 + i_{(1)} + i_{(3)} = [1 + 1.178\sqrt{2} \sin(\omega t - 76.37°)] \text{ A}$$

$$i_1(t) = I_{1(0)} + i_{1(1)} + i_{1(3)} = [1 + 1.325\sqrt{2} \sin(\omega t - 76.37°) + \sqrt{2} \sin(3\omega t - 90°)] \text{ A}$$

$$u(t) = U_0 + u_{(1)} + u_{(3)} = [13.25\sqrt{2} \sin(\omega t + 13.63°) + 30\sqrt{2} \sin3\omega t] \text{ V}$$

通过上述例题分析，应当充分注意到电容元件和电感元件对不同次谐波的作用。电感元件对高次谐波有着较强的抑制作用，而电容元件对高次谐波电流有畅通作用。同时，要特别注意电路中所隐含的谐振现象。

感抗和容抗对谐波作用不同的这种特性在工程实际中有着广泛的应用。例如，利用电感和电容的电抗随频率变化的特点可以组合成各种形式的电路，将这种电路连接在输入和输出之间时，可以让某些所需要的频率分量顺利地通过而抑制某些不需要的分量。这种电路称为滤波器，如图 7.7 所示。滤波器在通信工程中应用很广，一般按照它的功用可以分为低通滤波器、高通滤波器、带通滤波器、带阻滤波器等。

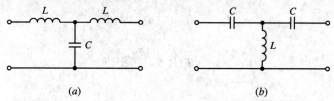

$(a)$　　　　　　　　　　　　　　$(b)$

图 7.7　简单滤波器

图 7.7$(a)$所示为一个简单的低通滤波器，图中电感元件对高频电流有很强的抑制作用，而电容元件对高频电流有很强的分流作用，这样输出信号中的高频成分小，而低频成分大。图 7.7$(b)$所示为最简单的高通滤波器，其作用原理可进行类似分析。不过，实际滤波器电路的结构要复杂得多。像图 7.7 所示的简单滤波器将难以满足更好滤波特性的要求。

## ❈ 思考题

1. 一个电压源的电压为 $u_s(t) = (100\sin100\pi t + 5\sin300\pi t)$ V，分别把 $R = 100\ \Omega$ 的电阻元件、$L = 1/\pi$ H 的电感元件、$C = 100/\pi\ \mu$F 的电容元件接到该电压源。试分别求出它们的电流的解析式，并比较各电流的三次谐波振幅与基波振幅之比。

2. 当 $\omega L = 4\ \Omega$ 的电感与 $\dfrac{1}{\omega C} = 36\ \Omega$ 的电容并联后，外加电压为 $u(t) = (18\sin\omega t + 3\cos3\omega t)$ V，求出总电流的解析式和有效值。

3. 在 $RLC$ 串联电路中，已知 $R = 100\ \Omega$，$L = 2.26$ mH，$C = 10\ \mu$F，基波角频率为 $\omega = 100\pi$ rad/s，试求对应于基波、三次谐波、五次谐波时的谐波阻抗。

# 本 章 小 结

### 1. 非正弦周期函数及其分解
电工技术中的非正弦周期函数分解为傅里叶级数

$$f(t) = A_0 + \sum_{k=1}^{\infty} A_{km}\sin(k\omega t + \theta_k)$$

或

$$f(t) = a_0 + \sum_{k=1}^{\infty}(a_k\cos k\omega t + b_k\sin k\omega t)$$

根据波形的对称性，可以确定它的傅里叶级数展开式中不含有哪些谐波分量。

### 2. 周期性非正弦电流、电压
有效值为

$$I = \sqrt{I_0^2 + \sum_{k=1}^{\infty} I_k^2} = \sqrt{I_0^2 + I_1^2 + \cdots + I_k^2 + \cdots}$$

$$U = \sqrt{I_0^2 + \sum_{k=1}^{\infty} U_k^2} = \sqrt{U_0^2 + U_1^2 + \cdots + U_k^2 + \cdots}$$

平均值为

$$I_{av} = \frac{1}{T} \int_0^T | i(t) | \, dt$$

$$U_{av} = \frac{1}{T} \int_0^T | u(t) | \, dt$$

平均功率为

$$P = P_0 + \sum_{k=1}^{\infty} U_k I_k \cos\varphi_k$$

无功功率为

$$Q = \sum_{k=1}^{\infty} U_k I_k \sin\varphi_k$$

视在功率为

$$S = UI = \sqrt{U_0^2 + \sum_{k=1}^{\infty} U_k^2} \cdot \sqrt{I_0^2 + \sum_{k=1}^{\infty} I_k^2}$$

**3. 非正弦周期性电流电路的分析计算——谐波分析法**

分析计算的步骤：将激励分解为傅里叶级数，分别计算激励的各次谐波单独作用下的响应，最后把各次谐波响应的解析式相加。

# 习 题

7.1 求出表 7.1 中锯齿波的有效值和平均值。

7.2 已知 $f_1(t) = 10 \sin\omega t$，$f_2(t) = 2.5 \sin3\omega t$，试作

(1) $f_1(t) + f_2(t)$ 的波形；

(2) $f_1(t) - f_2(t)$ 的波形。

7.3 图示电路中两个电压源的频率相同，电压的有效值均为 220 V，$u_{s1}(t)$ 只含基波，$u_{s2}(t)$ 中含有基波和三次谐波，且三次谐波的振幅为基波振幅的 1/4。试问 $a$、$b$ 间电压的有效值最大可能是多少？最小可能是多少？

7.4 已知图示二端口网络的电压 $u = 311 \sin314t$ V，电流 $i = 0.8 \sin(314t - 85°) + 0.25 \sin(942t - 105°)$ A。求该网络吸收的平均功率。

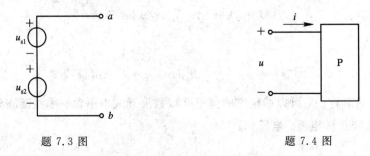

题 7.3 图          题 7.4 图

7.5　图示电流通过一个 $R=20\ \Omega$，$\omega L=30\ \Omega$ 的串联电路，求电路的平均功率、无功功率和视在功率。

7.6　经半波整流后的电压，它的傅里叶级数展开式可写为 $u(t)=160+250\ \sin(\omega t+\pi/2)+106\ \sin(2\omega t+\pi/2)$ V（只考虑了直流分量、基波和二次谐波，而略去了其它高次谐波），该电压作用在图示滤波电路上。已知 $f=50$ Hz，$L=10$ H，$C=30\ \mu$F，$R=14\ \Omega$。求电阻 $R$ 两端的电压及流过 $R$ 的电流。

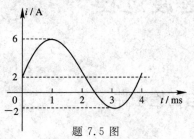

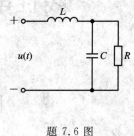

题 7.5 图　　　　　　　　　　题 7.6 图

7.7　图示电路中，已知 $R=6\ \Omega$，$\omega L=2\ \Omega$，$1/\omega C=18\ \Omega$，$u(t)=10+80\ \sin(\omega t+30°)+18\ \sin 3\omega t$ V，求电磁系电压表、电磁系电流表及功率表的读数，并写出 $i(t)$ 的表达式。

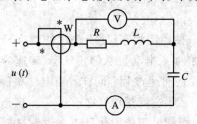

题 7.7 图

7.8　已知 $R$、$L$、$C$ 串联电路的端口电压和电流为 $u(t)=100\ \sin 100\pi t+50\ \sin(3\times100\pi t-30°)$ V，$i(t)=10\ \sin 100\pi t+1.755\ \sin(3\times100\pi t+\theta)$ A，试求：

（1）电路中的 $R$、$L$、$C$；

（2）$\theta$；

（3）电路的功率。

7.9　图示电路中，已知 $u_s(t)=U_{1m}\ \sin\omega t+U_{4m}\ \sin 4\omega t$ V，$u(t)=U_{4m}\ \sin 4\omega t$ V，$C=1\ \mu$F，$\omega=1000$ rad/s。试求 $L_1$、$L_2$。

7.10　图示电路中，已知 $u_1(t)=U_{1m}\ \sin\omega t+U_{3m}\ \sin 3\omega t$ V，$L=0.12$ H，$\omega=314$ rad/s。若 $u_2=U_{1m}\ \sin\omega t$ V，试确定 $C_1$、$C_2$ 值。

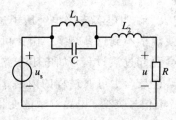

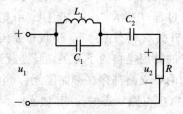

题 7.9 图　　　　　　　　　　题 7.10 图

# 第8章

# 线性电路的过渡过程

## 8.1　换路定律与初始条件

### 8.1.1　过渡过程的概念

前面各章介绍的是电路的稳定状态，有关电路的分析叫稳态分析。本章介绍电路的过渡过程及分析。

自然界中的物质运动从一种稳定状态（处于一定的能态）转变到另一种稳定状态（处于另一能态）需要一定的时间。例如，电动机从静止状态（转速为零的状态）起动，到某一恒定转速要经历一定的时间，这就是加速过程；同样，当电动机制动时，它的转速从某一恒定转速下降到零，也需要减速过程。这就是说，物质从一种状态过渡到另一种状态是不能瞬间完成的，需要有一个过程，即能量不能发生跃变。过渡过程就是从一种稳定状态转变到另一种稳定状态的中间过程。电路从一种稳定状态转变到另一种稳定状态，也可能经历过渡过程。

为了了解电路产生过渡过程的内因和外因，我们观察一个实验现象。图8.1所示的电路中，三个并联支路分别为电阻、电感、电容与灯泡串联，S为电源开关。

当闭合开关S时我们发现电阻支路的灯泡$L_1$立即发光，且亮度不再变化，说明这一支路没有经历过渡过程，立即进入了新的稳态；电感支路的灯泡$L_2$由暗渐渐变亮，最后达到稳定，说明电感支路经

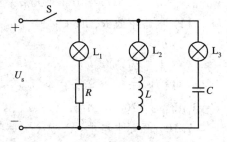

图 8.1　过渡过程演示电路图

历了过渡过程；电容支路的灯泡$L_3$由亮变暗直到熄灭，说明电容支路也经历了过渡过程。当然，若开关S状态保持不变（断开或闭合），我们就观察不到这些现象。由此可知，产生过渡过程的外因是接通了开关，但接通开关并非都会引起过渡过程，如电阻支路。产生过渡过程的两条支路都存在有储能元件（电感或电容），这是产生过渡过程的内因。在电路理论中，通常把电路状态的改变（如通电、断电、短路、电信号突变、电路参数的变化等）统称为换路，并认为换路是立即完成的。

综上所述，产生过渡过程的原因有两个方面，即外因和内因。换路是外因，电路中有储能元件（也叫动态元件）是内因。

研究电路中的过渡过程是有实际意义的。例如，电子电路中常利用电容器的充放电过程来完成积分、微分、多谐振荡等，以产生或变换电信号。而在电力系统中，由于过渡过程的出现将会引起过电压或过电流，若不采取一定的保护措施，就可能损坏电气设备，因此，我们需要认识过渡过程的规律，从而利用它的特点，防止它的危害。

本书只讨论线性电路的过渡过程。

## 8.1.2　换路定律

分析电路的过渡过程时，除应用基尔霍夫电流、电压定律和元件伏安关系外还应了解和利用电路在换路时所遵循的规律（即换路定律）。

### 1. 具有电感的电路

在电阻 $R$ 和电感 $L$ 相串联的电路与直流电源 $U_s$ 接通之前，电路中的电流 $i=0$。当闭合开关后，若 $U_s$ 为有限值，则电感中电流不能跃变，必定从 0 逐渐增加到 $U_s/R$。其原因是：若电流可以跃变，即 $dt=0$，则电感上的电压 $u_L=\lim\limits_{\Delta t=0}L(\Delta i/\Delta t)\to\infty$，这显然与电源电压为有限值是矛盾的。若从能量的观点考虑，电感的电流突变，意味着磁场能量突变，则电路的瞬时功率 $p=dw/dt\to\infty$，说明电路接通电源瞬间需要电源供给无限大的功率，这对任一实际电源来说都是不可能的。所以 $RL$ 串联电路接通电源瞬间，电流不能跃变。

为分析方便，我们约定换路时刻为计时起点，即 $t=0$，并把换路前的最后时刻计为 $t=0_-$，换路后的初始时刻计为 $t=0_+$，则在换路瞬间将有如下结论：在换路后的一瞬间，电感中的电流应保持换路前一瞬间的原有值而不能跃变，即

$$i_L(0_+) = i_L(0_-) \tag{8.1}$$

这一规律称为电感电路的换路定律。

推理：对于一个原来没有电流流过的电感，在换路的一瞬间，$i_L(0_+)=i_L(0_-)=0$，电感相当于开路。

### 2. 具有电容的电路

在电阻 $R$ 和电容 $C$ 相串联的电路与直流电源 $U_s$ 接通前，电容上的电压 $u_C=0$。当闭合开关后，若电源输出电流为有限值，电容两端电压不能跃变，必定从 0 逐渐增加到 $U_s$。其原因是：若电容两端电压可以跃变，即 $dt=0$，则电路中的电流 $i=\lim\limits_{\Delta t\to 0}C(\Delta u_C/\Delta t)\to\infty$，这与电源的电流为有限值是矛盾的。若从能量的角度考虑，电容上电压突变意味着电场能量突变，则电路的瞬时功率 $p=dw/dt\to\infty$，说明电路接通瞬间需要电源提供无穷大的功率，这同样是不可能的。所以 $RC$ 串联电路接通电源瞬间，电容上电压不能跃变。因此，在换路后的一瞬间，电容上的电压应保持换路前一瞬间的原有值而不能跃变，即

$$u_C(0_+) = u_C(0_-) \tag{8.2}$$

这一规律称为电容电路的换路定律。

推理：对于一个原来未充电的电容，在换路的一瞬间 $u_C(0_+)=u_C(0_-)=0$，电容相当于短路。

## 8.1.3　初始值的计算

换路后的最初一瞬间（即 $t=0_+$ 时刻）的电流、电压值统称为初始值。研究线性电路的过

渡过程时，电容电压的初始值 $u_C(0_+)$ 及电感电流的初始值 $i_L(0_+)$ 可按换路定律来确定。其它可以跃变的量的初始值要根据 $u_C(0_+)$、$i_L(0_+)$ 和应用 KVL、KCL 及欧姆定律来确定。

对于较复杂的电路，为了便于求得初始条件，在求得 $u_C(0_+)$ 和 $i_L(0_+)$ 后，可将电容元件代之以电压为 $u_C(0_+)$ 的电压源，将电感元件代之以电流为 $i_L(0_+)$ 的电流源。经这样替换过的电路叫做原电路在 $t=0_+$ 时的等效电路，它为一个电阻性电路，可按电阻性电路进行计算。

**例 8.1**　图 8.2(a)所示电路中，已知 $U_s=12$ V，$R_1=4$ kΩ，$R_2=8$ kΩ，$C=1$ μF，开关 S 原来处于断开状态，电容上电压 $u_C(0_-)=0$。求开关 S 闭合后 $t=0_+$ 时各电流及电容电压的数值。

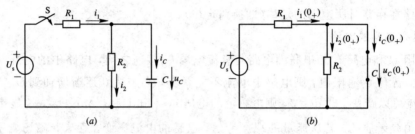

图 8.2　例 8.1 电路图

(a)电原理图；(b) $t=0_+$ 时的等效电路

**解**　选定有关参考方向如图 8.2 所示。

(1) 由已知条件可知：$u_C(0_-)=0$。

(2) 由换路定律可知：$u_C(0_+)=u_C(0_-)=0$。

(3) 求其它各电流、电压的初始值。

画出 $t=0_+$ 时刻的等效电路，如图 8.2(b)所示。由于 $u_C(0_+)=0$，因此在等效电路中电容相当于短路。故有

$$i_2(0_+) = \frac{u_C(0_+)}{R_2} = \frac{0}{R_2} = 0$$

$$i_1(0_+) = \frac{U_s}{R_1} = \frac{12}{4 \times 10^3} = 3 \text{ mA}$$

由 KCL 有

$$i_C(0_+) = i_1(0_+) - i_2(0_+) = 3 - 0 = 3 \text{ mA}$$

**例 8.2**　图 8.3(a)所示电路中，已知 $U_s=10$ V，$R_1=6$ Ω，$R_2=4$ Ω，$L=2$ mH，开关 S 原处于断开状态。求开关 S 闭合后 $t=0_+$ 时各电流及电感电压 $u_L$ 的数值。

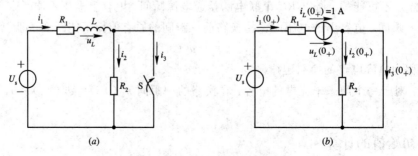

图 8.3　例 8.2 电路图

(a)电原理图；(b) $t=0_+$ 时的等效电路

**解**　选定有关参考方向如图 8.3 所示。

(1) 求 $t=0_-$ 时的电感电流 $i_L(0_-)$。

由原电路已知条件得

$$i_L(0_-) = i_1(0_-) = i_2(0_-) = \frac{U_s}{R_1 + R_2} = \frac{10}{6+4} = 1 \text{ A}$$

$$i_3(0_-) = 0$$

(2) 求 $t=0_+$ 时 $i_L(0_+)$ 的值。

由换路定律知

$$i_L(0_+) = i_L(0_-) = 1 \text{ A}$$

(3) 求其它各电压、电流的初始值。

画出 $t=0_+$ 时的等效电路,如图 8.3(b) 所示。由于 S 闭合,$R_2$ 被短路,则 $R_2$ 两端电压为零,故 $i_2(0_+)=0$。

由 KCL 有

$$i_3(0_+) = i_1(0_+) - i_2(0_+) = i_1(0_+) = 1 \text{ A}$$

由 KVL 有

$$U_s = i_1(0_+)R_1 + u_L(0_+)$$

故

$$u_L(0_+) = U_s - i_1(0_+)R_1 = 10 - 1 \times 6 = 4 \text{ V}$$

**例 8.3**　图 8.4(a) 所示电路中,已知 $U_s = 12 \text{ V}$,$R_1 = 4 \ \Omega$,$R_2 = 8 \ \Omega$,$R_3 = 4 \ \Omega$,$u_C(0_-)=0$,$i_L(0_-)=0$,当 $t=0$ 时开关 S 闭合。求开关 S 闭合后各支路电流的初始值和电感上电压的初始值。

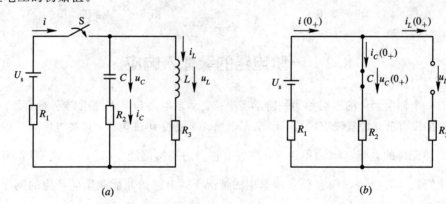

图 8.4　例 8.3 电路图

(a) 电原理图;(b) $t=0_+$ 时的等效电路

**解**　(1) 由已知条件可得

$$u_C(0_-) = 0, \qquad i_L(0_-) = 0$$

(2) 求 $t=0_+$ 时,$u_C(0_+)$ 和 $i_L(0_+)$ 的值。

由换路定律知

$$u_C(0_+) = u_C(0_-) = 0, \qquad i_L(0_+) = i_L(0_-) = 0$$

(3) 求其它各电压、电流的初始值。

先画出 $t=0_+$ 时的等效电路图，如图 8.4 $(b)$ 所示。此时，因为 $u_C(0_+)=0$，$i_L(0_+)=0$，所以在等效电路中电容相当于短路，而电感相当于开路。故有

$$i(0_+)=i_C(0_+)=\frac{U_s}{R_1+R_2}=\frac{12}{4+8}=1\ \text{A}$$

$$u_L(0_+)=i_C(0_+)R_2=1\times 8=8\ \text{V}$$

## ❋ 思考题

1. 由换路定律知，在换路瞬间电感上的电流、电容上的电压不能跃变，那么对其余各物理量，如电容上的电流，电感上的电压及电阻上的电压、电流是否也遵循换路定律？

2. 图 8.5 所示电路中，已知 $R_1=6\ \Omega$，$R_2=4\ \Omega$。开关闭合前电路已处于稳态，求换路后瞬间各支路电流。

3. 图 8.6 所示电路中，开关闭合前已达稳态，已知 $R_1=4\ \Omega$，$R_2=6\ \Omega$，求换路后瞬间各元件上的电压和通过的电流。

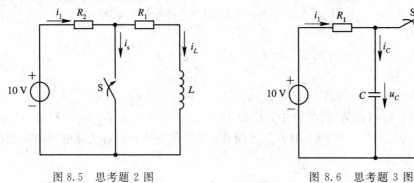

图 8.5　思考题 2 图　　　　　　　　图 8.6　思考题 3 图

# 8.2　一阶电路的零输入响应

只含有一个储能元件的电路称为一阶动态电路。动态电路与电阻性电路不同的是：电阻性电路中如果没有独立源就没有响应；而动态电路，即使没有独立源，只要电容元件的电压 $u_C(0_+)$ 或电感元件的电流 $i_L(0_+)$ 不为零，就会由它们的初始储能 $\frac{1}{2}Cu_C^2(0_+)$ 或 $\frac{1}{2}Li_L^2(0_+)$ 引起响应。我们把动态电路在没有独立源作用的情况下，由初始储能激励而产生的响应叫做零输入响应。

在过渡过程中，电路中各元件的电压、电流是随时间变化而变化的，它们的变化规律常用求解电路微分方程的方法来求解，这种方法叫"经典法"。

## 8.2.1　RC串联电路的零输入响应

图 8.7$(a)$ 是电阻与电容串联的电路，当开关 S 接于"1"位置时电容器充电，电压表的读数为 $U_0$。下面我们讨论当 S 由"1"拨到"2"时电路中的响应。

当 $t=0_+$ 时，由于电容上电压不能突变，仍为 $U_0$，也就是 $R$ 两端加有电压 $U_0$，因此换路瞬间电路中电流为 $U_0/R$，此后随着电容放电，电容电压逐渐下降，电容所储存的电场能

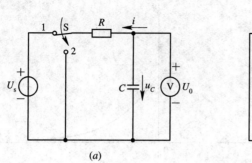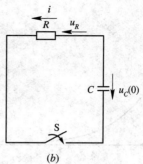

图 8.7　一阶 $RC$ 电路的零输入响应

($a$) 电路图；($b$) 换路瞬间等效电路

量经电阻 $R$ 转变为热能。

忽略电压表内阻，根据 KVL，$u_R = u_C = Ri$，而 $i = -C \dfrac{\mathrm{d}u_C}{\mathrm{d}t}$（式中负号表明 $i_C$ 与 $u_C$ 的参考方向相反）。将 $i = -C \dfrac{\mathrm{d}u_C}{\mathrm{d}t}$ 代入 $u_C = Ri$，得

$$RC \frac{\mathrm{d}u_C}{\mathrm{d}t} + u_C = 0 \tag{8.3}$$

式(8.3)是一个线性常系数一阶齐次微分方程。由数学知识可知，此方程的通解为

$$u_C = A\mathrm{e}^{pt} \tag{8.4}$$

为了求出 $p$ 的值，将式(8.4)代入式(8.3)得

$$RCpA\mathrm{e}^{pt} + A\mathrm{e}^{pt} = 0$$

或

$$(RCp + 1)A\mathrm{e}^{pt} = 0$$

即

$$RCp + 1 = 0 \tag{8.5}$$

称式(8.5)为式(8.3)的特征方程。其特征根为

$$p = -\frac{1}{RC}$$

于是有

$$u_C = A\mathrm{e}^{pt} = A\mathrm{e}^{-\frac{t}{RC}} \tag{8.6}$$

下面利用初始条件求解 $A$ 的值。由换路定律知：$u_C(0_+) = u_C(0_-) = U_0$，即 $U_0 = A\mathrm{e}^{-\frac{0}{RC}} = A\mathrm{e}^0 = A$。将 $A = U_0$ 代入式(8.6)，得

$$u_C = U_0 \mathrm{e}^{-\frac{t}{RC}} \tag{8.7}$$

$u_C$ 随时间变化的规律如图 8.8($a$)所示，这是一条按指数规律变化的曲线。又由于 $u_C = Ri$，故 $i = \dfrac{u_C}{R} = \dfrac{U_0}{R}\mathrm{e}^{-\frac{t}{RC}}$，其曲线如图 8.8($b$)所示。

从图 8.8 可见，电容上电压 $u_C(t)$、电路中电流 $i(t)$ 都是按同样的指数规律衰减的。理论上要 $t = \infty$ 才停止。若在式(8.7)中，令 $\tau = RC$，当 $R$ 的单位为 $\Omega$，$C$ 的单位为 F 时，则 $\tau$ 的单位是 s。$\tau$ 的数值大小反映了电路过渡过程的快慢，故把 $\tau$ 叫做 $RC$ 电路的时间常数。

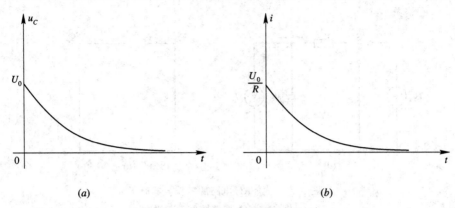

图 8.8　一阶 $RC$ 电路的零输入响应波形

($a$) $u_C$ 波形；($b$) $i$ 波形

　　$t=0_-$ 时，$u_C=U_0$，$i\leqslant0$；$t=0_+$ 时，$u_C=U_0$，$i=U_0/R$。换路时，$u_C$ 没有跃变，$i$ 发生了跃变。

　　为了研究过渡过程与时间常数 $\tau$ 之间的关系，将不同时刻电容电压 $u_C$ 和电流 $i$ 的数值列表，如表 8.1 所示。

**表 8.1　电容电压及电流随时间变化的规律**

| $t$ | $\mathrm{e}^{-\frac{t}{\tau}}$ | $u_C$ | $i$ |
|:---:|:---:|:---:|:---:|
| 0 | $\mathrm{e}^0=1$ | $U_0$ | $\dfrac{U_0}{R}$ |
| $\tau$ | $\mathrm{e}^{-1}=0.368$ | $0.368U_0$ | $0.368\dfrac{U_0}{R}$ |
| $2\tau$ | $\mathrm{e}^{-2}=0.135$ | $0.135U_0$ | $0.135\dfrac{U_0}{R}$ |
| $3\tau$ | $\mathrm{e}^{-3}=0.050$ | $0.050U_0$ | $0.050\dfrac{U_0}{R}$ |
| $4\tau$ | $\mathrm{e}^{-4}=0.018$ | $0.018U_0$ | $0.018\dfrac{U_0}{R}$ |
| $5\tau$ | $\mathrm{e}^{-5}=0.007$ | $0.007U_0$ | $0.007\dfrac{U_0}{R}$ |
| $\vdots$ | $\vdots$ | $\vdots$ | $\vdots$ |
| $\infty$ | $\mathrm{e}^{-\infty}$ | 0 | 0 |

　　由表 8.1 可知，时间常数 $\tau$ 是电容器上的电压（或电感中的电流）衰减到原来值的 36.8% 所需的时间。当 $t=3\tau$ 时，电压（或电流）只有原来值的 5%。一般当 $t=(3\sim5)\tau$ 时，就可以认为过渡过程基本结束了。

　　时间常数 $\tau=RC$ 仅由电路的参数决定。在一定的 $U_0$ 下，当 $R$ 越大时，电路放电电流就越小，放电时间就越长；当 $C$ 越大时，储存的电荷就越多，放电时间就越长。实际中常合理选择 $RC$ 的值来控制放电时间的长短。

　　**例 8.4**　供电局向某一企业供电电压为 10 kV，在切断电源瞬间，电网上遗留有 $10\sqrt{2}$ kV 的电压。已知送电线路长 $L=30$ km，电网对地绝缘电阻为 500 M$\Omega$，电网的分布每千米电容为 $C_0=0.008$ μF/km，问：

（1）拉闸后 1 分钟，电网对地的残余电压为多少？

（2）拉闸后 10 分钟，电网对地的残余电压为多少？

**解**　电网拉闸后，储存在电网电容上的电能逐渐通过对地绝缘电阻放电，这是一个 $RC$ 串联电路的零输入响应问题。

由题意知，长 30 km 的电网总电容量为

$$C = C_0 L = 0.008 \times 30 = 0.24 \ \mu F = 2.4 \times 10^{-7} \ F$$

放电电阻为

$$R = 500 \ M\Omega = 5 \times 10^8 \ \Omega$$

时间常数为

$$\tau = RC = 5 \times 10^8 \times 2.4 \times 10^{-7} = 120 \ s$$

电容上初始电压为

$$U_0 = 10\sqrt{2} \ kV$$

在电容放电过程中，电容电压（即电网电压）的变化规律为

$$u_C(t) = U_0 e^{-\frac{t}{\tau}}$$

故

$$u_C(60 \ s) = 10\sqrt{2} \times 10^3 \ e^{-\frac{60}{120}} \approx 8576 \ V \approx 8.6 \ kV$$

$$u_C(600 \ s) = 10\sqrt{2} \times 10^3 \ e^{-\frac{600}{120}} \approx 95.3 \ V$$

由此可见，电网断电，电压并不是立即消失，此电网断电经历 1 分钟，仍有 8.6 kV 的高压，当 $t = 5\tau = 5 \times 120 = 600$ s 时，即在断电 10 分钟时电网上仍有 95.3 V 的电压。

### 8.2.2　*RL* 串联电路的零输入响应

电路如图 8.9 所示，当开关 S 闭合前，由电流表观察到，电感电路中电流为稳定值 $I_0$，电感中存储有一定的磁场能。在 $t = 0$ 时将开关 S 闭合，由电流表观察到：电感电路中电流没有立即消失，而是经历一定的时间后逐渐变为零。由于 S 闭合后，电感电路没有外电源作用，因此此时的电路电流属零输入响应。

换路后列 $L$ 所在网孔的方程，在所选各量参考方向下，忽略电流表内阻，由 KVL 得

$$u_R + u_L = 0$$

而

$$u_R = i_L R, \quad u_L = L \frac{di_L}{dt}$$

故

$$i_L R + L \frac{di_L}{dt} = 0$$

或

$$\frac{L}{R} \frac{di_L}{dt} + i_L = 0$$

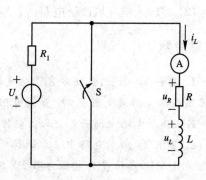

图 8.9　一阶 *RL* 电路的零输入响应

这也是一个线性常系数一阶齐次微分方程,与 $RC$ 电路的零输入响应微分方程相类似,其解为

$$i_L = I_0 e^{-\frac{t}{\tau}} \tag{8.8}$$

式中,$\tau = L/R$ 称为 $RL$ 电路的时间常数。若电阻 $R$ 的单位为 $\Omega$,电感 $L$ 的单位为 H,则时间常数 $\tau$ 的单位为 s。

电阻上的电压为

$$u_R = i_L R = I_0 R e^{-\frac{t}{\tau}} \tag{8.9}$$

电感上的电压为

$$u_L = L \frac{d i_L}{d t} = -I_0 R e^{-\frac{t}{\tau}} \tag{8.10}$$

式(8.10)中负号表示电感实际电压方向与图中参考方向相反。画出式(8.8)、式(8.9)、式(8.10)对应的曲线,分别如图 8.10$(a)$、$(b)$、$(c)$所示。

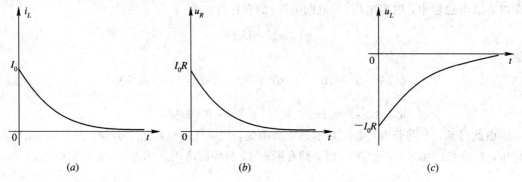

图 8.10 一阶 $RL$ 电路的零输入响应波形

图 8.10 中的电压、电流变化规律与图 8.8 所示的 $RC$ 电路一样,也是按指数规律变化的。同样,$\tau = L/R$ 反映了过渡过程进行的快慢。$\tau$ 越大,电感电流变化越慢,反之越快。$t = 0_-$ 时,$i_L = I_0$,$u_R = I_0 R$,$u_L = 0$;$t = 0_+$ 时,$i_L = I_0$,$u_R = I_0 R$,$u_L = -I_0 R$。即换路时,$i_L$、$u_R$ 没有发生跃变,$u_L$ 发生了跃变。由以上分析可知:

(1)一阶电路的零输入响应都是按指数规律随时间变化而衰减到零的,这反映了在没有电源作用的情况下,动态元件的初始储能逐渐被电阻值耗掉的物理过程。电容电压或电感电流从一定值减小到零的全过程就是电路的过渡过程。

(2)零输入响应取决于电路的初始状态和电路的时间常数。

## ❊ 思考题

1. 有一 40 μF 的高压电容器从电路中断开,断开时电容器的电压为 3.5 kV,断开后电容器经本身的漏电阻放电。如漏电阻 $R = 100$ MΩ,经过 30 分钟后,电容上的电压为多少?若从高压电路上断开后,马上要接触它,应如何处理?

2. 图 8.11 所示电路中,已知 $R_1 = 10$ Ω,则电路中开关 S 打开瞬间电压表(设电压表内阻为 1 MΩ)所承受的电压为多少?断开开关后,若在电压表两端并联 1 Ω 的电阻,此时电压表所承受的电压又是多少?

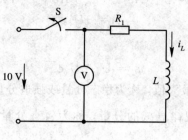

图 8.11　思考题 2 图

# 8.3　一阶电路的零状态响应

若在一阶电路中，换路前储能元件没有储能，即 $u_C(0_-)$，$i_L(0_-)$ 都为零，则此情况下由外加激励而引起的响应叫做零状态响应。

## 8.3.1　RC 串联电路的零状态响应

图 8.12 所示的电路中，开关闭合前，电容 $C$ 上没有充电。$t=0$ 时刻开关 S 闭合。在图示参考方向下，由 KVL 有

$$u_R + u_C = U_s \tag{8.11}$$

将各元件的伏安关系 $u_R = iR$ 和 $i = C\dfrac{\mathrm{d}u_C}{\mathrm{d}t}$ 代入式 (8.11) 得

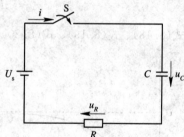

$$RC\frac{\mathrm{d}u_C}{\mathrm{d}t} + u_C = U_s \tag{8.12}$$

式 (8.12) 是一个线性常系数一阶非齐次微分方程，由数学知识可知，该微分方程的解由两部分组成，即

图 8.12　RC 电路的零状态响应

$$u_C = u_C' + u_C'' \tag{8.13}$$

式中，$u_C'$ 为方程式的特解，电路动态过程结束时，$u_C = U_s$ 是它的稳态解，即

$$u_C' = U_s \tag{8.14}$$

$u_C''$ 是方程当 $U_s = 0$ 时的解，即齐次方程的通解，也叫暂态解，其形式与式 (8.6) 相同，即

$$u_C'' = A\mathrm{e}^{-\frac{t}{\tau}} \tag{8.15}$$

上式中 $\tau = RC$。

将式 (8.14)、式 (8.15) 代入式 (8.13)，得

$$u_C = u_C' + u_C'' = U_s + A\mathrm{e}^{-\frac{t}{\tau}} \tag{8.16}$$

式中，常数 $A$ 可利用换路定律求得，即

$$u_C(0_+) = u_C(0_-) = 0$$

$$0 = U_s + Ae^{-\frac{0}{\tau}} = U_s + Ae^0 = U_s + A$$
$$A = -U_s$$

于是

$$u_C = U_s - U_s e^{-\frac{t}{\tau}} \qquad\qquad (8.17)$$

式中，$U_s$ 为电容充电电压的最大值，称为稳态分量或强迫分量。

$U_s e^{-\frac{t}{\tau}}$ 是随时间按指数规律衰减的分量，称为暂态分量或自由分量。将式(8.17)改写为

$$u_C = U_s(1 - e^{-\frac{t}{\tau}}) \qquad\qquad (8.18)$$

式(8.18)为 $RC$ 串联电路中电容电压的零状态响应方程式。

利用电容元件的伏安关系，可求得 $RC$ 串联电路的零状态电流的响应表达式为

$$i = C\frac{\mathrm{d}u_C}{\mathrm{d}t} = C\frac{\mathrm{d}}{\mathrm{d}t}(U_s - U_s e^{-\frac{t}{RC}})$$
$$= C\left[-\frac{1}{RC}(-U_s e^{-\frac{t}{RC}})\right] = \frac{U_s}{R}e^{-\frac{t}{\tau}} = I_0 e^{-\frac{t}{\tau}} \qquad (8.19)$$

式中，$I_0 = U_s/R$ 为充电电流的初始值 $i(0_+)$。容易理解，换路瞬间由于 $u_C = 0$，电源电压 $U_s$ 全部加在电阻 $R$ 上，则 $i(0_+) = U_s/R$。

利用欧姆定律可以求得电阻上电压的响应为

$$u_R = iR = \frac{U_s}{R}e^{-\frac{t}{\tau}} \cdot R = U_s e^{-\frac{t}{\tau}} \qquad\qquad (8.20)$$

画出式(8.18)、式(8.19)、式(8.20)对应的曲线，如图 8.13 所示。

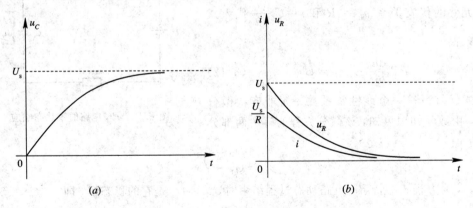

图 8.13　$RC$ 电路的零状态响应曲线

**例 8.5**　图 8.14($a$)所示电路中，已知 $U_s = 220$ V，$R = 200$ Ω，$C = 1\ \mu$F，电容事先未充电，在 $t = 0$ 时合上开关 S。

(1) 求时间常数。

(2) 求最大充电电流。

(3) 求 $u_C$、$u_R$ 和 $i$ 的表达式。

(4) 作 $u_C$、$u_R$ 和 $i$ 随时间的变化曲线。

(5) 求开关合上后 1 ms 时的 $u_C$、$u_R$ 和 $i$ 的值。

**解** （1）时间常数为

$$\tau = RC = 200 \times 1 \times 10^{-6} = 2 \times 10^{-4}\text{ s} = 200\ \mu\text{s}$$

（2）最大充电电流为

$$i_{\max} = \frac{U_s}{R} = \frac{220}{200} = 1.1\text{ A}$$

（3）$u_C$、$u_R$、$i$ 的表达式为

$$u_C = U_s(1 - \mathrm{e}^{-\frac{t}{\tau}}) = 220(1 - \mathrm{e}^{-\frac{t}{2 \times 10^{-4}}}) = 220(1 - \mathrm{e}^{-5 \times 10^3 t})\text{ V}$$

$$u_R = U_s \mathrm{e}^{-\frac{t}{\tau}} = 220\mathrm{e}^{-5 \times 10^3 t}\text{ V}$$

$$i = \frac{U_s}{R}\mathrm{e}^{-\frac{t}{\tau}} = \frac{220}{200}\mathrm{e}^{-\frac{t}{\tau}} = 1.1\mathrm{e}^{-5 \times 10^3 t}\text{ A}$$

（4）画出 $u_C$、$u_R$、$i$ 的曲线，如图 8.14($b$)所示。

（5）当 $t = 1\text{ ms} = 10^{-3}$ s 时，有

$$u_C = 220(1 - \mathrm{e}^{-5 \times 10^3 \times 10^{-3}}) = 220(1 - \mathrm{e}^{-5}) = 220(1 - 0.007) = 218.5\text{ V}$$

$$u_R = 220\mathrm{e}^{-5 \times 10^3 \times 10^{-3}} = 220 \times 0.007 \approx 1.5\text{ V}$$

$$i = 1.1\mathrm{e}^{-5 \times 10^3 \times 10^{-3}} = 1.1 \times 0.007 = 0.0077\text{ A}$$

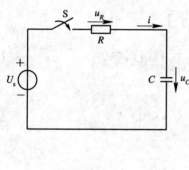
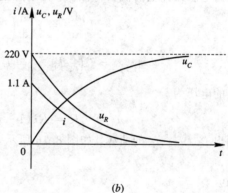

图 8.14 例 8.5 图

## 8.3.2 *RL* 串联电路的零状态响应

图 8.15 所示电路中，开关 S 未接通时电流表读数为 0，即 $i_L(0_-) = 0$。当 $t = 0$ 时，S 接通，电流表读数由零增加到一稳定值。这是电感线圈储存磁场能量的物理过程。

S 闭合后，在电路给定的参考方向下，不计电流表内阻，由 KVL 有

$$u_R + u_L = U_s$$

根据元件的伏安关系得

$$i_L R + L\frac{\mathrm{d}i_L}{\mathrm{d}t} = U_s$$

即

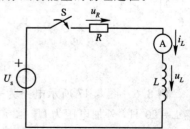

图 8.15 一阶 *RL* 电路零状态响应电路

$$\frac{L}{R}\frac{\mathrm{d}i_L}{\mathrm{d}t} + i_L = \frac{U_s}{R} \tag{8.21}$$

这也是一个线性常系数一阶齐次微分方程,仿照式(8.12)求解得

$$i_L = \frac{U_s}{R} + A\mathrm{e}^{-\frac{t}{\tau}} \tag{8.22}$$

式中,$\tau = L/R$ 为电路的时间常数;$A$ 可由换路定律来求解,将 $i_L(0_+) = i_L(0_-) = 0$ 代入式(8.22),得

$$i_L(0_+) = \frac{U_s}{R} + A\mathrm{e}^{-\frac{t}{\tau}} = \frac{U_s}{R} + A = 0$$

即

$$A = -\frac{U_s}{R}$$

将 $A = -U_s/R$ 代入式(8.22),得

$$i_L = \frac{U_s}{R} - \frac{U_s}{R}\mathrm{e}^{-\frac{t}{\tau}} = I(1 - \mathrm{e}^{-\frac{t}{\tau}}) \tag{8.23}$$

式中,$I = U_s/R$。

根据电感元件上的伏安特性,求得电感上的电压为

$$u_L = L\frac{\mathrm{d}i_L}{\mathrm{d}t} = L\frac{\mathrm{d}}{\mathrm{d}t}[I(1 - \mathrm{e}^{-\frac{t}{\tau}})]$$

$$= L\left(\frac{1}{\tau}I\mathrm{e}^{-\frac{t}{\tau}}\right) = L\left(\frac{R}{L}\frac{U_s}{R}\mathrm{e}^{-\frac{t}{\tau}}\right) = U_s\mathrm{e}^{-\frac{t}{\tau}} \tag{8.24}$$

电阻上的电压为

$$u_R = i_L R = RI(1 - \mathrm{e}^{-\frac{t}{\tau}}) = U_s(1 - \mathrm{e}^{-\frac{t}{\tau}}) \tag{8.25}$$

画出 $i_C$、$u_L$、$u_R$ 的曲线,如图 8.16 所示。

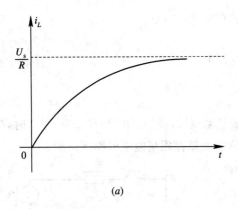 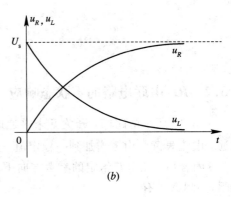

图 8.16　一阶 $RL$ 电路零状态响应波形

**例 8.6**　图 8.17 所示电路为一直流发电机电路简图,已知励磁电阻 $R = 20\ \Omega$,励磁电感 $L = 20\ \mathrm{H}$,外加电压为 $U_s = 200\ \mathrm{V}$。

(1) 试求当 S 闭合后,励磁电流的变化规律和达到稳态值所需的时间。

(2) 如果将电源电压提高到 250 V,求励磁电流达到额定值的时间。

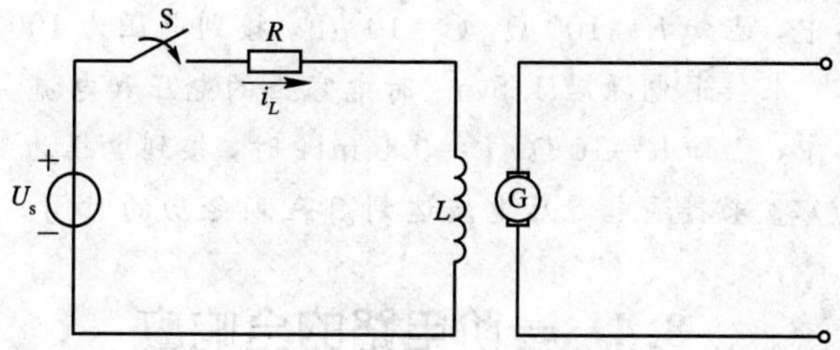


图 8.17　例 8.6 图

**解**　(1) 这是一个 $RL$ 零状态响应的问题，由 $RL$ 串联电路的分析可知

$$i_L = \frac{U_s}{R}(1-e^{-\frac{t}{\tau}})$$

式中，$U_s=200\ V$，$R=20\ \Omega$，$\tau=L/R=20/20=1\ s$，所以

$$i_L = \frac{200}{20}(1-e^{-\frac{t}{\tau}}) = 10(1-e^{-t})\ A$$

一般认为当 $t=(3\sim5)\tau$ 时过渡过程基本结束，取 $t=5\tau$，则合上开关S后，电流达到稳态所需的时间为 5 s。

(2) 由上述计算知使励磁电流达到稳态需要 5 s。为缩短励磁时间常采用“强迫励磁法”，就是在励磁开始时提高电源电压，当电流达到额定值后，再将电压调回到额定值。这种强迫励磁所需的时间 $t$ 计算如下：

$$i(t) = \frac{250}{20}(1-e^{-\frac{t}{\tau}}) = 12.5(1-e^{-t})$$

即

$$10=12.5(1-e^{-t})$$

解得

$$t=1.6\ s$$

这比电压为 200 V 时所需的时间短。两种情况下电流变化曲线如图 8.18 所示。

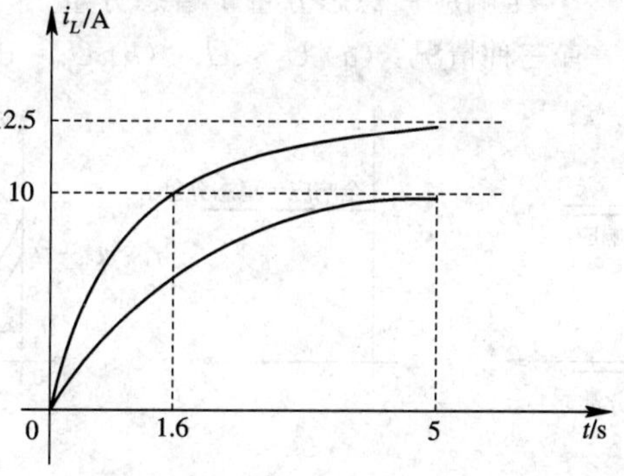


图 8.18　强迫励磁法的励磁电流波形

## ✲ 思考题

1. 在实验测试中，常用万用表的 $R\times1\ k\Omega$ 挡来检查电容量较大的电容器质量。测量前，先将被测电容器短路放电。测量时，如果：① 指针摆动后，再返回到无穷大(∞)刻度处，说明电容器是好的；② 指针摆动后，返回速度较慢，则说明被测电容器的电容量较大。试根据 $RC$ 电路的充放电过程解释上述现象。

2. $RC$ 串联电路中，已知 $R=100\ \Omega$，$C=10\ \mu\text{F}$，接到电压为 $100\ \text{V}$ 的直流电源上，接通前电容上电压为零。求接通电源后 $1.5\ \text{ms}$ 时电容上的电压和电流。

3. $RL$ 串联电路中，已知 $R=10\ \Omega$，$L=0.5\ \text{mH}$ 时，接到电压为 $100\ \text{V}$ 的直流电源上，接通前电感中电流为零。求接通电源后电流达到 $9\ \text{A}$ 所经历的时间。

# 8.4　一阶电路的全响应

当一个非零初始状态的一阶电路受到激励时，电路中所产生的响应叫做一阶电路的全响应。图 8.19 所示电路中，如果开关 S 闭合前，电容器上已充有 $U_0$ 的电压，即电容处于非零初始状态，$t=0$ 时开关 S 闭合（有关电压和电流的参考方向如图所示）。由 KVL 有

$$u_R + u_C = U_s$$

或

$$RC\frac{\mathrm{d}u_C}{\mathrm{d}t} + u_C = U_s$$

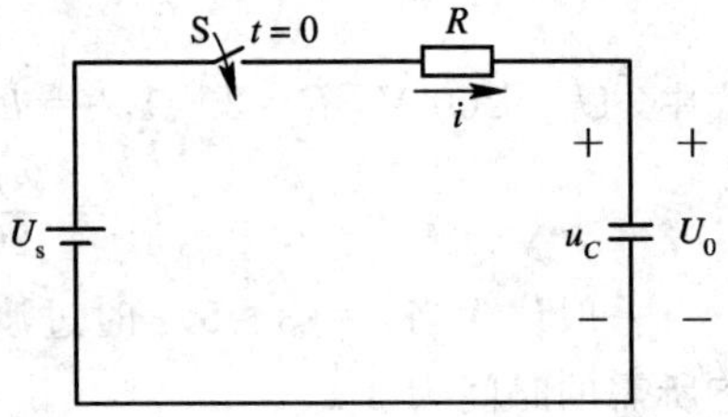

$u_C$ 的稳态值 $U_s$ 可看做 $u_C$ 的特解，即 $u_C'=U_s$；$u_C$ 的

图 8.19　一阶 $RC$ 电路的全响应

暂态分量即对应的齐次微分方程的通解为 $u_C''=A\mathrm{e}^{-\frac{t}{RC}}$。于是有

$$u_C = u_C' + u_C'' = U_s + A\mathrm{e}^{-\frac{t}{RC}}$$

将初始条件 $u_C(0_+)=u_C(0_-)=U_0$ 代入上式有 $U_0=U_s+A$，即 $A=U_0-U_s$。所以，电容上电压的表达式为

$$u_C = U_s + (U_0 - U_s)\mathrm{e}^{-\frac{t}{\tau}} \tag{8.26}$$

由式（8.26）可见，$U_s$ 为电路的稳态分量，$(U_0-U_s)\mathrm{e}^{-\frac{t}{\tau}}$ 为电路的暂态分量，即

$$\text{全响应}=\text{稳态分量}+\text{暂态分量}$$

波形如图 8.20 所示，有三种情况：$(a)\ U_0<U_s$；$(b)\ U_0=U_s$；$(c)\ U_0>U_s$。

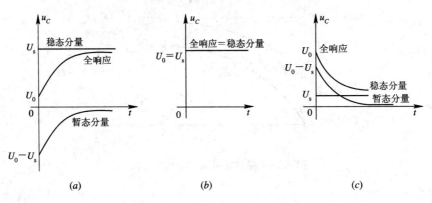

图 8.20　一阶 $RC$ 电路全响应曲线

电路中的电流为

$$i = C\frac{\mathrm{d}u_C}{\mathrm{d}t} = \frac{U_s - U_0}{R}\mathrm{e}^{-\frac{t}{\tau}} \tag{8.27}$$

可见，电路中电流 $i$ 只有暂态分量，而稳态分量为零。

我们也可以将式(8.26)改写为

$$u_C = U_s(1 - e^{-\frac{t}{\tau}}) + U_0 e^{-\frac{t}{\tau}} \tag{8.28}$$

式中，$U_s(1 - e^{-\frac{t}{\tau}})$ 是电容初始值电压为零时的零状态响应，$U_0 e^{-\frac{t}{\tau}}$ 是电容初始值电压为 $U_0$ 时的零输入响应。故又有

$$全响应 = 零状态响应 + 零输入响应$$

同样，将电路中电流 $i = C\dfrac{\mathrm{d}u_C}{\mathrm{d}t} = \dfrac{U_s - U_0}{R} e^{-\frac{t}{\tau}}$ 改写为

$$i = \frac{U_s}{R} e^{-\frac{t}{\tau}} + \frac{-U_0 e^{-\frac{t}{\tau}}}{R} \tag{8.29}$$

式中，$\dfrac{U_s}{R}e^{-\frac{t}{\tau}}$ 为电路电流的零状态响应，$-\dfrac{U_0 e^{-\frac{t}{\tau}}}{R}$ 为电路中电流的零输入响应，负号表示电流方向与图中参考方向相反。

**例 8.7** 图 8.21 所示电路中，开关 S 断开前电路处于稳态。已知 $U_s = 20$ V，$R_1 = R_2 = 1$ kΩ，$C = 1$ μF。求开关打开后，$u_C$ 和 $i_C$ 的解析式，并画出其曲线。

**解** 选定各电流电压的参考方向如图 8.21 所示。

因为换路前电容上电流 $i_C(0_-) = 0$，故有

$$i_1(0_-) = i_2(0_-) = \frac{U_s}{R_1 + R_2}$$

$$= \frac{20}{10^3 + 10^3}$$

$$= 10 \times 10^{-3} \text{ A} = 10 \text{ mA}$$

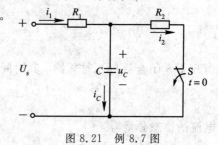

图 8.21　例 8.7 图

换路前电容上电压为

$$u_C(0_-) = i_2(0_-)R_2 = 10 \times 10^{-3} \times 1 \times 10^3 = 10 \text{ V}$$

即 $U_0 = 10$ V。

由于 $U_0 < U_s$，因此换路后电容将继续充电，其充电时间常数为

$$\tau = R_1 C = 1 \times 10^3 \times 1 \times 10^{-6} = 10^{-3} \text{ s} = 1 \text{ ms}$$

将上述数据代入式(8.26)和式(8.27)，得

$$u_C = U_s + (U_0 - U_s)e^{-\frac{t}{\tau}} = 20 + (10 - 20)e^{-\frac{t}{10^{-3}}} = 20 - 10e^{-1000t} \text{ V}$$

$$i_C = \frac{U_s - U_0}{R}e^{-\frac{t}{\tau}} = \frac{20 - 10}{1000}e^{-\frac{t}{10^{-3}}} = 0.01e^{-1000t} \text{ A} = 10e^{-1000t} \text{ mA}$$

$u_C$、$i_C$ 随时间的变化曲线如图 8.22 所示。

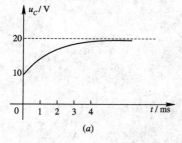

(a)

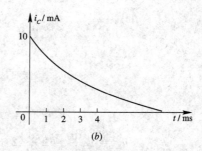

(b)

图 8.22　$u_C$、$i_C$ 随时间的变化曲线

**例 8.8**　图 8.23($a$)所示电路中，已知 $U_s = 100$ V，$R_0 = 150$ Ω，$R = 50$ Ω，$L = 2$ H，在开关 S 闭合前电路已处于稳态。$t = 0$ 时将开关 S 闭合，求开关闭合后电流 $i$ 和电压 $U_L$ 的变化规律。

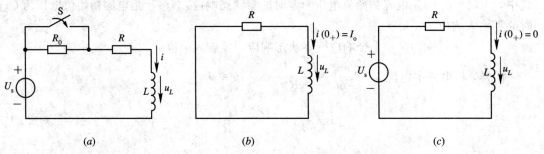

图 8.23　例 8.8 图

($a$) 电路图；($b$) 零输入响应；($c$) 零状态响应

**解法 1**　全响应 ＝ 稳态分量＋暂态分量

开关 S 闭合前电路已处于稳态，故有

$$i(0_-) = I_0 = \frac{U_s}{R_0 + R} = \frac{100}{150 + 150} = 0.5 \text{ A}$$

$$u_L(0_-) = 0$$

当开关 S 闭合后，$R_0$ 被短路，其时间常数为

$$\tau = \frac{L}{R} = \frac{2}{50} = 0.04 \text{ s}$$

电流的稳态分量为

$$i' = \frac{U_s}{R} = \frac{100}{50} = 2 \text{ A}$$

电流的暂态分量为

$$i'' = A\mathrm{e}^{-\frac{t}{\tau}} = A\mathrm{e}^{-25t}$$

全响应为

$$i(t) = i' + i'' = 2 + A\mathrm{e}^{-25t}$$

由初始条件和换路定律知

$$i(0_+) = i(0_-) = 0.5 \text{ A}$$

故

$$0.5 = 2 + A\mathrm{e}^{-25t} \mid_{t=0}$$

即

$$0.5 = 2 + A$$

解得

$$A = -1.5$$

所以

$$i(t) = 2 - 1.5\mathrm{e}^{-25t} \text{ A}$$

$$u_L = L\frac{\mathrm{d}i}{\mathrm{d}t} = 2\frac{\mathrm{d}}{\mathrm{d}t}(2 - 1.5\mathrm{e}^{-25t}) = 75\mathrm{e}^{-25t} \text{ V}$$

**解法 2**　全响应 ＝ 零输入响应 ＋ 零状态响应

电流的零输入响应如图 8.23 (b) 所示，$i(0_+) = I_0 = 0.5$ A。于是

$$i = I_0 e^{-\frac{t}{\tau}} = 0.5 e^{-25t} \text{ A}$$

电流的零状态响应如图 8.23 (c) 所示，$i(0_+) = 0$。所以

$$i'' = \frac{U_s}{R}(1 - e^{-\frac{t}{\tau}}) = 2 - 2e^{-25t} \text{ A}$$

全响应为

$$i = i' + i'' = 0.5 e^{-25t} + 2 - 2e^{-25t} = 2 - 1.5 e^{-25t} \text{ A}$$

$$u_L = L\frac{\mathrm{d}i}{\mathrm{d}t} = 2\frac{\mathrm{d}}{\mathrm{d}t}(2 - 1.5 e^{-25t}) = 75 e^{-25t} \text{ V}$$

此例说明两种解法的结果是完全相同的。

## ✸ 思考题

1. 如图 8.24 所示电路，已知 $R_1 = 10$ Ω，$R_2 = 20$ Ω，$R_3 = 10$ Ω，$L = 0.5$ H，$t = 0$ 时开关 S 闭合，开关闭合前电路处于稳态，试求电感上电流和电压的变化规律。

2. 如图 8.25 所示电路，已知 $R_1 = 10$ Ω，$R_2 = 40$ Ω，$R_3 = 10$ Ω，$C = 0.2$ F，换路前电路处于稳态，求换路后的 $i_C$ 和 $u_C$。

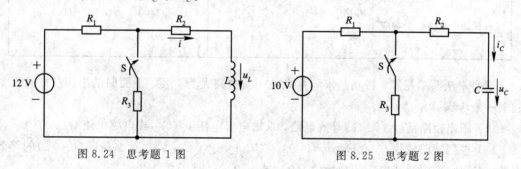

图 8.24　思考题 1 图　　　　　　　　　　图 8.25　思考题 2 图

## 8.5　一阶电路的三要素法

由前面分析可知，研究一阶电路的过渡过程，实质是求解电路的微分方程的过程，即求解微分方程的特解和对应齐次微分方程的通解。通常，电路全响应可以看成由零输入响应和零状态响应，或者稳态分量和暂态分量两部分组成。

稳态分量是电路在换路后要达到的新的稳态值，暂态分量的一般形式为 $A e^{-\frac{t}{\tau}}$，常数 $A$ 由电路的初始条件决定，时间常数 $\tau$ 由电路的结构和参数来计算。这样，决定一阶电路全响应表达式的量就只有三个，即稳态值、初始值和时间常数，我们称这三个量为一阶电路的三要素，由三要素可以直接写出一阶电路过渡过程的解。此方法叫三要素法。

设 $f(0_+)$ 表示电压或电流的初始值，$f(\infty)$ 表示电压或电流的新稳态值，$\tau$ 表示电路的时间常数，$f(t)$ 表示要求解的电压或电流。这样，电路的全响应表达式为

$$f(t) = f(\infty) + [f(0_+) - f(\infty)]e^{-\frac{t}{\tau}} \tag{8.30}$$

将前面学习的 $RC$、$RL$ 电路各类响应用式(8.30)验证，如表 8.2 所示。

**表 8.2　经典法与三要素法求解一阶电路比较表**

| 名　　　称 | 微分方程之解 | 三要素表示法 |
|---|---|---|
| $RC$ 电路的零输入响应 | $u_C = U_0 e^{-\frac{t}{\tau}} \ (\tau = RC)$ <br><br> $i = \dfrac{U_0}{R} e^{-\frac{t}{\tau}}$ | $f(t) = f(0_+) e^{-\frac{t}{\tau}}$ |
| 直流激励下 $RC$ 电路的零状态响应 | $u_C = U_s(1 - e^{-\frac{t}{\tau}})$ <br><br> $i = \dfrac{U_s}{R} e^{-\frac{t}{\tau}}$ | $f(t) = f(\infty)(1 - e^{-\frac{t}{\tau}})$ <br><br> $f(t) = f(0_+) e^{-\frac{t}{\tau}}$ |
| 直流激励下 $RL$ 电路的零状态响应 | $i = I(1 - e^{-\frac{t}{\tau}}) \ (\tau = \dfrac{L}{R})$ <br><br> $u_L = U_s e^{-\frac{t}{\tau}}$ | $f(t) = f(\infty)(1 - e^{-\frac{t}{\tau}})$ <br><br> $f(t) = f(0_+) e^{-\frac{t}{\tau}}$ |
| $RL$ 电路的零输入响应 | $i = I_0 e^{-\frac{t}{\tau}}$ <br><br> $u_L = -RI_0 e^{-\frac{t}{\tau}}$ | $f(t) = f(0_+) e^{-\frac{t}{\tau}}$ |
| 一阶 $RC$ 电路的全响应 | $u_C = U_s + (U_0 - U_s) e^{-\frac{t}{\tau}}$ <br><br> $i = \dfrac{U_s - U_0}{R} e^{-\frac{t}{\tau}}$ | $f(t) = f(\infty) + [f(0_+) - f(\infty)] e^{-\frac{t}{\tau}}$ <br><br> $f(t) = f(0_+) e^{-\frac{t}{\tau}}$ |

三要素法简单易算，特别是求解复杂的一阶电路尤为方便。下面归纳出用三要素法解题的一般步骤：

(1) 画出换路前($t = 0_-$)的等效电路，求出电容电压 $u_C(0_-)$ 或电感电流 $i_L(0_-)$。

(2) 根据换路定律 $u_C(0_+) = u_C(0_-)$，$i_L(0_+) = i_L(0_-)$，画出换路瞬间($t = 0_+$)的等效电路，求出响应电流或电压的初始值 $i(0_+)$ 或 $u(0_+)$，即 $f(0_+)$。

(3) 画出 $t = \infty$ 时的稳态等效电路(稳态时电容相当于开路，电感相当于短路)，求出稳态下响应电流或电压的稳态值 $i(\infty)$ 或 $u(\infty)$，即 $f(\infty)$。

(4) 求出电路的时间常数 $\tau$。$\tau = RC$ 或 $L/R$，其中 $R$ 值是换路后断开储能元件 $C$ 或 $L$，由储能元件两端看进去，用戴维南或诺顿等效电路求得的等效内阻。

(5) 根据所求得的三要素，代入式(8.30)即可得响应电流或电压的动态过程表达式。

**例 8.9**　电路如图 8.26(a)所示，已知 $R_1 = 100\ \Omega$，$R_2 = 400\ \Omega$，$C = 125\ \mu F$，$U_s = 200\ V$，在换路前电容上有电压 $u_C(0_-) = 50\ V$。求 S 闭合后电容电压和电流的变化规律。

**解**　用三要素法求解：

(1) 画 $t = 0_-$ 时的等效电路，如图 8.26(b)所示。由题意已知 $u_C(0_-) = 50\ V$。

(2) 画 $t = 0_+$ 时的等效电路，如图 8.26(c)所示。由换路定律可得 $u_C(0_+) = u_C(0_-) = 50\ V$。

(3) 画 $t = \infty$ 时的等效电路，如图 8.26(d)所示。

$$u_C(\infty) = \frac{U_s}{R_1 + R_2} R_2 = \frac{200}{100 + 400} \times 400 = 160\ V$$

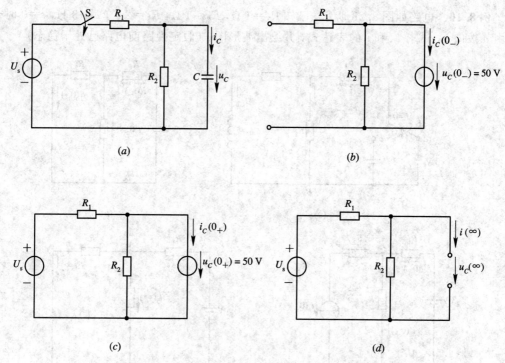

图 8.26　例 8.9 图

（4）求电路时间常数 $\tau$。从图 8.26($d$)电路可知，从电容两端看过去的等效电阻为

$$R_0 = \frac{R_1 R_1}{R_1 + R_2} = \frac{100 \times 400}{100 + 400} = 80 \ \Omega$$

于是

$$\tau = R_0 C = 80 \times 125 \times 10^{-6} = 0.01 \ \text{s}$$

（5）由公式(8.30)得

$$u_C(t) = u_C(\infty) + [u_C(0_+) - u_C(\infty)]e^{-\frac{t}{\tau}}$$

$$= 160 + (50 - 160)e^{-\frac{t}{0.01}} = 160 - 110e^{-100t} \ \text{V}$$

$$i_C(t) = C\frac{\mathrm{d}u_C(t)}{\mathrm{d}t} = 1.375e^{-100t} \ \text{A}$$

画出 $u_C(t)$ 和 $i_C(t)$ 的变化规律，如图 8.27 所示。

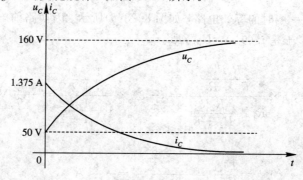

图 8.27　例 8.9 波形图

**例 8.10** 电路如图 8.28 所示，已知 $R_1 = 1\ \Omega$，$R_2 = 1\ \Omega$，$R_3 = 2\ \Omega$，$L = 3$ H，$t = 0$ 时开关由 $a$ 拨向 $b$，试求 $i_L$ 和 $i$ 的表达式，并绘出波形图。（假定换路前电路已处于稳态）

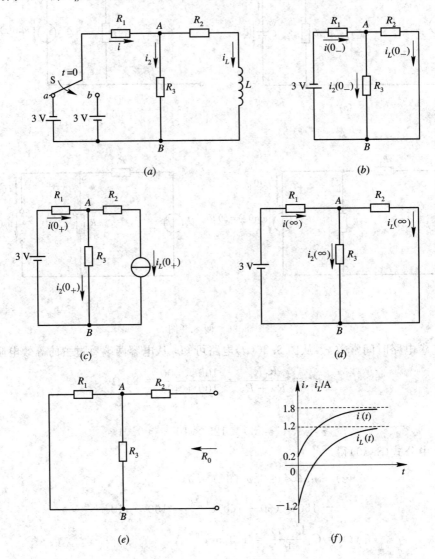

图 8.28　例 8.10 图

**解**　（1）画出 $t = 0_-$ 时的等效电路，如图 8.28(b)所示。因换路前电路已处于稳态，故电感 $L$ 相当于短路，于是 $i_L(0_-) = U_{AB}/R_2$。

$$U_{AB} = (-3) \times \frac{\dfrac{R_2 R_3}{R_2 + R_3}}{R_1 + \dfrac{R_2 R_3}{R_2 + R_3}} = (-3) \times \frac{\dfrac{1 \times 2}{1 + 2}}{1 + \dfrac{1 \times 2}{1 + 2}} = -\frac{6}{5}\ \text{V}$$

$$i_L(0_-) = \frac{U_{AB}}{R_2} = \frac{-\dfrac{6}{5}}{1} = -\frac{6}{5}\ \text{A}$$

（2）由换路定律 $i_L(0_+)=i(0_-)$ 得 $i_L(0_+)=-\dfrac{6}{5}$ A。

（3）画出 $t=0_+$ 时的等效电路，如图 8.28(c)所示，求 $i(0_+)$。

对 3 V 电源，$R_1$、$R_3$ 回路有

$$3 = i(0_+)R_1 + i_2(0_+)R_3$$

对节点 A 有

$$i(0_+) = i_2(0_+) + i_L(0_+)$$

将上式代入回路方程，得

$$3 = i(0_+)R_1 + [i(0_+) - i_L(0_+)]R_3$$

即

$$3 = i(0_+) \times 1 + \left[i(0_+) - \left(\frac{-6}{5}\right)\right] \times 2$$

解得

$$i(0_+) = 0.2 \text{ A}$$

（4）画出 $t=\infty$ 时的等效电路，如图 8.28(d)所示，求 $i(\infty)$ 和 $i_L(\infty)$。

$$i(\infty) = \frac{3}{R_1 + \dfrac{R_2 R_3}{R_2 + R_3}} = \frac{3}{1 + \dfrac{1 \times 2}{1 + 2}} = 1.8 \text{ A}$$

$$i_L(\infty) = i(\infty)\frac{R_3}{R_2 + R_3} = 1.8 \times \frac{2}{1 + 2} = 1.2 \text{ A}$$

（5）画出电感开路时求等效内阻的电路，如图 8.28(e)所示。

$$R_0 = R_2 + \frac{R_1 R_3}{R_1 + R_3} = 1 + \frac{1 \times 2}{1 + 2} = \frac{5}{3} \ \Omega$$

于是有

$$\tau = \frac{L}{R_0} = \frac{3}{\dfrac{5}{3}} = \frac{9}{5} = 1.8 \text{ s}$$

（6）代入三要素法表达式，得

$$i(t) = i(\infty) + [i(0_+) - i(\infty)]e^{-\frac{t}{\tau}} = 1.8 + (0.2 - 1.8)e^{-\frac{t}{1.8}}$$
$$= 1.8 - 1.6e^{-\frac{t}{1.8}} \text{ A}$$

$$i_L(t) = i_L(\infty) + [i_L(0_+) - i_L(\infty)]e^{-\frac{t}{\tau}}$$
$$= 1.2 + (-1.2 - 1.2)e^{-\frac{t}{1.8}} = 1.2 - 2.4e^{-\frac{t}{1.8}} \text{ A}$$

画出 $i(t)$ 和 $i_L(t)$ 的波形，如图 8.28(f)所示。

## ❋ 思考题

1. 图 8.29 所示电路中，开关 S 闭合前电路达到稳态，已知 $U_s=36$ V，$R_1=8$ Ω，$R_2=12$ Ω，$L=0.4$ H，求开关闭合后电感电流 $i_L$ 及电压 $u_L$ 的解析式。

2. 电路如图 8.30 所示，在开关 S 打开前电路处于稳态。已知 $R_1=10$ Ω，$R_2=10$ Ω，$C=2$ F，求开关打开后 $i_1$、$i_2$ 和 $i_3$ 的解析式。

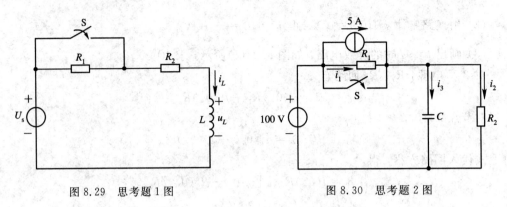

图 8.29　思考题 1 图　　　　　　图 8.30　思考题 2 图

3. 试求图 8.31 所示各电路的时间常数。

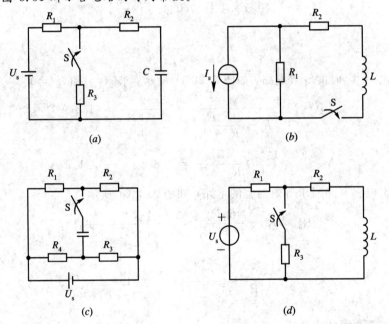

图 8.31　思考题 3 图

# 本 章 小 结

由于电路中存在有储能元件,当电路发生换路时会出现过渡过程。

**1. 换路定律**

电路换路时,各储能元件的能量不能跃变。具体表现在电容元件的电压不能跃变,电感元件的电流不能跃变。换路定律的数学表达式为

$$u_C(0_+) = u_C(0_-)$$
$$i_L(0_+) = i_L(0_-)$$

应该注意,换路瞬间电容电流 $i_C$ 和电感电压 $u_L$ 是可以跃变的。

**2. 时间常数 $\tau$**

过渡过程理论上要经历无限长时间才结束。实际的过渡过程长短可根据电路的时间常

数 $\tau$ 来估算，一般认为当 $t=(3\sim5)\tau$ 时，电路的过渡过程结束。一阶 $RC$ 电路 $\tau=RC$；一阶 $RL$ 电路 $\tau=L/R$，$\tau$ 的单位为 s。$\tau$ 的大小反映了电路参量由初始值变化到稳态值的 $63.2\%$ 所需的时间。

**3. 经典法**

经典法是求解过渡过程的基本方法，它的一般步骤如下：

（1）根据换路后的电路列出电路的微分方程；

（2）求微分方程的特解和通解；

（3）根据电路的初始条件，求出积分常数，从而得到电路解。

**4. 一阶电路的全响应**

$$全响应＝稳态分量＋暂态分量$$

或　　　　　　　　　　　　$$全响应＝零状态响应＋零输入响应$$

以上两个表达式反映了线性电路的叠加定理。

**5. 三要素法**

三要素法是基于经典法的一种求解过渡过程的简便方法。对于直流电源激励的一阶电路，可用三要素法求解。三要素的一般公式可以表示为

$$f(t) = f(\infty) + \left[ f(0_+) - f(\infty) \right] e^{-\frac{t}{\tau}}$$

式中，$f(\infty)$ 为待求量的稳态值；$f(0_+)$ 为待求量的初始值；$\tau$ 为电路的时间常数。

# 习　　题

8.1　图示电路中，已知 $R_1=R_2=10\ \Omega$，$U_s=2\ \text{V}$，当 $t=0$ 时开关闭合，求 $i_1(0_+)$、$i_2(0_+)$、$i_L(0_+)$ 和 $u_L(0_+)$。

8.2　图示电路中，已知 $U_s=10\ \text{V}$，$R_1=10\ \Omega$，$R_2=5\ \Omega$，开关 S 闭合前电容电压为零，求开关闭合后的 $i_C(0_+)$。

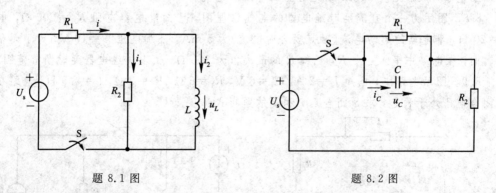

题 8.1 图　　　　　　　　　　　　题 8.2 图

8.3　图示电路中，已知 $U_s=1\ \text{V}$，$R_1=4\ \Omega$，$R_2=6\ \Omega$，$L=5\ \text{mH}$，求开关 S 打开后的 $i_L(0_+)$、$u_L(0_+)$ 和 $u_R(0_+)$。

8.4　图示电路中，已知 $U_s=10\ \text{V}$，$R_1=4\ \Omega$，$R_2=6\ \Omega$，$R_3=6\ \Omega$，开关 S 闭合前电容和电感都未储能，试求开关闭合后的 $i_1(0_+)$、$i_2(0_+)$、$i_3(0_+)$ 和 $u_L(0_+)$。

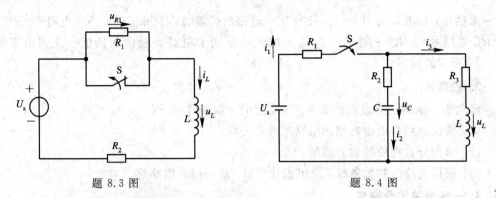

题 8.3 图　　　　　　　　　　　题 8.4 图

8.5　图示电路中，开关未动作前电路已处于稳态，在 $t=0$ 时，S 由"1"拨向"2"，电容 $C$ 便向 $R_2$ 放电，已知 $R_1=20\ \Omega$，$R_2=400\ \Omega$，$C=0.1\ \mu F$，$U=100\ V$，求：

（1）$u_C$ 和 $i_C$ 的表达式；

（2）放电电流的最大值；

（3）放电过程中，电阻 $R_2$ 吸收的能量。

8.6　图示电路中，已知 $C=50\ \mu F$，电容充电后储存的能量为 5 J，当 S 闭合后放电电流的初始值 $i(0_+)=0.5\ A$，求 $u_C(0_+)$、$R$ 和时间常数 $\tau$。

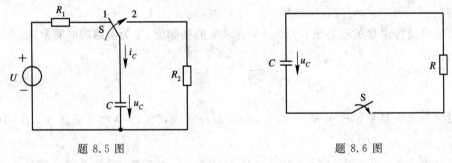

题 8.5 图　　　　　　　　　　　题 8.6 图

8.7　在 $RC$ 串联电路中，$R=1\ k\Omega$，$C=10\ \mu F$，$u_C(0_-)=0$，接在电压为 100 V 的直流电源上充电，试求充电 15 ms 时电容上的电压和电流。

8.8　图示为一个直流延时继电器的电气原理图。已知继电器电阻 $R_L=200\ \Omega$，电感 $L=20\ H$，继电器的起动电流（触点吸合时电流）为 5 mA，外加电压 $U=10\ V$，为了调整延迟时间，在电路中串入一个 $R$，已知 $R$ 的最大值为 300 $\Omega$。试求该继电器延时调节范围。

8.9　图示电路中，已知 $I_s=2\ A$，$U_s=6\ V$，$R_1=6\ \Omega$，$R_2=3\ \Omega$，$L=0.5\ H$，电路在开关闭合前已处于稳态，求 S 闭合后 $i$ 和 $u$ 的解析式。

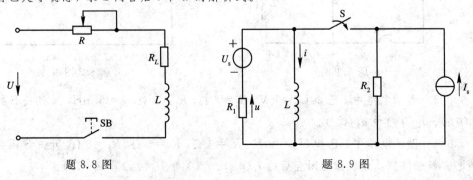

题 8.8 图　　　　　　　　　　　题 8.9 图

8.10　图示电路中，$U_s = 120$ V，$R_1 = 3$ kΩ，$R_2 = 6$ kΩ，$R_3 = 3$ kΩ，$C = 10$ μF，$u_C(0_-) = 0$，求 S 闭合后 $u_C$ 和 $i$ 的变化规律。

8.11　图示电路中，在 $t = 0$ 时开关由"1"拨向"2"，开关动作前电路已处于稳态，已知 $L = 3$ H，$R_1 = R_3 = 1$ Ω，$R_2 = 2$ Ω，$E_1 = E_2 = 3$ V，试用三要素法求 $i$ 和 $i_L$ 的表达式。

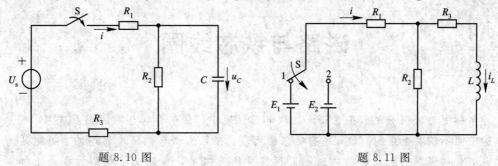

題 8.10 图　　　　　　　　　　題 8.11 图

8.12　图示电路中，已知 $R_1 = 2$ Ω，$R_2 = 1$ Ω，$L_1 = 0.01$ H，$L_2 = 0.02$ H，$U = 6$ V。

(1) 求 $S_1$ 接通后的 $i_1$ 表达式，并画出曲线。

(2) $S_1$ 接通 0.02 s 后接通 $S_2$，求 $i_1$ 和 $i_2$，并画出曲线。

8.13　图示电路中，已知 $U_s = 80$ V，$R_1 = R_2 = 10$ Ω，$L = 0.2$ H，先闭合开关 $S_1$，过 15 ms 后再将 $S_2$ 闭合，求 $S_2$ 闭合后再经多长时间电流 $i_L$ 达到 5.66 A。

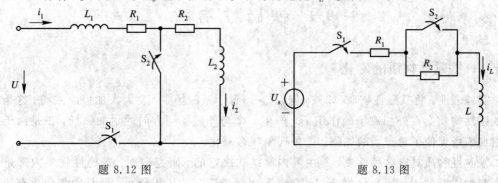

題 8.12 图　　　　　　　　　　題 8.13 图

8.14　图示电路中，已知 $I_s = 15$ mA，$R_1 = 2$ kΩ，$C = 3$ μF，$R_2 = 1$ kΩ，S 闭合前电路处于稳态，求 S 闭合后电阻 $R_2$ 上电流的变化规律。

8.15　图示电路中，$C = 20$ μF，初始时 $q_0 = 500$ μC，极性如图所示，已知 $R = 1$ kΩ，$U_s = 50$ V，$t = 0$ 时开关闭合，求 $i(t)$。

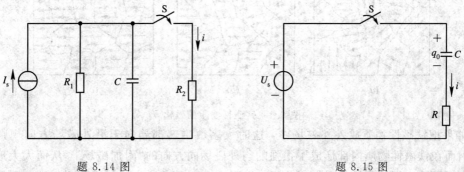

題 8.14 图　　　　　　　　　　題 8.15 图

# 第9章

# 磁路与铁芯线圈

　　电和磁是密不可分的。在电气设备和电工仪表中，存在着电与磁的相互联系、相互作用。这中间不仅有电路的问题，还有磁路的问题。在互感耦合电路中讨论的自感电压与互感电压，就是线圈中所铰链的磁通随时间变化而形成的，当时仅从电路的概念上加以分析。实际上在许多电气设备中，只用电路概念分析是不够的，有必要对磁路的概念和规律加以研究。

　　本章先介绍铁磁性物质的特性和磁路定律，再研究简单的磁路计算，交、直流铁芯线圈和电磁铁。

## 9.1　铁 磁 性 物 质

### 9.1.1　铁磁性物质的磁化

　　实验表明：将铁磁性物质（如铁、镍、钴等）置于某磁场中，会大大加强原磁场。这是由于铁磁性物质会在外加磁场的作用下，产生一个与外磁场同方向的附加磁场，正是由于这个附加磁场促使了总磁场的加强。这种现象叫做磁化。

　　铁磁性物质具有这种性质，是由其内部结构决定的。研究表明：铁磁性物质内部是由许多叫做磁畴的天然磁化区域所组成的。虽然每个磁畴的体积很小，但其中却包含有数亿个分子。每个磁畴中的分子电流排列整齐，因此每个磁畴就构成一个永磁体，具有很强的磁性。但未被磁化的铁磁性物质，磁畴排列是紊乱的，各个磁畴的磁场相互抵消，对外不显磁性，如图 9.1($a$)所示。

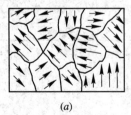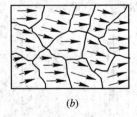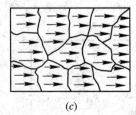

$(a)$　　　　　　　　　　$(b)$　　　　　　　　　　$(c)$

图 9.1　铁磁性物质的磁化

　　如果把铁磁性物质放入外磁场中，这时大多数磁畴都趋向于沿外磁场方向规则地排列，因而在铁磁性物质内部形成了很强的与外磁场同方向的"附加磁场"，从而大大地加强了磁感应强度，即铁磁性物质被磁化了，如图 9.1($b$)所示。当外加磁场进一步加强时，所有磁畴的磁轴都几乎转向外加磁场方向，这时附加磁场不再加强，这种现象叫磁饱和，如图 9.1(c)所示。非铁磁性物质（如铝、铜、木材等）由于没有磁畴结构，磁化程度很微弱。

铁磁性物质具有很强的磁化作用，因而具有良好的导磁性能，广泛用于电器设备中，如电机、变压器、电磁铁、电工仪表等，利用铁磁性物质的磁化特性，可以使这些设备体积小、重量轻、结构简单、成本降低。因此，铁磁性物质对电气设备的工作影响很大。

## 9.1.2 磁化曲线

不同种类的铁磁性物质，其磁化性能是不同的。工程上常用磁化曲线（或表格）表示各种铁磁性物质的磁化特性。磁化曲线是铁磁性物质的磁感应强度 $B$ 与外磁场的磁场强度 $H$ 之间的关系曲线，所以又叫 $B$-$H$ 曲线。这种曲线一般由实验得到，其实验电路如图 9.2 所示。

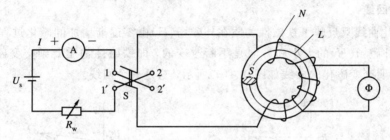

图 9.2 $B$-$H$ 曲线测量电路

图中，$U_s$ 为直流电源；$R_w$ 为可变电阻，用来调节回路电流 $I$ 的大小；双刀双掷开关 S 用来改变流过线圈的电流方向；右边的圆环是由被测铁磁性物质制成的，其截面积为 $S$，平均长度为 $L$；线圈绕在圆环上，匝数为 $N$；磁通计 $\Phi$ 用来测量磁路中磁通的大小。

由于 $B=\Phi/S$，$H=IN/L$，依次改变 $I$ 值，测量 $\Phi$ 值，可分别计算出 $B$ 和 $H$，绘出曲线，如图 9.3(a)所示。由于 $B=\mu H$，故绘出 $\mu$-$H$ 曲线，如图 9.3(b)所示。

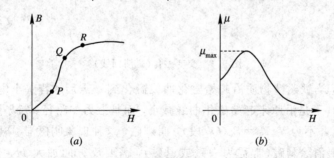

图 9.3 起始磁化曲线

### 1. 起始磁化曲线

图 9.3(a)所示的 $B$-$H$ 曲线是在铁芯原来没有被磁化，即 $B$ 和 $H$ 均从零开始增加时所测得的。这种情况下作出的 $B$-$H$ 曲线叫起始磁化曲线。起始磁化曲线大体上可以分为四段，即 $OP$、$PQ$、$QR$ 和 $R$ 点以后。下面分别加以说明。

（1）$OP$ 段：此段斜率较小，当 $H$ 增加时，$B$ 增加缓慢，这反映了磁畴有"惯性"，较小的外磁场不能使它转向为有序排列。

（2）$PQ$ 段：此段可以近似看成是斜率较大的一段直线。在这段中，随着 $H$ 加大，$B$ 增大较快。这是由于原来不规则的磁畴在 $H$ 的作用下，迅速沿着外磁场方向排列的结果。

（3）$QR$ 段：此段的斜率明显减小，即随着 $H$ 的加大，$B$ 增大缓慢。这是由于绝大部分磁畴已转向为外磁场方向，所以 $B$ 增大的空间不大。$Q$ 点附近叫做 $B$-$H$ 曲线的膝部。在膝部可以用较小的电流（较小的 $H$），获得较大的磁感应强度（$B$）。所以电机、变压器的铁芯常设计在膝部工作，以便用小电流产生较强的磁场。

（4）$R$ 点以后：$R$ 点后随着 $H$ 加大，$B$ 几乎不增大。这是由于几乎所有磁畴都已转向为外磁场方向，即使 $H$ 加大，附加磁场也不可能再增大。这个现象叫做铁磁性物质的磁饱和，$R$ 点以后的区域叫饱和区。

铁磁性物质的 $B$-$H$ 曲线是非线性的，$\mu(=B/H)$ 不是常数。而非铁磁性物质的 $B$-$H$ 曲线为直线，$\mu$ 是常数。

### 2. 磁滞回线

起始磁化曲线只反映了铁磁性物质在外磁场（$H$）由零逐渐增加的磁化过程。在很多实际应用中，外磁场（$H$）的大小和方向是不断改变的，即铁磁性物质受到交变磁化（反复磁化），实验表明交变磁化的曲线如图 9.4（$a$）所示，这是一个回线。

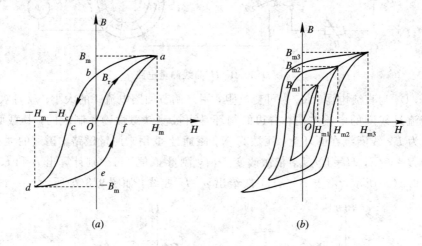

（$a$）　　　　　　　　　　　　　　　（$b$）

图 9.4　交变磁化（磁滞回线）

此回线表示，当铁磁性物质沿起始磁化曲线磁化到 $a$ 点后，若减小电流（$H$ 减小），$B$ 也随之减小，但 $B$ 不是沿原来起始磁化曲线减小，而是沿另一路径 $ab$ 减小，特别是当 $I=0$（即 $H=0$）时，$B$ 并不为零。$B=B_r$（$Ob$ 段），叫剩磁，这种现象叫磁滞。磁滞现象是铁磁性物质所特有的。要消除剩磁（常称为去磁或退磁），需要反方向加大 $H$，也就是 $bc$ 段，当 $H=-H_c$（$Oc$ 段）时，$B=0$，剩磁才被消除，此时的 $|-H_c|$ 叫做材料的矫顽力。$|-H_c|$ 的大小反映了材料保持剩磁的能力。

如果我们继续反向加大 $H$，使 $H=-H_m$，$B=-B_m$，再让 $H$ 减小到零（$de$ 段），再加大 $H$，使 $H=H_m$，$B=B_m$（$efa$ 段），这样反复，便可得到对称于坐标原点的闭合曲线，如图 9.4（$a$）所示，即铁磁性物质的磁滞回线（$abcdefa$）。

如果我们改变磁场强度的最大值（即改变实验所取电流的最大值），重复上述实验，就可以得到另外一条磁滞回线。图 9.4（$b$）给出了不同 $H_m$ 时的磁滞回线族。这些曲线的 $B_m$

顶点连线称为铁磁性物质的基本磁化曲线。对于某一种铁磁性物质来说，基本磁化曲线是完全确定的，它与起始磁化曲线差别很小，基本磁化曲线所表示的磁感应强度 $B$ 和磁场强度 $H$ 的关系具有平均的意义，因此工程上常用到它。

### 9.1.3 铁磁性物质的分类

铁磁性物质根据磁滞回线的形状及其在工程上的用途可以分为两大类，一类是硬磁（永磁）材料，另一类是软磁材料。

硬磁材料的特点是磁滞回线较宽，剩磁和矫顽力都较大。这类材料在磁化后能保持很强的剩磁，适宜制作永久磁铁。常用的有铁镍钴合金、镍钢、钴钢、镍铁氧体、锶铁氧体等。在磁电式仪表、电声器材、永磁发电机等设备中所用的磁铁就是用硬磁材料制作的。软磁材料的特点是磁导率高，磁滞回线狭长，磁滞损耗小。软磁材料又分为低频和高频两种。用于高频的软磁材料要求具有较大的电阻率，以减小高频涡流损失。常用的高频软磁材料有铁氧体等，如收音机中的磁棒、无线电设备中的中周变压器的磁芯，都是用铁氧体制成的。用于低频的有铸钢、硅钢、坡莫合金等。电机、变压器等设备中的铁芯多为硅钢片，录音机中的磁头铁芯多用坡莫合金。由于软磁材料的磁滞回线狭长，一般用基本磁化曲线代表其磁化特性，图 9.5 所示是软磁和硬磁材料的磁滞回线。

图 9.6 所示是几种常用铁磁性材料的基本磁化曲线，电气工程中常用它来进行磁路计算。

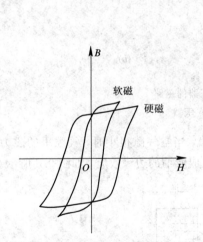

图 9.5 软磁和硬磁材料的磁滞回线

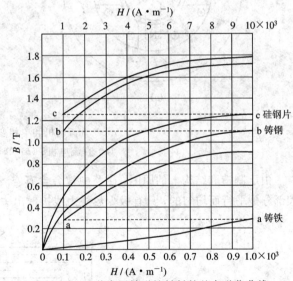

图 9.6 几种常用铁磁性材料的基本磁化曲线

## ✱ 思考题

1. 铁磁性物质为什么会有高的导磁性能？

2. 制造电喇叭时要用到永久磁铁，制造变压器时要用铁芯，试说明它们在使用铁磁性材料时有何不同。

3. 什么是基本磁化曲线？什么是起始磁化曲线？

4. 铁磁性材料的 $\mu$ 不是常数，$\mu$ 的最大值处在起始磁化曲线的哪个部位？

# 9.2　磁路和磁路定律

### 9.2.1　磁路

　　线圈中通过电流就会产生磁场，磁感应线会分布在线圈周围的整个空间。如果我们把线圈绕在铁芯上，由于铁磁性物质的优良导磁性能，电流所产生的磁感应线基本上都局限在铁芯内。如前所述，有铁芯的线圈在同样大小电流的作用下，所产生的磁通将大大增加。这就是电磁器件中经常采用铁芯线圈的原因。由于铁磁性材料的导磁率很高，磁通几乎全部集中在铁芯中，这个磁通称为主磁通。主磁通通过铁芯所形成的闭合路径叫磁路。图9.7(a)、(b)分别给出了直流电机和单相变压器的结构简图，虚线表示磁通路。

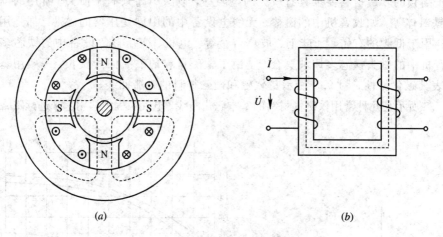

(a)　　　　　　　　　　　　　　　　　　(b)

图 9.7　直流电机和单相变压器的磁路

(a) 直流电机；(b) 单相变压器

　　由于制造和结构上的原因，磁路中常会含有空气隙，当空气隙很小时，气隙里的磁力线大部分是平行而均匀的，只有极少数磁力线扩散出去造成所谓的边缘效应，如图9.8所示。

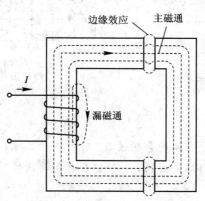

图 9.8　主磁通、漏磁通和边缘效应

另外,还会有少量磁力线不经过铁芯而经过空气形成磁回路,这种磁通称为漏磁通。漏磁通相对于主磁通来说,所占的比例很小,所以一般可忽略不计。与电路相类似,磁路也可分为无分支磁路和有分支磁路两种。图 9.7($a$)为有分支磁路,图 9.7($b$)为无分支磁路。

## 9.2.2　磁路定律

与电路类似,磁路也存在着固定的规律,推广电路的基尔霍夫定律可以得到有关磁路的定律。

### 1. 磁路的基尔霍夫第一定律

根据磁通的连续性,在忽略了漏磁通以后,在磁路的一条支路中,处处都有相同的磁通,进入包围磁路分支点闭合曲面的磁通与穿出该曲面的磁通是相等的。因此,磁路分支点(节点)所连各支路磁通的代数和为零,即

$$\sum \Phi = 0 \tag{9.1}$$

这就是磁路基尔霍夫第一定律的表达式。如图 9.9 所示,对于节点 $A$,若把进入节点的磁通取正号,离开节点的磁通取负号,则

$$\Phi_1 + \Phi_2 - \Phi_3 = 0$$

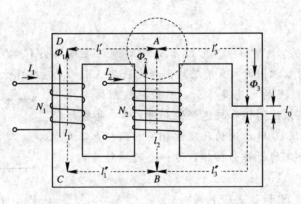

图 9.9　磁路示意图

### 2. 磁路的基尔霍夫第二定律

在磁路计算中,为了找出磁通和励磁电流之间的关系,必须应用安培环路定律。为此我们把磁路中的每一支路,按各处材料和截面不同分成若干段。在每一段中因其材料和截面积是相同的,所以 $B$ 和 $H$ 处处相等。应用安培环路定律表达式的积分 $\oint H \, \mathrm{d}i$,对任一闭合回路,可得到

$$\sum (Hl) = \sum (IN) \tag{9.2}$$

式(9.2)是磁路的基尔霍夫第二定律。对于如图 9.9 所示的 $ABCDA$ 回路,可以得出

$$H_1 l_1 + H_1' l_1' + H_1'' l_1'' - H_2 l_2 = I_1 N_1 - I_2 N_2$$

上式中的符号规定如下:当某段磁通的参考方向(即 $H$ 的方向)与回路的参考方向一致时,该段的 $Hl$ 取正号,否则取负号;励磁电流的参考方向与回路的绕行方向符合右手螺旋法

则时,对应的 $IN$ 取正号,否则取负号。

为了和电路相对应,我们把公式(9.2)右边的 $IN$ 称为磁通势,简称磁势。它是磁路产生磁通的原因,用 $F_m$ 表示,单位是安(匝)。等式左边的 $Hl$ 可看成是磁路在每一段上的磁位差(磁压降),用 $U_m$ 表示。所以磁路的基尔霍夫第二定律可以叙述为:磁路沿着闭合回路的磁位差 $U_m$ 的代数和等于磁通势 $F_m$ 的代数和,记作

$$\sum U_m = \sum F_m$$

### 9.2.3　磁路的欧姆定律

在上述的每一分段中均有 $B = \mu H$,即 $\Phi/S = \mu H$,所以

$$\Phi = \mu HS = \frac{Hl}{l/(\mu S)} = \frac{U_m}{l/(\mu S)} = \frac{U_m}{R_m} \tag{9.3}$$

式(9.3)叫做磁路的欧姆定律。式中, $U_m = Hl$ 是磁压降,在 SI 单位制中, $U_m$ 的单位为 A, $R_m = l/(\mu S)$ 的单位为 1/H,则 $\Phi$ 的单位为 Wb。

由上述分析可知,磁路与电路有许多相似之处。磁路定律是电路定律的推广。但应注意,磁路和电路具有本质的区别,绝不能混为一谈。主要表现在磁通并不像电流那样代表某种质点的运动;磁通通过磁阻时,并不像电流通过电阻那样要消耗能量,因此维持恒定磁通也并不需要消耗任何能量,即不存在与电路中的焦尔定律类似的磁路定律。

❋ **思考题**

1. 已知线圈电感 $L = \Psi/I = N\Phi/I$,试用磁路欧姆定律证明 $L = N^2 \mu S/l$,并说明如果线圈大小、形状和匝数相同时,有铁芯线圈和无铁芯线圈的电感哪个大?

2. 为什么空芯线圈的电感是常数,而铁芯线圈的电感不是常数?铁芯线圈在未达到饱和与达到饱和时,哪个电感大?

3. 有两个如图 9.10 所示结构和尺寸相同的圆环。环上都绕有线圈,其中一个环的材料为铸钢,另一个的材料为铜,当它们的匝数相同时,问:

(1) 两个环中的 $H$ 和 $B$ 是否相同?

(2) 如果分别在两环上开一个相同的缺口,两环中的 $H$ 和 $B$ 有何变化?

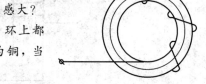

图 9.10　思考题 3 图

## 9.3　简单直流磁路的计算

所谓直流磁路,是指激磁电流大小和方向都不变化,在磁路中产生的磁通是恒定的,因此也叫恒定磁通磁路。在计算磁路时有两种情况:第一种是先给定磁通,再按照给定的磁通及磁路尺寸、材料求出磁通势,即已知 $\Phi$ 求 $NI$;另一种是给定 $NI$,求各处磁通,即已知 $NI$ 求 $\Phi$。本节只讨论第一种情况。

已知磁通求磁通势时,对于无分支磁路,在忽略了漏磁通的条件下穿过磁路各截面的磁通是相同的,而磁路各部分的尺寸和材料可能不尽相同,所以各部分截面积和磁感应强

度就不同，于是各部分的磁场强度也不同。在计算时一般应按下列步骤进行：

（1）按照磁路的材料和截面不同进行分段，把材料和截面相同的算作一段。

（2）根据磁路尺寸计算出各段截面积 $S$ 和平均长度 $l$。

注意，在磁路存在空气隙时，磁路经过空气隙会产生边缘效应，截面积会加大。一般情况下，空气隙的长度 $\delta$ 很小，空气隙截面积可由经验公式近似计算，如图 9.11 所示。

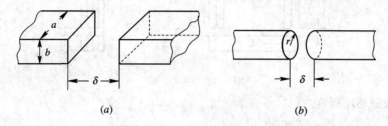

图 9.11　空气隙有效面积计算

（$a$）矩形截面；（$b$）圆形截面

对于矩形截面，有

$$S_a = (a+\delta)(b+\delta) \approx ab + (a+b)\delta \tag{9.4}$$

对于圆形截面，有

$$S_b = \pi\left(r + \frac{\delta}{2}\right)^2 \approx \pi r^2 + \pi r\delta \tag{9.5}$$

（3）由已知磁通 $\Phi$，算出各段磁路的磁感应强度 $B = \Phi/S$。

（4）根据每一段的磁感应强度求磁场强度，对于铁磁材料可查基本磁化曲线（如图 9.6 所示）。

对于空气隙可用以下公式：

$$H_0 = \frac{B_0}{\mu_0} = \frac{B_0}{4\pi \times 10^{-7}} \approx 0.8 \times 10^6 B_0 \,(\text{A/m}) = 8 \times 10^3 B_0 \,(\text{A/cm}) \tag{9.6}$$

（5）根据每一段的磁场强度和平均长度求出 $H_1 l_1$、$H_2 l_2$……

（6）根据基尔霍夫磁路第二定律，求出所需的磁通势。

$$NI = H_1 l_1 + H_2 l_2 + \cdots$$

**例 9.1**　已知磁路如图 9.12 所示，上段材料为硅钢片，下段材料是铸钢，求在该磁路中获得磁通 $\Phi = 2.0 \times 10^{-3}$ Wb 时，所需要的磁通势。若线圈的匝数为 1000 匝，激磁电流应为多大？

**解**　（1）按照截面和材料不同，将磁路分为三段 $l_1$、$l_2$、$l_3$。

（2）按已知磁路尺寸求出：

$$l_1 = 275 + 220 + 275 = 770 \text{ mm} = 77 \text{ cm}$$

$$S_1 = 50 \times 60 = 3000 \text{ mm}^2 = 30 \text{ cm}^2$$

$$l_2 = 35 + 220 + 35 = 290 \text{ mm} = 29 \text{ cm}$$

$$S_2 = 60 \times 70 = 4200 \text{ mm}^2 = 42 \text{ cm}^2$$

$$l_3 = 2 \times 2 = 4 \text{ mm} = 0.4 \text{ cm}$$

$$S_3 \approx 60 \times 50 + (60+50) \times 2 = 3220 \text{ mm}^2 = 32.2 \text{ cm}^2$$

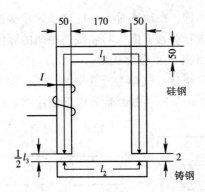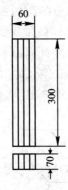

图 9.12　例 9.1 图

（3）各段磁感应强度为

$$B_1 = \frac{\Phi}{S_1} = \frac{2.0 \times 10^{-3}}{30} = 0.667 \times 10^{-4}\ \text{Wb/cm}^2 = 0.667\ \text{T}$$

$$B_2 = \frac{\Phi}{S_2} = \frac{2.0 \times 10^{-3}}{42} = 0.476 \times 10^{-4}\ \text{Wb/cm}^2 = 0.476\ \text{T}$$

$$B_3 = \frac{\Phi}{S_3} = \frac{2.0 \times 10^{-3}}{32.2} = 0.621 \times 10^{-4}\ \text{Wb/cm}^2 = 0.621\ \text{T}$$

（4）由图 9.6 所示硅钢片和铸钢的基本磁化曲线得

$$H_1 = 0.14 \times 10^3\ \text{A/m} = 1.4\ \text{A/cm}$$

$$H_2 = 0.15 \times 10^3\ \text{A/m} = 1.5\ \text{A/cm}$$

空气中的磁场强度为

$$H_3 = \frac{B_3}{\mu_0} = \frac{0.621}{4\pi \times 10^{-7}} = 494\ 176\ \text{A/m} \approx 4942\ \text{A/cm}$$

（5）每段的磁位差为

$$H_1 l_1 = 1.4 \times 77 = 107.8\ \text{A}$$

$$H_2 l_2 = 1.5 \times 29 = 43.5\ \text{A}$$

$$H_3 l_3 = 4942 \times 0.4 = 1976.8\ \text{A}$$

（6）所需的磁通势为

$$NI = H_1 l_1 + H_2 l_2 + H_3 l_3 = 107.8 + 43.5 + 1976.8 = 2128.1\ \text{A}$$

激磁电流为

$$I = \frac{NI}{N} = \frac{2128.1}{1000} \approx 2.1\ \text{A}$$

从以上计算可知，空气间隙虽很小，但空气隙的磁位差 $H_3 L_3$ 却占总磁势差的 93%，这是由于空气隙的磁导率比硅钢片和铸钢的磁导率小很多的缘故。

## ❋ 思考题

1. 有两个相同材料的芯子（磁路无气隙），所绕的线圈匝数相同，通以相同的电流，磁路的平均长度 $l_1 = l_2$，截面 $S_1 < S_2$，试用磁路的基尔霍夫定律分析 $B_1$ 与 $B_2$、$\Phi_1$ 与 $\Phi_2$ 的大小。

2. 一磁路如图 9.13 所示，图中各段截面积不同，试列出磁通势和磁位差平衡方程式。

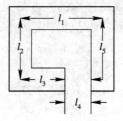

图 9.13　思考题 2 图

## 9.4　交流铁芯线圈及等效电路

所谓交流铁芯线圈，是指线圈中加入铁芯，并在线圈两端加正弦电压。本节主要讨论交流铁芯线圈的电压、电流、磁通以及等效电路。

### 9.4.1　电压、电流和磁通

交流铁芯线圈是用交流电来励磁的，其电磁关系与直流铁芯线圈有很大不同。在直流铁芯线圈中，因为励磁电流是直流，其磁通是恒定的，在铁芯和线圈中不会产生感应电动势。而交流铁芯线圈的电流是变化的，变化的电流会产生变化的磁通，于是会产生感应电动势，电路中电压电流关系也与磁路情况有关。影响交流铁芯线圈工作的因素有铁芯的磁饱和、磁滞和涡流、漏磁通、线圈电阻等，其中，磁饱和、磁滞和涡流的影响最大。下面分别加以讨论。

**1. 电压为正弦量**

在忽略线圈电阻及漏磁通时，选择线圈电压 $u$、电流 $i$、磁通 $\Phi$ 及感应电动势 $e$ 的参考方向如图 9.14 所示。

在图 9.14 中有

$$u(t) = -e(t) = \frac{\mathrm{d}\Psi(t)}{\mathrm{d}t} = N\frac{\mathrm{d}\Phi(t)}{\mathrm{d}t}$$

式中，$N$ 为线圈匝数。

在上式中，若电压为正弦量时，磁通也为正弦量。设 $\Phi(t) = \Phi_{\mathrm{m}}\sin\omega t$，则有

$$u(t) = -e(t) = N\frac{\mathrm{d}\Phi(t)}{\mathrm{d}t} = N\frac{1}{\mathrm{d}t}(\Phi_{\mathrm{m}}\sin\omega t)$$

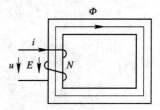

图 9.14　交流铁芯线圈各电磁量参考方向

$$= \omega N\Phi_{\mathrm{m}}\sin\left(\omega t + \frac{\pi}{2}\right)$$

可见，电压的相位比磁通的相位超前 90°，并且电压及感应电动势的有效值与主磁通的最大值关系为

$$U = E = \frac{\omega N\Phi_{\mathrm{m}}}{\sqrt{2}} = \frac{2\pi f N\Phi_{\mathrm{m}}}{\sqrt{2}} = 4.44 f N\Phi_{\mathrm{m}} \tag{9.7}$$

式(9.7)是一个重要公式。它表明：当电源的频率及线圈匝数一定时，若线圈电压的有效值不变，则主磁通的最大值 $\Phi_m$（或磁感应的强度最大值 $B_m$）不变；线圈电压的有效值改变时，$\Phi_m$ 与 $U$ 成正比变化，而与磁路情况（如铁芯材料的导磁率、气隙的大小等）无关。这与直流铁芯线圈不同，因为直流铁芯线圈若电压不变，电流就不变，因而磁势不变，磁路情况变化时，磁通随之改变。

考虑交流铁芯线圈的电流时，$i$ 和 $\Phi$ 不是线性关系，也就是说磁通正弦变化时，电流不是正弦变化的。因为在略去磁滞和涡流影响时，铁芯材料的 $B-H$ 曲线即是基本磁化曲线。在 $B-H$ 曲线上，$H$ 正比于 $i$，$B$ 正比于 $\Phi$，所以可以将 $B-H$ 曲线转化为 $\Phi-i$ 曲线，如图 9.15 所示。

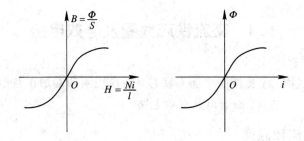

图 9.15  $B-H$ 曲线与 $\Phi-i$ 曲线

如前所述，设 $\Phi=\Phi_m \sin\omega t$，经过逐点描绘得 $i$ 的波形为尖顶波，如图 9.16 所示。

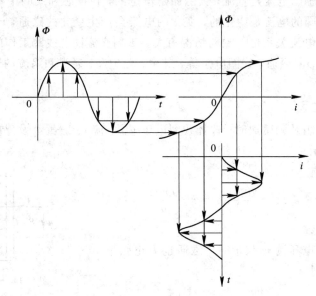

图 9.16  电流 $i$ 的波形的求法

电流波形的失真主要是由磁化曲线的非线性造成的。要减少这种非线性失真，可以减少 $\Phi_m$ 或加大铁芯面积，以减小 $B_m$ 的值，使铁芯工作在非饱和区，但这样会使铁芯尺寸和重量加大，所以工程上常使铁芯工作在接近饱和的区域。

$i(t)$ 的非正弦波形中含有奇次谐波，其中以三次谐波的成分最大，其它高次谐波成分可忽略不计。有谐波成分会给分析计算带来不便。所以实用中，常将交流铁芯线圈电流的非正弦波用正弦波近似地代替，以简化计算。这种简化忽略了各种损耗，电路的平均功率为零，磁化电流 $\dot{I}_m$ 与磁通 $\Phi$ 同相，比电压滞后 $90°$，相量图如图 9.17 所示。

由相量图知

$$\dot{\Phi}_m = \Phi_m \underline{/0°}$$

$$\dot{U} = -\dot{E} = \mathrm{j}4.44fN\dot{\Phi}_m$$

$$\dot{I}_m = I_m \underline{/0°}$$

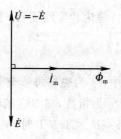

图 9.17 电压、电流相量图

**2. 电流为正弦量**

设线圈电流为

$$i(t) = I_m \sin\omega t$$

线圈的磁通 $\Phi(t)$ 的波形也可用逐点描绘的方法作出，如图 9.18 所示。

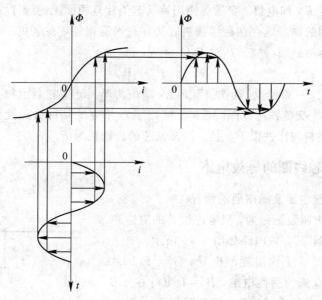

图 9.18 $i$ 为正弦量时 $\Phi$ 的波形

铁芯线圈的电流为正弦量时，由于磁饱和的影响，磁通和电压都是非正弦量，$\Phi(t)$ 为平顶波，$u(t)$ 为尖顶波，都含有明显的三次谐波分量。

像电流互感器这样的电气设备，会有电流为正弦波的情况，但大多数情况下铁芯线圈电压为正弦量。所以这里只讨论电压为正弦量的情况。

## 9.4.2 磁滞和涡流的影响

交流铁芯线圈在考虑了磁滞和涡流时，除了电流的波形畸变严重外，还要引起能量的损耗，分别叫做磁滞损耗和涡流损耗。产生磁滞损耗的原因是由于磁畴在交流磁场的作用下反复转向，引起铁磁性物质内部的摩擦，这种摩擦会使铁芯发热。产生涡流损耗是由于交变磁通穿过块状导体时，在导体内部会产生感应电动势，并形成旋涡状的感应电流（涡流），这个电流通过导体自身电阻时会消耗能量，结果也是使铁芯发热。

理论和实践证明，铁芯的磁滞损耗 $P_Z$ 和涡流损耗 $P_w$（单位为 W）可分别由下式计算：

$$P_Z = K_Z f B_m^n V \tag{9.8}$$

$$P_W = K_w f^2 B_m^2 V \tag{9.9}$$

式中，$f$ 为磁场每秒交变的次数（即频率），单位为 Hz。$B_m$ 为磁感应强度的最大值，单位为 T。$n$ 为指数，由 $B_m$ 的范围决定，当 $0.1\,T < B_m < 1.0\,T$ 时，$n \approx 1.6$；当 $0 < B_m < 0.1\,T$ 和 $1\,T < B_m < 1.6\,T$ 时，$n \approx 2$。$V$ 为铁磁性物质的体积，单位为 $m^3$。$K_Z$、$K_w$ 为与铁磁性物质性质结构有关的系数，由实验确定。

实际工程应用中，为降低磁滞损耗，常选用磁滞回线较狭长的铁磁性材料制造铁芯，如硅钢就是制造变压器、电机的常用铁芯材料，其磁滞损耗较小。为了降低涡流损耗，常用的方法有两种：一种是选用电阻率大的铁磁性材料，如无线电设备中就选择电阻率很大的铁氧体，而电机、变压器则选用导磁性好、电阻率较大的硅钢；另一种方法是设法提高涡流路径上的电阻值，如电机、变压器使用片状硅钢片且两面涂绝缘漆。

交流铁芯线圈的铁芯既存在磁滞损耗，又存在涡流损耗，在电机、电器的设计中，常把这两种损耗合称为铁损（铁耗）$P_{Fe}$，单位为 W，即

$$P_{Fe} = P_Z + P_W \tag{9.10}$$

在工程手册上，一般给出"比铁损"（$P_{FeO}$，单位为 W/kg），它表示每千克铁芯的铁损瓦值。例如，设计一个交流铁芯线圈的铁芯，使用了 $G$ 千克的某种铁磁性材料，如从手册上查出某种铁磁性材料的比铁损 $P_{FeO}$ 值，则该铁芯的总铁耗为 $P_{FeO} \cdot G$。

### 9.4.3 交流铁芯线圈的等效电路

#### 1. 不考虑线圈电阻及漏磁通的情况

不考虑线圈电阻及漏磁通，只考虑铁芯的磁饱和、磁滞、涡流的影响，其等效电路如图 9.19 所示。

图中，$G_0$ 是对应于铁损耗的电导，$G_0 = P_{Fe}/U^2$；$B_0$ 是对应于磁化电流的感性电纳，$B_0 = I_m/U$。$G_0$、$B_0$ 分别叫励磁电导与励磁电纳。各电流关系如下：

$$\dot{I}_a = G_0\dot{U}, \qquad \dot{I}_m = jB_0\dot{U}, \qquad \dot{I} = \dot{I}_a + \dot{I}_m$$

相量图如图 9.20 所示。

若将图 9.19 的并联模型等效转化为串联模型，则其效果如图 9.21 所示。

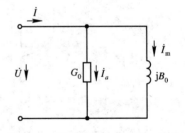

图 9.19 考虑磁饱和、磁滞、涡流
影响的等效电路

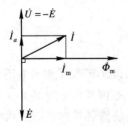

图 9.20 图 9.19 的相量图

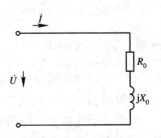

图 9.21 串联等效模型

应当说明，$G_0$、$B_0$、$R_0$、$X_0$ 都是非线性的，在不同的线圈电压下有不同的值。

**例 9.2** 将一个匝数 $N=100$ 的铁芯线圈接到电压 $U_s=220$ V 的工频正弦电源上，测得线圈的电流 $I=4$ A，功率 $P=100$ W。不计线圈电阻及漏磁通，试求铁芯线圈的主磁通 $\Phi_m$，串联电路模型的 $Z_0$，并联电路模型的 $Y_0$。

**解** 由 $U_s=4.44fN\Phi_m$ 得

$$\Phi_m = \frac{U_s}{4.44fN} = \frac{220}{4.44 \times 50 \times 100} = 9.91 \times 10^{-3} \text{ Wb}$$

$$Z_0 = R_0 + jX_0 = \frac{U}{I}\left/\arccos\frac{P}{UI}\right. = \frac{220}{4}\left/\arccos\frac{100}{220 \times 4}\right.$$

$$= 55\left/\underline{83.48°}\right. = 6.245 + j54.64 \text{ } \Omega$$

$$Y_0 = G_0 + jB_0 = \frac{1}{Z_0} = \frac{1}{55\left/\underline{83.48°}\right.} = 0.01818\left/\underline{-83.48°}\right.$$

$$= 2.065 \times 10^{-3} - j18.06 \times 10^{-3} \text{ S}$$

**2. 考虑线圈电阻及漏磁通**

线圈导线电阻 $R$ 的影响是引起电压降 $Ri$ 和功率损耗 $I^2R$。由于 $I^2R$ 是由于线圈本身电阻引起的，因而又称为铜耗（$P_{Cu}$）。因此，考虑了磁滞、涡流及线圈电阻后，铁芯线圈的总有功功率为

$$P = P_{Fe} + I^2R = P_{Fe} + P_{Cu} \tag{9.11}$$

由于漏磁通 $\Phi_s$ 的闭合路径中大部分为非铁磁性物质，因此漏磁通的磁阻可以认为是一个常数，漏磁链 $\Psi_s$ 与 $i$ 成正比。

令 $L_s$ 为漏磁电感，则

$$L_s = \frac{\Psi_s}{i} \tag{9.12}$$

$L_s$ 为常数，可由实验测出。漏磁通的变化引起的电压为 $U_s = L_s\dfrac{di}{dt}$。

考虑到以上因素后，铁芯线圈的电压为

$$u = Ri + L_s\frac{di}{dt} + N\frac{d\Phi}{dt}$$

将 $i$ 用等效正弦量代替，则铁芯线圈的电压相量平衡方程式为

$$\dot{U} = R\dot{I} + jX_s\dot{I} + \dot{U}'$$

其中

$$\left.\begin{array}{l} \dot{U}' = -\dot{E} = j4.44fN\dot{\Phi}_m \\ \dot{I} = \dot{I}_a + \dot{I}_m \\ X_s = \omega L_s \end{array}\right\} \tag{9.13}$$

$X_s$ 为漏磁电抗，$I$ 为总电流，$I_m$ 为励磁电流，$I_a$ 为有功分量。相量图及等效电路如图 9.22 所示。

**例 9.3** 在例 9.2 中，如线圈电阻为 $1$ $\Omega$，漏磁电抗 $X_s=2$ $\Omega$，试求主磁通产生的感应电动势 $E$ 及磁化电流 $I_m$。

**解** 原来不计 $R$、$X_s$，励磁阻抗为 $Z_0 = 6.245 + j54.64$ $\Omega$，按图 9.22($c$)，计入 $R=1$ $\Omega$，$X_s=2$ $\Omega$ 后的励磁阻抗为

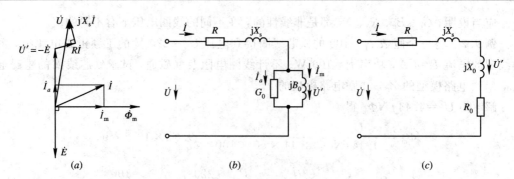

图 9.22　交流铁芯线圈模型

($a$) 矢量图；($b$) 并联模型；($c$) 串联模型

$$Z'_0 = R'_0 + jX'_0$$

则有

$$(R + R'_0) + j(X_s + X'_0) = 6.245 + j54.64 \ \Omega$$

故

$$Z'_0 = R'_0 + jX'_0 = (6.245 - 1) + j(54.64 - 2)$$

$$= 5.245 + j52.64 = 59.9 \underline{/84.31°} \ \Omega$$

主磁通产生的感应电动势为

$$E = | Z'_0 | \cdot I = 52.9 \times 4 = 211.6 \ V$$

磁化电流为

$$I_m = | B_0 ' | E$$

$$Y'_0 = G'_0 + jB'_0 = \frac{1}{Z'_0} = \frac{1}{52.9 \underline{/84.31°}}$$

$$= 1.874 \times 10^{-3} + j(-18.81) \times 10^{-3} \ S$$

将 $B'_0 = -18.81$ 代入 $I_m = |B'_0| E$，得

$$I_m = 18.81 \times 10^{-3} \times 211.6 = 3.98 \ A$$

从上例可知：$|\dot{U}| \approx |\dot{E}|$，$|\dot{I}_m| \approx |\dot{I}|$，说明 $RI$ 及 $X_s I$ 只占 $U$ 中很小的比例。因此，这几项在计算中常忽略。

### 9.4.4　伏安特性和等效电感

交流铁芯线圈的伏安特性是指线圈电压的有效值与电流有效值之间的关系。一般铁芯的铁耗和铜耗都很小，使得 $I_m \gg I_a$，$| B_0 | \gg G_0$，$X_0 \gg R_0$；加上漏抗电压远小于线圈电压，使得 $U \approx E$，所以对交流铁芯线圈作粗略分析时，可以只考虑磁饱和的影响，即可按 $\Phi - i$ 曲线确定的关系分析铁芯线圈。

由于交流铁芯线圈的 $U$ 正比于 $\Phi_m(= B_m S)$，又由于 $I$ 与 $H_m$ 成正比，因此交流铁芯线圈的 $U - I$ 曲线与铁芯材料的基本磁化曲线相似，如图 9.23 所示。

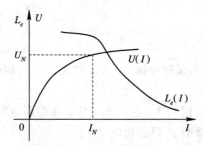

图 9.23　交流铁芯线圈的伏安关系

忽略了各种损耗时，交流铁芯线圈就可以用一个电感作电路模型，其电感量为

$$L_e = \frac{U}{\omega L} \tag{9.14}$$

由图 9.23 可见，$L_e$ 是非线性的。$L_e$ 的最大值在 $U-I$ 曲线的膝部。实际使用中，常将铁芯线圈的额定电压规定在伏安关系曲线的膝部，使铁芯接近于磁饱和状态。如果加在铁芯线圈上的电压稍大于额定电压，则电流急剧加大，极有可能烧坏线圈，这在使用中尤其要注意。

✱ **思考题**

1. 将一个空芯线圈先接到直流电源和交流电源上，然后在这个线圈中插入铁芯，如果交流电压的有效值和直流电压相等，分析这种情况下通过线圈的电流和功率的大小，并说明理由。

2. 将铁芯线圈接在直流电源上，当发生下列情况时，铁芯中电流和磁通有何变化？

(1) 铁芯截面增大，其它条件不变；

(2) 线圈匝数增加，线圈电阻及其它条件不变；

(3) 电源电压降低，其它条件不变。

3. 将铁芯线圈接到交流电源上，当发生上题中所述情况时，铁芯中的电流和磁通又如何变化？

4. 为什么变压器的铁芯要用硅钢片制成？用整块的铁芯行不行？

5. 一台变压器在修理后，铁芯中出现较大气隙，这对于铁芯的工作磁通以及空载电流有何影响？

# 9.5　电　磁　铁

电磁铁是利用通有电流的铁芯线圈对铁磁性物质产生电磁吸力的装置。它的应用很广泛，如继电器、接触器、电磁阀等。

图 9.24 是电磁铁的几种常见结构形式。它们都是由线圈、铁芯和衔铁三个基本部分组成的。工作时线圈通入励磁电流，在铁芯气隙中产生磁场，吸引衔铁，断电时磁场消失，衔铁即被释放。

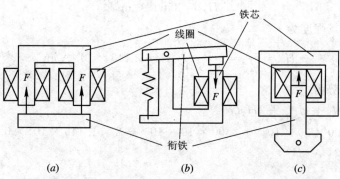

图 9.24　电磁铁的几种结构形式

(a) 马蹄式；(b) 拍合式；(c) 螺管式

从图9.24中的几种结构可知，电磁铁工作时，磁路中气隙是变化的。电磁铁按励磁电流不同，分为直流和交流两种。

### 9.5.1　直流电磁铁

直流电磁铁的励磁电流为直流。可以证明，直流电磁铁的衔铁所受到的吸力（起重力）由下式决定：

$$F = \frac{B_0^2}{2\mu_0}S = \frac{B_0^2}{2 \times 4\pi \times 10^{-7}}S \approx 4B_0^2 S \times 10^5 \tag{9.15}$$

式中，$B_0$ 为气隙的磁感应强度，单位为 T；$S$ 为气隙磁场的截面积，单位为 $m^2$；$F$ 的单位为 N。

由于是直流励磁，在线圈的电阻和电源电压一定时，励磁电流一定，磁通势也一定。在衔铁吸引过程中，气隙逐渐减小（磁阻减小），磁通加大，吸力随之加大，衔铁吸合后的吸引力要比吸引前大得多。

**例 9.4**　如图9.25所示的直流电磁铁，已知线圈匝数为4000匝，铁芯和衔铁的材料均为铸钢，由于存在漏磁，衔铁中的磁通只有铁芯中磁通的90%，如果衔铁处在图示位置时铁芯中的磁感应强度为1.6 T，试求线圈中电流和电磁吸力。

**解**　查图9.6，铁芯中磁感应强度 $B = 1.6$ T 时，磁场强度 $H_1 = 5300$ A/m。

铁芯中的磁通为

$$\Phi_1 = B_1 S_1 = 1.6 \times 8 \times 10^{-4}$$
$$= 1.28 \times 10^{-3} \text{ Wb}$$

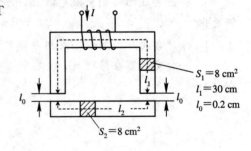

气隙和衔铁中的磁通为

$$\Phi_2 = 0.9\Phi_1 = 0.9 \times 1.28 \times 10^{-3}$$
$$= 1.152 \times 10^{-3} \text{ Wb}$$

图 9.25　例 9.4 图

不考虑气隙的边缘效应时，气隙和衔铁中的磁感应强度为

$$B_0 = B_2 = \frac{1.152 \times 10^{-3}}{8 \times 10^{-4}} = 1.44 \text{ T}$$

查图9.6，衔铁中的磁场强度为

$$H_2 = 3500 \text{ A/m}$$

气隙中的磁场强度为

$$H_0 = \frac{B_0}{\mu_0} = \frac{1.44}{47 \times 10^{-7}} = 1.146 \times 10^6 \text{ A/m}$$

线圈的磁通势为

$$NI = H_1 l_1 + H_2 l_2 + 2H_0 l_0$$
$$= 5300 \times 30 \times 10^{-2} + 3500 \times 10 \times 10^{-2} + 2 \times 1.146 \times 10^6 \times 0.2 \times 10^{-2}$$
$$= 6524 \text{ A}$$

线圈电流为

$$I = \frac{NI}{N} = \frac{6524}{4000} = 1.631 \text{ A}$$

电磁铁的吸力为

$$F = 4B_0^2 S \times 10^5 = 4 \times 1.44^2 \times 2 \times 8 \times 10^{-4} \times 10^5 = 1327 \text{ N}$$

### 9.5.2　交流电磁铁

交流电磁铁由交流电励磁，设气隙中的磁感应强度为

$$B_0(t) = B_m \sin\omega t$$

电磁铁吸力为

$$f(t) = \frac{B_0^2(t)}{2\mu_0}S = \frac{B_m^2 S}{2\mu_0}\sin^2\omega t = \frac{B_m^2 S}{2\mu_0}(1 - \cos 2\omega t)$$

作出 $f(t)$ 的曲线，如图 9.26 所示，$f(t)$ 的变化频率为 $B_0(t)$ 变化频率的 2 倍，在一个 $B_0(t)$ 周期中，$f(t)$ 两次为零。为衡量吸力的平均大小，计算其平均吸力 $F_{av}$，即

$$F_{av} = \frac{1}{T}\int_0^T f(t)\mathrm{d}t = \frac{1}{T}\int_0^T \frac{B_m^2 S}{4\mu_0}(1 - \cos 2\omega t)\mathrm{d}t$$

$$= \frac{B_m^2 S}{4\mu_0} \approx 2B_m^2 S \times 10^5 \tag{9.16}$$

最大吸力为

$$F_{max} = \frac{B_m^2 S}{2\mu_0} \tag{9.17}$$

可见，平均吸力为最大吸力的一半。

由图 9.26 可知，交流电磁铁吸力的大小是随时间不断变化的。这种吸力的变化会引起衔铁的振动，产生噪声和机械冲击。例如电源为 50 Hz 时，交流电磁铁的吸力在 1 s 内有 100 次为零，会产生强烈的噪声干扰和冲击。为了消除这种现象，在铁芯端面的部分面积上嵌装一个封闭的铜环，称做短路环，如图 9.27 所示。装了短路环后，磁通分为穿过短路环的 $\Phi'$ 和不穿过短路环的 $\Phi''$ 两个部分。由于磁通变化时，短路环内感应电流产生的磁通阻碍原磁通的变化，结果使 $\Phi'$ 的相位比 $\Phi''$ 的相位滞后 90°，这两个磁通不是同时到达零值，因而电磁吸力也不会同时为零，从而减弱了衔铁的振动，降低了噪声。

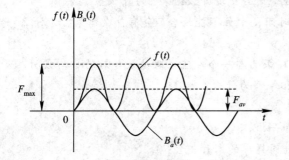

图 9.26　交流电磁铁吸力变化曲线

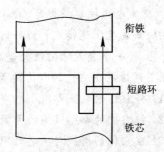

图 9.27　有短路环时的磁通

交流电磁铁安装短路环后，把交变磁通分解成两个相位不同的部分，这种方法叫做磁通裂相。短路环裂相是一种常用的方法，像电度表、继电器、单相电动机等电气设备中都有应用。

交流电磁铁不安装短路环，会引起衔铁振动，产生冲击。电铃、电推剪、电振动器就是利用这种振动制成的。

### 9.5.3　交流电磁铁的特点

如前所述，交流铁芯线圈与直流铁芯线圈有很大不同。主要是直流铁芯线圈的励磁电流由供电电压和线圈本身的电阻决定，与磁路的结构、材料、空气隙 $\delta$ 大小无关，磁通势 $NI$ 不变，磁通 $\Phi$ 与磁阻大小成反比。

而交流铁芯线圈在外加的交流电压有效值一定时，就迫使主磁通的最大值 $\Phi_m$ 不变，励磁电流与磁路的结构、材料、空气隙 $\delta$ 大小有关，磁路的气隙 $\delta$ 加大，磁阻 $R_m$ 加大，势必会引起磁通势 $NI$ 加大，也就是励磁电流 $I$ 加大。所以交流电磁铁在衔铁未吸合时，磁路空气隙很大，励磁电流很大；衔铁吸合后，气隙减小到接近于零，电流很快减小到额定值。如果衔铁因为机械原因卡滞而不能吸合，线圈中就会长期通过很大的电流，会使线圈过热烧坏，在使用中尤其应注意。

下面将交、直流电磁铁的特点作以比较，如表 9.1 所示。

表 9.1　直流电磁铁与交流电磁铁比较

| 内　　容 | 直流电磁铁 | 交流电磁铁 |
|---|---|---|
| 铁芯结构 | 由整块软钢制成，无短路环 | 由硅钢片制成，有短路环 |
| 吸合过程 | 电流不变，吸力逐渐加大 | 吸力基本不变，电流减小 |
| 吸合后 | 无振动 | 有轻微振动 |
| 吸合不好时 | 线圈不会过热 | 线圈会过热，可能烧坏 |

### ✹ 思考题

1. 如何根据电磁铁的结构来判断它是直流电磁铁还是交流电磁铁？

2. 如果把交流电磁铁误接到电压相同的直流电源上，会有什么结果？相反地，如果把直流电磁铁误接到电压相同的交流电源上，又会出现什么结果？为什么？

3. 交流电磁铁在吸合时，若衔铁长时间被卡住不能吸合，会有什么结果？为什么？直流电磁铁若发生上述情况，又如何？

4. 如果一个直流电磁铁吸合后的电磁吸力与一个交流电磁铁吸合后的平均吸力相等，那么在下列情况下它们的吸力是否仍然相等？为什么？

(1) 将它们的电压都减小一半；

(2) 将它们的励磁线圈的匝数都增加一倍；

(3) 在它们的衔铁与铁芯之间都填进同样厚的木片。

# 本　章　小　结

**1. 铁磁性物质**

(1) 铁磁性物质内部存在着大量的磁畴。在没有外加磁场时，磁畴排列是杂乱无章的，各个磁畴的作用相互抵消，因此对外不显磁性。在外磁场作用下，磁畴会沿着外磁场方向偏转，以致在较强外磁场作用下达到饱和(因 $\mu_x \gg 1$)。

(2) 磁滞回线是铁磁性物质所特有的磁特性。在交变磁场作用时，可获得一个对称于坐标原点的闭合回线，回线与纵轴的交点到原点的距离叫剩磁 $B_r$，与横轴的交点到原点的距离叫矫顽力 $H_c$。

(3) 磁滞回线族的正顶点连线叫基本磁化曲线。它表示了铁磁性物质的磁化性能，工程上常用它来作为计算的依据。常用铁磁性材料的基本磁化曲线可在工程手册中查得。

(4) 铁磁性材料的 $B$-$H$ 曲线是非线性的，所以铁芯磁路是非线性的。

**2. 磁路定律**

(1) 磁路欧姆定律：

$$\Phi = \frac{U_m}{R_m}$$

磁位差：

$$U_m = Hl$$

磁阻：

$$R_m = \frac{l}{\mu S}$$

(2) 磁路的基尔霍夫第一定律：

$$\sum \Phi = 0$$

磁路的基尔霍夫第二定律：

$$\sum (Hl) = \sum (NI)$$

**3. 磁路计算**

磁路计算分为两大类：正面问题，已知 $\Phi$ 求 $IN$；反面问题，已知 $IN$ 求 $\Phi$。

正面问题的解决步骤如下：

(1) 将磁路中材料相同、截面相等的部分划为一段，并算出截面积和平均长度。

(2) 由已知 $\Phi$ 求出各段的 $B$ 和 $H$ 值。(铁磁性材料查基本磁化曲线，空气隙 $H_a \approx 0.8 \times 10^6$ Ba。)

(3) 由 $\sum (NI) = \sum (Hl)$，求出所需的磁通势。

**4. 交流铁芯线圈**

(1) 交流铁芯线圈是一个非线性器件，其电阻上的电压和漏抗上的电压相对于主磁通的感应电动势而言是很小的，所以它的电压近似等于主磁通的感应电动势。交流铁芯线圈所加电压为正弦量时，主磁通的感应电动势可以看成是正弦量，即

$$\dot{U} \approx -\dot{E} = \text{j}4.44fN\dot{\Phi}_m$$

由于磁饱和的影响，如要产生正弦波的磁通，励磁电流为尖顶波。

(2) 由于磁滞和涡流的影响引起铁芯损耗，使电流波形发生畸变，并出现电流的有功分量 $\dot{I}_a$。励磁电流 $\dot{I}$ 为有功分量电流与磁化电流 $\dot{I}_m$ 之和，即

$$\dot{I} = \dot{I}_a + \dot{I}_m$$

铁芯损耗为磁滞损耗和漏流损耗之和。

（3）铁芯线圈的电压为

$$\dot{U} = (R + jX_s)\dot{I} + (-\dot{E})$$

（4）不计铁芯损耗的铁芯线圈，可用一个等效电感作为其电路模型，该电感的伏安特性与铁磁性材料的基本磁化曲线相似，是一个非线性电感，在磁化曲线的膝部其值最大。

### 5. 电磁铁

（1）直流电磁铁。衔铁所受的电磁吸力为

$$F = \frac{B_0^2}{2\mu_0}S = 4B_0^2 S \times 10^5$$

（2）交流电磁铁。衔铁所受的平均吸力为

$$F_{av} = 2B_m^2 S \times 10^5$$

# 习　　题

9.1　穿过磁极极面的磁通 $\Phi = 3.84 \times 10^{-3}$ Wb，磁极的边长为 8 cm，宽为 4 cm，求磁极间的磁感应强度。

9.2　已知电工用硅钢中的 $B = 1.4$ T，$H = 5$ A/cm，求其相对磁导率。

9.3　有一线圈的匝数为 1500 匝，套在铸钢制成的闭合铁芯上，铁芯的截面积为 10 cm²，长度为 75 cm，求：

（1）如果要在铁芯中产生 $1 \times 10^{-3}$ Wb 的磁通，线圈中应通入多大的直流电流？

（2）若线圈中通入 2.5 A 的直流电流，则铁芯中的磁通为多大？

9.4　一个交流铁芯线圈接在 220 V、50 Hz 的工频电源上，线圈上的匝数为 733 匝，铁芯截面积为 13 cm²，求：

（1）铁芯中的磁通和磁感应强度的最大值各是多少？

（2）若所接电源频率为 100 Hz，其它量不变，磁通和磁感应强度最大值各是多少？

9.5　如图所示磁路，铁芯由硅钢片制成，尺寸单位为 cm，线圈匝数为 2000 匝。若电流为 1 A，求气隙中的磁通。

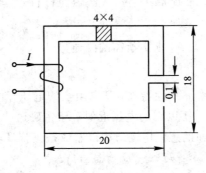

题 9.5 图

9.6　一个铁芯线圈接到 $U_s = 100$ V 的工频电源上，铁芯中的磁通最大值 $\Phi_m = 2.25 \times 10^{-3}$ Wb，试求线圈匝数。如将该线圈改接到 $U_s = 150$ V 的工频电源上，要保持 $\Phi_m$ 不变，试求线圈匝数。

9.7　有一个直流电磁铁，铁芯和衔铁的材料为铸钢，铁芯和衔铁的平均长度共为 50 cm，铁芯与衔铁的截面积均为 2 cm²。

(1) 气隙长度为 0.6 cm，试求吸力为 19.6 N 时的磁通势。

(2) 保持线圈电压不变时，试求吸合后的吸力。

(3) 吸合后在线圈中串入一个电阻，使电流减小一半，求吸力。

9.8　一个铁芯线圈在工频时的铁损为 1 kW，且磁滞和涡流损耗各占一半。如频率为 60 Hz，且保持 $B_m$ 不变，则铁损为多少？

9.9　将一个铁芯线圈接到电压 220 V、频率 50 Hz 的工频电源上，其电流为 10 A，$\cos\varphi=0.2$，若不计线圈的电阻和漏磁，试求线圈的铁芯损耗，作出相量图，并求出串联形式的等效电路参数 $R_m$ 及 $X_m$。

9.10　一个交流铁芯线圈，工作时额定电压为 220 V，铁芯中的磁通接近饱和。如果线圈上所加的电压增加 10%，试问线圈中的电流是否也增加 10%？

9.11　试从图 9.6 所示的基本磁化曲线上，确定下列情况的 $H$ 值或 $B$ 值：

(1) 已知硅钢片的 $B=1.6$ T，$H=$？

(2) 已知铸钢的 $B=1.6$ T，$H=$？

(3) 已知硅钢片的 $H=400$ A/m，$B=$？

(4) 已知铸钢的 $H=400$ A/m，$B=$？

# 附录

# 常用电工仪表简介

电工测量的主要任务是应用适当的电工仪表、仪器对电压、电流、功率、电阻等各种电量和电路参数进行测量。各种电气产品的生产、调试、鉴定和电气设备的运行、检测、维修等都离不开电工测量。测量仪表和测量技术的发展，促进了生产的发展，也为科学研究提供了有利条件。

电工仪表种类繁多，随着电子技术的发展，测量仪表正向着数字化、高精度、智能化、自动化的方向发展。而机电型指示仪表具有结构简单，价格低廉，稳定性好，可靠性高，使用维护方便等优点，仍有着广泛的应用。本书主要介绍机电型电工指示仪表的基本结构、工作原理和使用方法，有关数字仪表将在后续课程中介绍。

## 附录 A　常用电工指示仪表的一般知识

机电型电工指示仪表的特点是将被测量变换为仪表指针的偏转角，直接读出被测量的值。

**1. 指示仪表的分类和符号**

1) 按被测量的种类分类

指示仪表按被测量的种类分类，有电流表(又分为安培表、毫安表、微安表等)、电压表(又分为伏特表、毫伏表等)、功率表(又分为瓦特表、千瓦表等)，以及电能表、欧姆表等，如表 A.1 所示。

**表 A.1　常用指示仪表按被测量的种类分类**

| 被测量 | 仪表名称 | 仪表符号 |
|--------|----------|----------|
| 电　流 | 安培表 | Ⓐ |
|        | 毫安表 | ⓜA |
|        | 微安表 | μA |
|        | 检流表 | ↑ |
| 电　压 | 伏特表 | Ⓥ |
|        | 千伏表 | kV |
|        | 毫伏表 | mV |
| 电功率 | 瓦特表 | Ⓦ |
|        | 千瓦表 | kW |
| 电　阻 | 欧姆表 | Ω |
|        | 兆姆表 | MΩ |

2）按工作原理分类

指示仪表按工作原理分类，主要有磁电式仪表、电磁式仪表、电动式仪表等，如表A.2所示。

**表 A.2　指示仪表按工作原理分类**

| 工作原理 | 仪表类型 | 代表符号 |
|---|---|---|
| 载流线圈在永久磁铁磁场中受到力的作用 | 磁电式 |  |
| 通电线圈对铁片的作用 | 电磁式 |  |
| 两个通电线圈的相互作用 | 电动式 | 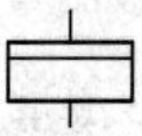 |

3）按被测电流种类分类

电工仪表按被测电流的种类分为直流仪表、交流仪表和交直流两用仪表，如表 A.3所示。

**表 A.3　电工仪表按被测电流种类分类**

| 被测电流种类 | 仪表名称 | 符　号 |
|---|---|---|
| 直流 | 直流表 | — |
| 交流 | 交流表 | ∼ |
| 直流、交流 | 交直流两用表 | ≃ |

4）按准确度分类

目前我国生产的指示仪表按准确度分为 0.1、0.2、0.5、1.0、1.5、2.5 和 5.0 七个等级。数值越大，仪表的准确度越低，其中 0.1、0.2 级用作计量标准仪表，0.5、1.0 级用于实验室，1.5、2.5、5.0 级用于一般的工程测量。仪表的准确度意义及符号如表 A.4 所示。

**表 A.4　指示仪表的准确度和基本相对误差**

| 准确度等级 | 基本相对误差 | 符　号 |
|---|---|---|
| 0.1 | ±0.1% | ⓪.1 |
| 0.2 | ±0.2% | ⓪.2 |
| 0.5 | ±0.5% | ⓪.5 |
| 1.0 | ±1.0% | ①.0 |
| 1.5 | ±1.5% | ①.5 |
| 2.5 | ±2.5% | ②.5 |
| 5.0 | ±5.0% | ⑤.0 |

在指示仪表的面板上，除标注有仪表类型、电流类型、准确度等级等符号外，还标有仪表的绝缘耐压强度和规定的放置符号等，如表 A.5 所示。

表 A.5　指示仪表的耐压强度和放置符号

| 符　　号 | 意　　义 |
|---|---|
| ⚡ 2 kV | 仪表耐压试验电压 2 kV |
| ↑ | 仪表垂直放置(安装) |
| → | 仪表水平放置(安装) |
| /60° | 仪表倾斜 60°放置(安装) |

**2. 测量误差和量程选择**

任何仪表在测量中得到的读数 $A_x$ 与被测量的实际值 $A_0$ 之间总存在着一定的误差。仪表的指示值与被测量实际值之差 $\Delta A = A_x - A_0$，称为仪表的绝对误差；$\dfrac{\Delta A}{A_0} \times 100\%$ 称为仪表的相对误差。测量误差由仪表本身存在的基本误差(即由仪表结构不精确造成的固有误差)和外界因素(如温度影响、电磁干扰、测量方法不当、读数不准确等)引起的附加误差两部分组成。为了减小附加误差，应采取必要的措施，即正确使用仪表。在正确使用仪表的情况下，可以认为测量误差仅由基本误差构成。

指示仪表的准确度是指仪表在正常条件下进行测量时可能产生的最大绝对误差 $\Delta A_m$ 与仪表的量程(满标值)$A_m$ 之比，通常用百分数表示，即

$$\gamma = \frac{\Delta A_m}{A_m} \times 100\%$$

根据仪表的准确度可以确定测量的误差。例如在正常使用条件下，用 0.5 级量程为 10 A 的电流表测量电流时，可能产生的最大绝对误差为

$$\Delta A = \gamma A_m = \pm 0.5\% \times 10 = \pm 0.05 \text{ A}$$

通常，可以认为最大绝对误差是不变的。如用上述仪表测量 8 A 的电流时，相对误差为 $\dfrac{\pm 0.05}{8} \times 100\% = \pm 0.625\%$。而用它来测量 1 A 电流时，则相对误差为 $\dfrac{\pm 0.05}{1} \times 100\% = \pm 5\%$。由此可知，对于一只确定的仪表，测量值越小，其测量的准确性越低。因此在选用仪表的量程时，希望被测量的值接近满标值。但要防止超出仪表满标值而损坏仪表，一般使被测量的值为满标值的 2/3 左右为宜。

# 附录 B　常用指示仪表的工作原理

**1. 指示仪表的基本结构**

各种指示仪表主要由驱动装置、反作用装置和阻尼装置三部分组成。

(1) 驱动装置。驱动装置是利用仪表中通过电流所产生的电磁作用力驱动指针偏转。驱动力矩的大小与通入的电流成正比。常见的驱动机构原理已列于表 A.2 中，后面将具体介绍。

(2) 反作用装置。如果仅有驱动力矩，那么仪表的指针只能指向满偏或停在零位，不能指示被测量的大小。要使指针能根据被测量的大小产生相应的偏转，必须有反作用力矩与驱动力矩相平衡。反作用力矩一般由弹簧弹力、电磁力或重力来产生。图 B.1 是一种常

见的利用螺旋弹簧(常称为游丝)来产生反作用力的装置。图中 $T_M$ 表示电磁力矩，$T_B$ 表示反作用力矩，其中 $T_M$ 由通过仪表的电流决定，$T_B$ 由弹簧的转角 $\alpha$ 决定，且在一定 $\alpha$ 范围内，$T_B$ 正比于 $\alpha$。当 $T_M > T_B$ 时，指针向右偏转，$\alpha$ 加大，$T_B$ 加大，直到 $T_B = T_M$ 时，指针静止在一定位置上。

(3) 阻尼装置。由于转动部分有惯性，在测量时，指针从零位偏转到平衡位置时不会立即停止，而要在平衡位置附近振荡一段时间，这样读数时间长。为了让测量时指针很快地停止在平衡位置，还需要有一个与转动方向相反的阻尼力矩(或称制动力矩)，图 B.2 是常见的空气阻尼装置示意图。装在指针轴上的铝制翼片置于空气阻尼室内，当转动部分运动时，其动能因克服空气的阻力而消耗，减小了振动的可能性。此外，还有采用液体或电磁阻尼的结构。

指示仪表除了上述的驱动装置、反作用装置和阻尼装置外，还有指针刻度盘，以及作为保护和支承测量机构的外壳等。

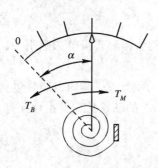

图 B.1 用螺旋弹簧产生的反作用力矩

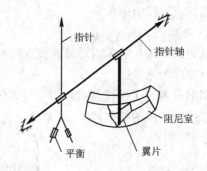

图 B.2 空气阻尼装置示意图

### 2. 指示型仪表的工作原理

1) 磁电式仪表

磁电式仪表又称永磁式仪表，其测量机构如图 B.3 所示。

在固定的永久磁铁的极掌与圆柱形铁芯之间的气隙中，放置着绕在铝框上的可动线圈，当被测电流 $I$ 通过可动线圈时，载流线圈与永久磁铁的磁场相互作用，产生电磁力，形成驱动力矩，带动指针偏转。驱动力矩 $T_M$ 与电流 $I$ 成正比，即 $T_M = K_1 I$，其中 $K_1$ 是比例常数，由仪表电磁参数决定。

当指针偏转时，与指针转轴相连的螺旋弹簧被扭转而产生一个反作用力矩 $T_B$，$T_B$

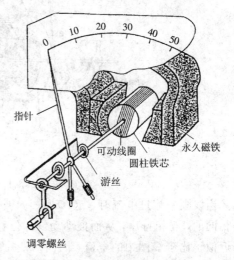

图 B.3 磁电式仪表的测量机构

与指针的偏转角 $\alpha$ 成正比，即 $T_B = K_2 \alpha$，其中 $K_2$ 是由弹簧刚度决定的常数。

当 $T_B = T_M$ 时，指针静止在一定位置上，于是

$$\alpha = \frac{K_1}{K_2} I = KI$$

　　由上式可见，磁电式仪表的指针偏转角是与线圈中的电流成正比的，因此可在刻度盘上均匀刻度，根据指针的偏转角就可读出被测电量的大小。当线圈中电流为零时，指针应指在零位。若不为零，可调整调零螺丝改变螺旋弹簧的变形量来调整。

　　这类仪表的阻尼力矩是由放置线圈的铝框产生的。由于铝框相当于一个闭合线圈，当它转动时，将切割永久磁铁的磁力线，在铝框内产生感应电流，这个电流在磁场中受到的力与转动方向相反，形成制动力矩，这是一种电磁阻尼装置。

　　如果给磁电式仪表的线圈中通以交流电，则因电流的方向不断变化，使得线圈受到的平均电磁力矩 $T_M = 0$，指针就不会偏转，所以磁电式仪表只能用来测量直流，而对于交流电量必须经过变换才能测量。

　　磁电式仪表的特点是永久磁铁可以用磁性很强的材料制造，线圈可以做得很小，故准确度高，耗能小，不易受到外界磁场的干扰，刻度均匀。但是电流要通过游丝，且一般动圈的导线很细，所以过载能力差，结构复杂，成本高。因此主要用于直流电流、电压的测量和作为指针式万用表的表头。

　　2）电磁式仪表

　　电磁式仪表也被称为动铁式或铁叶片式仪表。按其结构形式可分为吸引型、排斥型和吸引—排斥型三种。

　　图 B.4 绘出了圆线圈排斥型电磁式仪表的测量机构示意图。其固定部分包括线圈 1 和固定在线圈内壁的软铁片 2，可动部分包括固定在转轴上的动铁片 3 及指针 4 等。

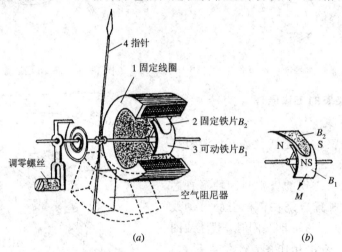

$$(a) \qquad\qquad\qquad (b)$$

图 B.4　圆线圈排斥型电磁式仪表测量机构

　　当线圈中流过电流时，定、动铁片均被电流产生的磁场磁化，它们同一侧磁化的极性是相同的，互相排斥，从而推动动铁片位移，带动指针偏转。由于定、动铁片被磁化的程度都近似正比于线圈中的电流，因而两铁片间的排斥力大小正比于线圈中电流的平方，同时由于动铁片的转动，使动、定铁片之间的位置有所变化，磁场分布也变化，于是驱动力矩 $T_M$ 还与铁片的转角 $\alpha$ 有关，即

$$T_M = K_1 I^2 f(\alpha)$$

式中，$K_1$ 为由线圈结构尺寸、铁片形状尺寸、铁片材料等决定的一个常数；$I$ 是流过线圈的电流；$f(\alpha)$ 是偏转角 $\alpha$ 的函数，一般情况下，$\alpha$ 越大，$f(\alpha)$ 越小。

和磁电式仪表一样，反作用力矩 $T_B = K_2\alpha$，也由螺旋弹簧产生。当驱动力矩与反作用力矩相平衡时，$T_B = T_M$，故有

$$\alpha = \frac{K_1 I^2}{K_2} f(\alpha) = K \cdot f(\alpha) \cdot I^2$$

电磁式仪表不但可以用来测量直流电，同时也可以用来测量交流电。因为电流方向变化时，两铁片的磁化极性同时反向，相互作用力的方向不变，如图 B.4($b$) 所示。当通过线圈的电流为 $i = \sqrt{2}\,I\,\sin\omega t$ 时，由于可动部分的惯性，它静止时的平衡位置决定于瞬时力矩在一个周期内的平均值，称为平均转矩 $T_{Mav}$，而 $f(\alpha)$ 只与 $\alpha$ 的大小有关，与时间无关，于是

$$T_{Mav} = \frac{1}{T}\int_0^T Kf(\alpha)i^2\,\mathrm{d}t = \frac{1}{T}Kf(\alpha)\int_0^T (\sqrt{2}\,I\,\sin\omega t)^2\,\mathrm{d}\omega t = Kf(\alpha)I^2$$

此式说明用电磁式仪表测量交流电时，仪表所指示的值与交流电流有效值的平方有关。

可见，电磁式测量机构可以测量直流，也可以测量交流（正弦的和非正弦的），测量交流时仪表刻度指示的是有效值。由于它的转动力矩与电流的平方成正比，又和偏转角有关，仅从转矩与电流的平方成正比来考虑，仪表的刻度是不均匀的，前密后疏。如果选择适当的铁片形状、尺寸及与线圈的距离，使 $\alpha$ 较小时的 $f(\alpha)$ 较大，而 $\alpha$ 大时的 $f(\alpha)$ 减小，就可以使后面的刻度不致太疏，在标尺的一定范围内，获得较为均匀的刻度。但这类仪表标尺的起始部分的刻度仍很密，在量限 20% 以内读数只能估计，误差很大，故一般不用这一部分的刻度。

电磁式仪表的特点是结构简单，成本低，交、直流两用，且电流只通过固定线圈，故过载能力强。不足的是刻度不均匀，又因仪表本身的磁场较弱，易受外界磁场影响，测量交流电时，还受铁片中磁滞和涡流的影响，故准确度不高。

3) 电动式仪表

电动式仪表又称为动圈式仪表，其测量机构如图 B.5 所示。电动式仪表主要由固定线圈和可动线圈构成。固定线圈分两部分绕在框架上，以产生匀强磁场。可动线圈安装在转轴上，它可以在固定线圈内转动，动圈的电流由游丝引入。

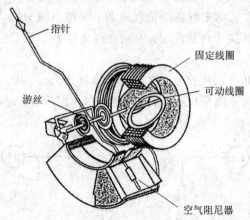

图 B.5　电动式仪表的测量机构

当固定线圈通入电流 $I_1$ 时产生磁场，由于线圈中没有铁磁性物质，其磁感应强度 $B$ 正比于电流 $I_1$，此时若在可动线圈中通入电流 $I_2$，则动圈在 $I_1$ 的磁场中受到作用力，产生

转动力矩 $T_M = K_1 I_1 I_2$。随着动圈的转动，螺旋弹簧产生反作用力矩 $T_B = K_2 \alpha$。当两个力矩相平衡时，有

$$T_M = K_1 I_1 I_2 = T_B = K_2 \alpha$$

即

$$\alpha = \frac{K_1}{K_2} I_1 I_2 = K I_1 I_2$$

可见，电动式仪表指针的偏转角 $\alpha$ 和两线圈电流之乘积成正比，如果电流 $I_1$、$I_2$ 的方向同时改变，则驱动力矩的方向不变，故电动式仪表既可以测量直流，也可以测量交流。

设通入两个线圈的电流分别为 $i_1 = \sqrt{2} I_1 \sin\omega t$ 和 $i_2 = \sqrt{2} I_2 \sin(\omega t + \varphi)$，则平均力矩为

$$
\begin{aligned}
T_{av} &= \frac{1}{T} \int_0^T K i_1 i_2 \, \mathrm{d}t \\
&= \frac{2k}{T} \int_0^T I_1 \sin\omega t \cdot I_2 \sin\omega t (\omega t + \varphi) \, \mathrm{d}t \\
&= K I_1 I_2 \cos\varphi
\end{aligned}
$$

上式中 $I_1$、$I_2$ 是交流电 $i_1$、$i_2$ 的有效值，$\varphi$ 是 $i_1$、$i_2$ 之间的相位差。

若 $I_1$ 与流过负载的电流成正比，$I_2$ 与加在负载上的电压成正比，则用电动式仪表可以测量直流电、交流电的功率。

电动式仪表的特点是：交、直流两用(可测电压、电流、电功率等)，且没有磁滞和涡流的影响，所以准确度较高。不足的是易受到外界磁场的干扰；动圈转动到不同位置时，它在定圈磁场中受到的力不同，所以刻度不均匀，另外动圈的过载能力不强，制造成本较高。

# 附录 C　电流、电压的测量

## 1. 电流的测量

测量电流时应把电流表串接在被测电路中，为了使电流表的串入不影响电路原有的工作状态，电流表的内阻应远小于电路的负载电阻。一般电流表的内阻越小越好，因此，使用时绝不允许将电流表并接于负载两端，否则会损坏仪表。

1) 直流电流的测量

测量直流电流一般用磁电式仪表。这种仪表的测量机构只能通过几微安到几十毫安的电流，因此在被测电流大于测量机构的允许电流时，就需要在表头两端并接一个称为分流器的低值电阻 $R_A$，如图 C.1 所示。

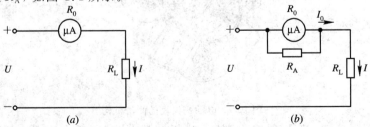

图 C.1　电流表与分流器

(a) 被测电流小于表头允许电流；(b) 被测电流大于表头允许电流

图 C.1 中 $R_0$ 为表头测量机构的总电阻，$I_0$ 为表头量程，$I$ 为被测电流，$R_A$ 为分流器（一般由锰铜丝或锰铜条制成）。由图示电路可知

$$R_A = \frac{R_0}{\dfrac{I}{I_0} - 1}$$

有些电流表是多量程的，它具有多种阻值的分流器。例如实验室常用的 CA19 - A 型 5 A、10 A 双量程电流表的内部电路如图 C.2 所示，它的分流电阻为 $R_{A1}$ 或 $R_{A1} + R_{A2}$。

使用直流电流表还应注意电流表的极性不可接反。标有"＋"号的接电流流入端，标有"－"号的接电流流出端。如果接反会使表针反转，甚至打弯。

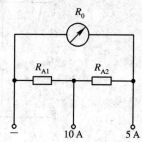

图 C.2　CA19 - A 双量程电流表内部电路

2）交流电流的测量

测量交流电流一般使用电磁式仪表，当要求测量较精确时应采用电动式仪表。由于仪表的线圈是感性的，一般不采用并联分流器的方法来扩大量程，常用的方法有两种，一种是采用改变固定线圈的接法，另一种是采用电流互感器。

图 C.3 为 TA 型 5 A、10 A 双量程电流表的内部接线图，串联接法时为 5 A 挡，并联为 10 A 挡。

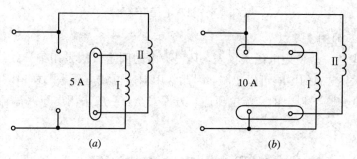

图 C.3　TA 型 5 A、10 A 双量程电流表内部接线图
(a) 串联接法；(b) 并联接法

## 2. 电压的测量

测量电压时应将电压表并接于被测电路两端。为了使电压表并入不影响电路原来的工作状态，要求电压表的内阻远大于负载电阻。若测量机构的电阻本身不大，则应在电压表内部串接有一个叫做附加电阻的 $R_v$。

1）直流电压的测量

直流电压的测量一般使用磁电式仪表。若电压表的量程大于被测电压，可直接测量；若电压表的量程小于被测电压，应在表头中串入附加电阻 $R_v$，如图 C.4 所示。图中 $R_0$ 为电压表表头内阻，$U$ 为被测电压，$U_0$ 为表头量程，由电路可知

$$R_v = R_0 \left( \frac{U}{U_0} - 1 \right)$$

对于多量程的电压表，内部备有可供选择的多种附加电阻。图 C.5 为一个三量程电压表的内部电路。

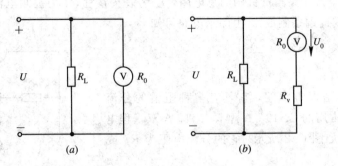

图 C.4　电压表与附加电阻

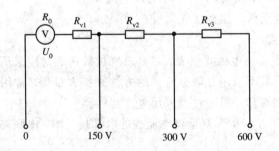

图 C.5　三量程电压内部电路

2）交流电压的测量

测量交流电压一般使用电磁式仪表，其表头内的固定线圈是用细导线绕成的，匝数很多，电阻值很大，电感的影响可以忽略，因此常用像磁电式电压表那样串联附加电阻 $R_v$ 来扩大量程。测量 600 V 以上的交流电压时，为了安全，一般采用电压互感器将电压降低进行测量。

# 附录 D　电功率的测量

电功率与电路中的电压、电流和功率因数有关，所以功率表必须有两个线圈，一个反映电压，一个反映电流。功率表通常由电动式仪表制成。由于固定的线圈导线可以做得很粗，匝数少，宜于串接在被测电路中，称为电流线圈；可动线圈导线细、匝数多，并串接有一定的附加电阻，一般并接在负载上，称为电压线圈。使用功率表时，电流、电压都不允许超过电流、电压线圈的量程，像电动式电流表、电压表一样，通过改变固定线圈的串、并联来改变电流线圈的量程，通过改变串接在可动线圈的附加电阻来改变电压线圈的量程。功率表内部接线和符号如图 D.1 所示。

## 1. 直流电功率的测量

直流电功率可以用电压表和电流表间接测量，也可以用功率表直接测量。功率表的接法如图 D.1 所示，电流线圈与负载串联，电压线圈与负载并联，不能接错，使用中还要注意电流线圈和电压线圈的始端标记"＊"或"±"，应把标有"＊"或"±"的始端接在电源的同一侧，否则指针将反转。

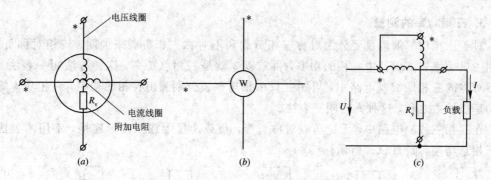

图 D.1　功率表及接线方法

(a) 内部接线图；(b) 符号；(c) 功率表的接线方法

由电动式仪表的原理知，指针偏转角 $\alpha$ 与两个线圈的电流乘积成正比，功率表电流线圈的电流就是负载电流 $I$，通过电压线圈的电流 $I_1$ 与负载电压 $U$ 成正比，因此功率表的指针偏转角 $\alpha$ 与电压电流的乘积 $UI$ 成正比，即与负载电功率成正比。

实际使用的功率表是多量程的，它只有一条标尺刻度，并标注了分格数 $\alpha_m$，功率表每一格所代表的瓦数称为分格常数 $C$，可按下式计算：

$$C = \frac{U_m I_m}{\alpha_m}$$

式中，$U_m$ 为功率表的电压量程，$I_m$ 为电流量程，$\alpha_m$ 为表盘的满刻度格数。测量时若指针偏转 $\alpha$ 格，则被测功率为 $P = C\alpha$。

**2. 单相交流电功率的测量**

由电动式仪表测量交流时的原理可知，其指针的偏转角 $\alpha$ 不但正比于两个线圈电流有效值的乘积，而且正比于两电流相位差的余弦。功率表的电压线圈本身电阻大，又串接有较大的附加电阻，其线圈感抗与电阻相比可以忽略不计，故可以认为电压线圈的电流与负载电压同相，而流过电流线圈的电流即为负载电流。流过两个线圈电流的相位差近似等于负载的功率因数角，所以电动式仪表指针的偏转角与交流电的有功功率成正比。

电动式功率表既可以测量直流电功率，也可以测量交流电功率，而且接线和读数方法完全相同。

图 D.2 所示为实验室使用的 115 型多量程单相功率表内部接线图，从图中可见，仪表的电压量程为 125 V、250 V 和 500 V 三挡，电流量程为 5 A 和 10 A 两挡。连接时应注意标有"±"的接线端应接在电源的同一侧及电流、电压量程的选择。

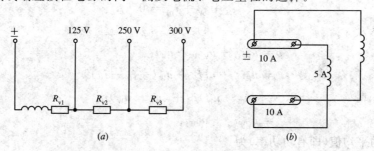

图 D.2　115 型多量程单相功率表内部接线图

(a) 电压线圈；(b) 电流线圈

### 3. 三相功率的测量

对于三相功率的测量要分为对称三相负载和不对称三相负载来说明。三相对称负载，可用一只功率表测出其中一相的功率，再乘以 3 就是三相总功率，这种方法叫一表法。三相不对称的三相四线制电路中，可用三只单相功率表分别测出各相的功率，三相功率等于各功率表读数之和，这种方法叫三表法。

在三相三线制电路中，无论负载对称与否，负载为星形或三角形连接，常用两表法测量三相总功率，如图 D.3 所示。

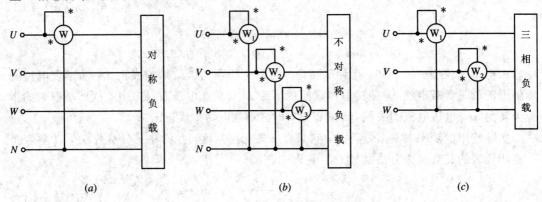

$(a)$　　　　　　　　　　$(b)$　　　　　　　　　　$(c)$

图 D.3　三相电功率的测量方法

为了分析方便，我们取三相负载作星形连接为例加以说明。图 D.4 是两表法测三相负载（星形接法）功率的电路原理图。

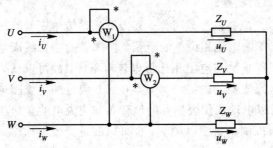

图 D.4　两表法测三相负载功率原理图

$(a)$ 对称负载一表法；$(b)$ 不对称负载三表法；$(c)$ 三相负载两表法

由于

$$i_U + i_V + i_W = 0$$

三相瞬时功率为

$$
\begin{aligned}
p &= u_V i_U + u_V i_V + u_W i_W \\
&= u_U i_U + u_V i_V + u_W(-i_U - i_V) \\
&= (u_U - u_W)i_U + (u_V - u_W)i_V \\
&= u_{UW} i_U + u_{VW} i_V
\end{aligned}
$$

则三相功率的平均值（即有功功率）为

$$P = \frac{1}{T}\int_0^T p\,\mathrm{d}t = \frac{1}{T}\int_0^T (u_{UW} i_U + u_{VW} i_V)\,\mathrm{d}t$$

当 $u_{UW}$、$u_{VW}$、$i_U$、$i_V$ 都是正弦量时，上式的平均值为

$$P = U_{UW}I_U\cos\varphi_1 + U_{VW}I_V\cos\varphi_2$$

式中，$U_{UW}$、$U_{VW}$ 为线圈电压的有效值，$I_U$、$I_V$ 为线圈电流的有效值，$\varphi_1$ 为 $U_{UW}$ 与 $I_U$ 的相位差，$\varphi_2$ 为 $U_{VW}$ 与 $I_V$ 的相位差。

分析图 D.14 所示两功率表的接法可知，第一只功率表的测量值为 $P_1 = U_{UW}I_U\cos\varphi_1$，第二只功率表的测量值为 $P_2 = U_{VW}I_V\cos\varphi_2$。

三相电路总的有功功率 $P$ 等于两表读数之和，即 $P = P_1 + P_2$。使用两表法可以测量三相电路总功率，但要注意接线，凡是有标注"＊"或"±"号的接线柱应接在电源或负载的同一侧，这种接法叫正接，总功率为两表功率之和。实际负载中，功率因数较低时，线电压与线电流的相位差可能大于 90°，其中一只功率表的指针会反偏，这时，应将电流线圈反接才能正常读数，总功率应为正接功率表的读数与反接功率表的读数之差。

实际的仪表中有一种三相功率表，它实质上是由两套仪表元件装在同一只表中，且两个动圈装在同一个转轴上构成的，如 D-33W 型三相功率表。用这种仪表可以直接测量三相电路的功率。

# 附录 E 电阻的测量

测量电阻的方法有间接法、欧姆表法、电桥法等。所谓间接法，就是用电压表和电流表分别测出电阻上的电压、电流，由欧姆定律计算出电阻值，也称为伏安法。电桥法是将被测电阻接入电桥电路中，与标准电阻进行比较，当电桥平衡时标准电阻的值就是被测电阻的值。这里仅介绍欧姆表法。

## 1. 欧姆表的基本原理

欧姆表是测量电阻的指示仪表，通常用磁电式测量机构构成表头。其基本电路如图E.1 所示。

图中 $U$ 为直流电源(一般是干电池)，$r$ 是串联电阻，$r_0$ 为表头内阻，$R_X$ 为被测电阻，当 $R_X$ 接入电路后，通过表头的电流 $I_C$ 为

$$I_C = \frac{U}{r + r_0 + R_X} = \frac{U}{R_0 + R_X}$$

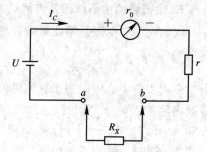

图 E.1 欧姆表原理图

其中，$R_0 = r + r_0$ 叫欧姆表的内阻。可见，当 $U$ 一定时，$I_C$ 随着 $R_X$ 而变化。当 $R_X$ 开路时，$I_C = 0$，指针不偏转，所以欧姆表标尺的最左端应指示为"∞"；当 $R_X = 0$ 即 $a$、$b$ 间短路时，$I_C$ 为最大。适当选择 $R_0$ 的数值，使表头电流正好等于满偏电流，标尺刻度的最右端应为 $0\ \Omega$。由 $I_C = \dfrac{U}{R_0 + R_X}$ 知，$I_C$ 与 $R_X$ 间不是线性关系，所以欧姆表的刻度是不均匀的。

## 2. 欧姆表的零欧姆调整器

由欧姆表的工作原理可知，电源电压变化将影响测量结果，欧姆表一般用干电池供电，其电池电压及内阻都很不稳定，因此用上述原理制成的欧姆表都设有零欧姆调整器，使用欧姆表时首先必须调零。

　　广泛采用的零欧姆调零电路有两种：一种是串联调零电路，另一种是分压调零电路。

　　(1) 串联调零电路如图 E.2 所示，用来调零的可调电阻 $r_2$ 与表头串联，电源电压降低时，总电流 $I_1$ 减小，表头电流会减小。若此时减小 $r_2$，使表头支路的电阻减小，电流加大，从而使 $R_X = 0$ 时，仍能使表头电流 $I_C$ 为满偏电流。如 MF10、MF14、MF30、MF47 等万用表都采用这种调零电路。

　　(2) 分压调零(或平衡调零)电路如图 E.3 所示，调零电位器 $r_2$ 的一部分电阻串入分流电路，另一部分串入表头电路。电压 $U$ 降低时，调整 $r_2$ 滑动触头向右滑动，于是串入表头的电阻减小，而串入分流电路的电阻增加，表头支路的电流 $I_C$ 增加，使 $R_X = 0$ 时，表头电流 $I_C$ 为满偏电流，从而抵消了电源电压 $U$ 下降的影响。如 MF9、MF18、500 型等万用表都使用这种调零电路。

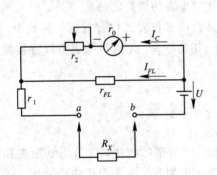

图 E.2　串联调零电路

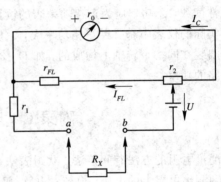

图 E.3　分压调零(平衡调零)电路

### 3. 欧姆表的中心电阻及电阻倍率的扩大

　　欧姆表中心电阻是指欧姆表标尺中心所指示的电阻值。在图 E.15 所示的基本电路中，当 $R_X = R_0$ 时，$I_C = \dfrac{1}{2} \dfrac{U}{R_0} = \dfrac{1}{2} I_0$（$I_0$ 为表头满偏电流），此时指针正好指在刻度尺的中心，所以欧姆表的中心电阻等于它的内阻。实际的仪表都采用了调零电路。如图 E.16 所示，其等效内阻是从 $a$、$b$ 两端看进去的总电阻。显然，调节 $r_2$ 时，等效内阻是变化的，但一般取 $r_1$ 很大，即 $r_1 \gg r_2 + r_0$、$r_1 \gg r_{fj}$，所以调整 $r_2$ 时对等效内阻的影响很小。特别是平衡调零电路，在调节 $r_2$ 时，等效内阻几乎不变，使调零后的测量误差更小。

　　欧姆表的刻度尺是不均匀的。设计仪表时，基本误差较小的范围局限在刻度尺的中心部分。尽管标尺刻度可从 0 到 $\infty$，但实际使用时，若偏离中心刻度太远，误差就会很大。因此，欧姆表一般都做成不同倍率的形式。

　　欧姆表的电阻倍率是十进位的，有 ×1、×10、×100、×1 k 以及 ×10 k 等几种。如 MF47 型万用表，在 ×1 时的中心电阻为 22 Ω，则其余各挡的中心电阻分别为 220 Ω、2.2 kΩ、22 kΩ 和 220 kΩ。读数时，将指示数乘以所用挡的倍率就是被测电阻值。

　　扩大电阻倍率的基本方法是用改变分流电阻的大小来改变电路的总电流，又保证流过表头的电流在 $R_X = 0$ 时仍为满偏电流。如图 E.4 所示，在 ×1 挡时设中心电阻为 22 Ω，×10 挡的中心电阻为 220 Ω。仪表内阻加大，电路的总电流将减小。要使 $R_X = R_0$ 时，指针仍指在中心刻度，就必须使 $r_4$ 大于 $r_3$，即要加大分流电阻。

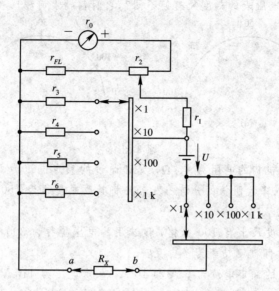

图 E.4 欧姆表扩大倍率的电路图

实际扩大倍率的方法还有一种叫做环形分流器电路，如图 E.5 所示，图中 $r_6 > r_5 > r_4 > r_3$，$r_9 > r_8 > r_7$，请读者自己分析。

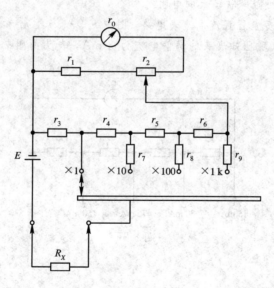

图 E.5 用环形分流器的欧姆表扩大倍率的电路图

# 习 题

1. 用量程为 50 V、准确度为 0.5 级的电压表分别测量 40 V 和 20 V 的电压，可能出现的最大相对误差分别是多少？

2. 用量程为 100 V、准确度为 1.0 级的电压表和用量程为 50 V、准确度为 1.5 级的电压表来测量 40 V 的电压时，其相对误差哪个大？

3. 如图所示，两电压表的刻度尺有何不同？它们各属于何种仪表？

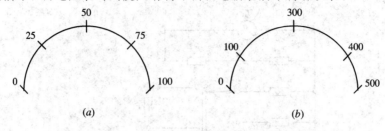

题 3 图

4. 某磁电式测量机构的电阻为 15 Ω，允许通过的额定电流为 5 mA，今欲将其改成 5 A 电流表，问需接入多大阻值的分流器？若要将其改成量程为 150 V 的电压表，问需接入多大的附加电阻？

5. 某功率表的刻度尺上有 100 分格，设选用的电压量程为 300 V，电流为 5 A，现读得偏转格数为 60 格，问被测功率为多少瓦？

6. 某单相功率表的额定电流为 5 A 和 10 A，额定电压为 110 V、220 V 和 440 V，满标值为 110 格，当用它来测量额定电压为 220 V，取用电流为 8 A 负载的功率时，指针在 70 格上，求该负载取用的功率和功率因数。

7. 某磁电式表头的满偏电流为 1 mA，等效内阻为 150 Ω，要将它改成中心电阻为 1200 Ω 的欧姆表，试问需串联多大的电阻？

8. 如图所示为一多量程直流电流表电路，图中 $r_1$、$r_2$、$r_3$、$r_4$ 和表头接成了一个环形，所以又叫环形分流器。现已知表头的满偏电流为 3 mA，表头内阻 $r_0 = 15$ Ω，试求 $r_1$、$r_2$、$r_3$、$r_4$。

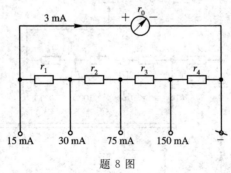

题 8 图

# 习 题 参 考 答 案

## 第 1 章

1.1 $(a)$ 10 V；$(b)$ $-20$ V；$(c)$ 0 V；$(d)$ 20 V

1.2 $O$ 为参考点时：$V_A=110$ V，$V_B=110$ V，$V_C=220$ V，$V_O=0$ V

$A$ 为参考点时：$V_A=0$ V，$V_B=0$ V，$V_C=110$ V，$V_O=-110$ V

1.3 $(a)$ 5 W(接受)；$(b)$ $-20$ W(实发出 20 W)；

$(c)$ 10 W(接受)；$(d)$ $-10$ W(实发出 10 W)

1.4 900 kW·h

1.5 600 V，180 W

1.6 6.25 W

1.7 0.5 A，200 $\Omega$

1.8 $(a)$ 50 V，60 V，5 A，50 W，25 W，$-300$ W

$(b)$ 10 V，10 A，5 A，$-100$ W，50 W，50 W

$(c)$ 10 V，10 V，20 V，0 A，5 A，5 A，0 W，50 W，50 W，$-100$ W

1.9 (1) 5 V，3 V，1 V；(2) 4 A，6 A，0 A

1.10 2.25 V

1.11 2 V

1.12 9 V

1.13 $I_{ba}=11$ A，$I_{bc}=6.5$ A，$I_{dc}=5$ A，$I_{da}=3.25$ A

$I_{ae}=14.25$ A，$I_{eb}=17.5$ A，$I_{ce}=11.5$ A，$I_{ed}=8.25$ A

1.14 $R=0$

## 第 2 章

2.1 $(a)$ 4 $\Omega$；$(b)$ 2 $\Omega$；$(c)$ 1 $\Omega$；$(d)$ 2 $\Omega$；$(e)$ 4 $\Omega$

2.2 (1) $R_1=\begin{cases}3\ \Omega\\6\ \Omega\end{cases}$，$R_2=\begin{cases}6\ \Omega\\3\ \Omega\end{cases}$

(2) 3 $\Omega$ 电阻的功率比为 9，6 $\Omega$ 电阻的功率比为 2.5

2.3 1 V

2.4 (1) 2 A；(2) 8 $\Omega$；(3) $-0.3333$ A

2.5 (1) 176 V；(2) 173 V；(3) 造成滑线电阻器和电流表损坏

2.6 $(a)$ 10 $\Omega$；$(b)$ 36 $\Omega$

2.7 4.29 A

2.8 4 A

2.9 (*a*) 8 V, 7.333 Ω，串联；(*b*) 2 V, 3 Ω，串联

2.10 $I_s=6$ A, $R=2$ Ω，并联

2.11 $I=5/6$ A

2.12 $I=0.7$ A, $U=-2.6$ V

2.13 0.5 A, 1 A, 1.5 A

2.14 2 A, 2 A, 4 A, 12 V

2.15 0.5 A, 1 A, 1.5 A

2.16 2.25 A, 1.75 A, 0.75 A, 1.25 A

2.17 6 A, $-1$ A, 2 A

2.18 21 V, $-5$ V, $-5$ V

2.19 S 打开：1.2 A, $-0.8$ A, $-0.4$ A

    S 闭合：2.32 A, 0.32 A, 0.72 A, 3.36 A

2.20 $I=4$ A, $U=6$ V

2.21 7.67 V

2.22 56.1 mA

2.23 12 A

2.24 0.1 A

2.25 (*a*) 8 V, 7.33 Ω；(*b*) 10 V, 3 Ω

2.26 6 V, 16 Ω

2.27 (1) $U_{ab}=-17$ V；(2) 19 Ω；(3) $I_{ab}=-17/19$ A；(4) 19 Ω

2.28 1.173 mA

2.29 $R_L=1.5$ Ω, $I_L=3$ A, $P_m=27$ W

# 第 3 章

3.1 (1) 0.2 A, 0.2 A, 0, 8 V；(2) $3.2\times10^{-3}$ J

3.2 $2.5\times10^{-4}$ J

3.3 (1) 波形图略(参考例 3.1)；(2) $20\times10^{-3}$ J, 0, $20\times10^{-3}$ J

3.4 120 V

3.5 3 μF, 8/3 μF

3.6 20 μF, 150 V

3.7 6 A, 0, 14.4 J

3.8 (1) $u_L=400\cos100t$ V；(2) 4 J

# 第 4 章

4.1 $u=310\sin\left(314t-\dfrac{\pi}{6}\right)$ V

4.2 $u=310\sin\left(\omega t+\dfrac{\pi}{3}\right)$ V

4.3　$I_m=20$ A, $\omega=1000\pi$, $f=500$ Hz, $T=0.002$ s, $\theta_i=-\dfrac{2\pi}{3}$

4.4　$u=310\sin\left(\omega t-\dfrac{\pi}{6}\right)$ V

4.5　$\dfrac{\pi}{6}$, $\dfrac{\pi}{2}$

4.6　$\theta_1=\dfrac{\pi}{3}$, $\theta_2=-\dfrac{\pi}{3}$, $\varphi_{12}=\dfrac{2\pi}{3}$, $u_1$ 超前于 $u_2$ $\dfrac{2\pi}{3}$

4.7　$i_1=\sin(\omega t+90°)$ A, $i_2=2\sin(\omega t+30°)$ A, $i_3=3\sin(\omega t-120°)$ A

4.8　$u_A$ 超前于 $u_B$ $\dfrac{5\pi}{6}$, 滞后于 $u_C$ $\dfrac{\pi}{2}$

4.9　$I_m=100$ A, $I=50\sqrt{2}$ A, $U_m=220$ V, $U=110\sqrt{2}$ V

4.10　7 个

4.11　$i=20\sqrt{2}\sin\left(120\pi t+\dfrac{\pi}{6}\right)$ A

4.12　略

4.13　略

4.14　略

4.15　$\dot{U}_1=220\,\underline{/120°}$ V, $\dot{I}_1=10\,\underline{/60°}$ A, $\dot{U}_2=220\,\underline{/160°}$ V, $\dot{I}_2=5\,\underline{/0°}$ A

4.16　$u_1=220\sqrt{2}\sin\left(314t+\dfrac{\pi}{6}\right)$ V, $i_1=10\sqrt{2}\sin(314t-50°)$ A

　　　$u_2=110\sqrt{2}\sin(314t-90°)$ V, $i_2=10\sqrt{2}\sin(314t+53.1°)$ A

4.17　$\dot{I}_1=10\sqrt{2}\,\underline{/0°}$ A, $\dot{I}_2=10\sqrt{2}\,\underline{/90°}$ A, $\dot{I}=20\,\underline{/45°}$ A

　　　$A_1=10\sqrt{2}$ A, $A_2=10\sqrt{2}$ A, $A=20$ A

4.18　$u_1+u_2=220\sqrt{6}\sin(\omega t+90°)$ V, $u_1-u_2=220\sqrt{2}\sin\omega t$ V

4.19　略

4.20　$i=5\sin(314t-60°)$ A

4.21　4.55 A, 48.4 Ω

4.22　$25\sqrt{2}$ V, 125 W

4.23　$i=11\sqrt{2}\sin(100t-120°)$ A

4.24　$X_{L1}=47.1$ Ω, $X_{L2}=942.5$ Ω, $I_1=4.67$ A, $I_2=0.233$ A

　　　$Q_1=1027.6$ V·A, $Q_2=51.4$ V·A

4.25　$L=0.1$ H, $\theta_i=-60°$

4.26　$i_C=4.88\sin(314t+150°)$ A, $Q_C=-759.8$ V·A

4.27　$X_{C1}=31.8$ Ω, $X_{C2}=26.5$ Ω, $I_{C1}=6.9$ A, $I_{C2}=8.3$ A

　　　$Q_{C1}=-1522$ V·A, $Q_{C2}=-1826.4$ V·A

4.28　0, $20\sqrt{2}$ A

4.29　$50\sqrt{2}$ V, $50\sqrt{2}$ V

4.30　40 V，32 V

4.31　$|Z|=22\ \Omega$，$|Y|=0.045$ S，$\varphi=-120°$，$\varphi'=120°$

4.32　$0.01\ \underline{/-30°}$ S

4.33　$r=2\ \Omega$，$L=0.127$ H

4.34　$\dot I=10\ \underline{/66.9°}$ A

4.35　$X_C=6\ \Omega$

4.36　$Z=10\sqrt2\ \underline{/-45°}\ \Omega$，容性，$\dot I=10\ \underline{/75°}$ A，$\dot U_R=100\ \underline{/75°}$ V

　　　$\dot U_L=50\ \underline{/165°}$ V，$\dot U_C=150\ \underline{/-15°}$ V

4.37　$Z=30\sqrt2\ \underline{/45°}\ \Omega$，$\dot I=0.25\ \underline{/-90°}$ A，$\dot U_R=7.5\ \underline{/-90°}$ V

　　　$\dot U_C=2.5\ \underline{/-180°}$ V，$\dot U=7.5\sqrt2\ \underline{/-45°}$ V

4.38　$\dot I_1=6.67\ \underline{/60°}$ A，$\dot I_2=15.6\ \underline{/-81.3°}$ A，$\dot I=11.2\ \underline{/-137°}$ A

4.39　$\dot U=80\ \underline{/-90°}$ V，$\dot I_R=26.7\ \underline{/-90°}$ A，$\dot I_L=20\ \underline{/-180°}$ A，$\dot I=28.6\ \underline{/-110.6°}$ A

4.40　$Y=0.14\ \underline{/-45°}$ S，感性，$\dot I=31\ \underline{/-45°}$ A，$\dot I_R=22\ \underline{/0°}$ A，

　　　$\dot I_L=44\ \underline{/-90°}$ A，$\dot I_C=22\ \underline{/90°}$ A

4.41　略

4.42　$\dot I_1=0.88\ \underline{/37.9°}$ A，$\dot I_2=0.62\ \underline{/-60.2°}$ A，$\dot U_0=19.2\ \underline{/-7.8°}$ V

4.43　$\dot I=2.84\ \underline{/8.2°}$ A，$\dot I_1=4.43\ \underline{/79.7°}$ A，$\dot I_2=4.44\ \underline{/-63.4°}$ A，$P=140.5$ W

4.44　略

4.45　略

4.46　$\dot U=20\sqrt2\ \underline{/75°}$ V，$\cos\varphi=\dfrac{\sqrt2}{2}$，$P=40$ W，$Q=40$ V·A，$S=40\sqrt2$ V·A

4.47　$R=30\ \Omega$，$L=0.127$ H，$Q=160$ V·A，$S=200$ V·A，$\cos\varphi=0.6$

4.48　$P=2420$ W，$Q=4191$ V·A，$S=4840$ V·A，$\cos\varphi=0.5$

4.49　$I=10$ A，$I'=5.95$ A，$\cos\varphi=0.84$

4.50　$C=4.5\times10^{-3}$ F

4.51　$C=196$ pF，$Q=56.5$

4.52　$f_0=531$ kHz，$Q=50$，$U_L=U_C=250$ mV

4.53　$L=0.1$ H，$C=10\ \mu$F

4.54　$R=0.2\ \Omega$，$L=4\times10^{-6}$ H，$C=0.01\ \mu$F

4.55　$R=1\ \Omega$，$Q=100$

4.56　略

# 第 5 章

5.1　$-2\dot U_V$；会出现环流现象，由于三角形绕组中的电流过大，将可能烧掉绕组（相量图略）

5.2　三个线电压的有效值不变；$U_{UV}=U_P$，$U_{VW}=\sqrt3 U_P$，$U_{WU}=U_P$（相量图略）

5.3　(1) 略

（2）相电流为

$$\dot{I}_U = 2.43 \underline{/-53.6°} \text{ A}$$

$$\dot{I}_V = 2.43 \underline{/-173.6°} \text{ A}$$

$$\dot{I}_W = 2.43 \underline{/66.4°} \text{ A}$$

负载端的相电压为

$$\dot{U}_{U'} = 121.5 \underline{/-0.5°} \text{ V}$$

$$\dot{U}_{V'} = 121.5 \underline{/-120.5°} \text{ V}$$

$$\dot{U}_{W'} = 121.5 \underline{/119.5°} \text{ V}$$

（3）略

5.4  相电流为

$$\dot{I}_{UV} = 3.8 \underline{/-53.1°} \text{ A}$$

$$\dot{I}_{VW} = 3.8 \underline{/-173.1°} \text{ A}$$

$$\dot{I}_{WU} = 3.8 \underline{/66.9°} \text{ A}$$

线电流为

$$\dot{I}_U = 6.58 \underline{/-83.1°} \text{ A}$$

$$\dot{I}_V = 6.58 \underline{/156.9°} \text{ A}$$

$$\dot{I}_W = 6.58 \underline{/36.9°} \text{ A}$$

5.5  17.32 A, 17.32 A, 17.32 A; 10 A, 10 A, 17.32 A

5.6  （1）线电流为

$$\dot{I}_U = 4.64 \underline{/-45.86°} \text{ A}$$

$$\dot{I}_V = 4.64 \underline{/-165.86°} \text{ A}$$

$$\dot{I}_W = 4.64 \underline{/74.14°} \text{ A}$$

（2）相电流为

$$\dot{I}_{U'V'} = 2.68 \underline{/-15.86°} \text{ A}$$

$$\dot{I}_{V'W'} = 2.68 \underline{/-135.86°} \text{ A}$$

$$\dot{I}_{W'U'} = 2.68 \underline{/104.14°} \text{ A}$$

（3）相电压为

$$\dot{U}_{U'V'} = 341.1 \underline{/29.32°} \text{ V}$$

$$\dot{U}_{V'W'} = 341.1 \underline{/-90.68°} \text{ V}$$

$$\dot{U}_{W'U'} = 341.1 \underline{/149.32°} \text{ V}$$

5.7  （1）取 U 相电路进行计算：

$$\dot{I}_U = 62.32 \underline{/-45°} \text{ A}$$

$$\dot{I}_V = 62.32 \underline{/-165°} \text{ A}$$

$$\dot{I}_W = 62.32 \underline{/75°} \text{ A}$$

（2）三角形负载的线电流为

$$\dot{I}_{U1} = 31.12 \underline{/-45°} \text{ A}$$

$$\dot{I}_{V1} = 31.12 \, \underline{/-165°} \text{ A}$$

$$\dot{I}_{W1} = 31.12 \, \underline{/75°} \text{ A}$$

星形负载的线电流为

$$\dot{I}_{U2} = 31.12 \, \underline{/-45°} \text{ A}$$

$$\dot{I}_{V2} = 31.12 \, \underline{/-165°} \text{ A}$$

$$\dot{I}_{W2} = 31.12 \, \underline{/75°} \text{ A}$$

(3) $Z_1$ 组负载的相电流为

$$\dot{I}_{U'V'} = 17.97 \, \underline{/-15°} \text{ A}$$

$$\dot{I}_{V'W'} = 17.97 \, \underline{/-135°} \text{ A}$$

$$\dot{I}_{W'U'} = 17.97 \, \underline{/105°} \text{ A}$$

$Z_1$ 组负载的相电压为

$$\dot{U}_{U'V'} = 228.72 \, \underline{/30°} \text{ V}$$

$$\dot{U}_{V'W'} = 228.72 \, \underline{/-90°} \text{ V}$$

$$\dot{U}_{W'U'} = 228.72 \, \underline{/150°} \text{ V}$$

5.8　(1) 取 $U$ 相电路进行计算：

$$\dot{I}_U = 19.48 \, \underline{/-48.4°} \text{ A}$$

$$\dot{I}_V = 19.48 \, \underline{/-168.4°} \text{ A}$$

$$\dot{I}_W = 19.48 \, \underline{/71.6°} \text{ A}$$

(2) $Z_1$ 组负载的线电流为

$$\dot{I}_{U1} = 14.42 \, \underline{/-50.52°} \text{ A}$$

$$\dot{I}_{V1} = 14.42 \, \underline{/-170.52°} \text{ A}$$

$$\dot{I}_{W1} = 31.12 \, \underline{/75°} \text{ A}$$

$Z_2$ 组负载的线电流为

$$\dot{I}_{U2} = 51 \, \underline{/-42.42°} \text{ A}$$

$$\dot{I}_{V2} = 51 \, \underline{/-162.42°} \text{ A}$$

$$\dot{I}_{W2} = 51 \, \underline{/77.88°} \text{ A}$$

(3) $Z_2$ 组负载的相电压

$$\dot{U}_{U'} = 72.11 \, \underline{/2.58°} \text{ V}$$

$$\dot{U}_{V'} = 72.11 \, \underline{/-119.42°} \text{ V}$$

$$\dot{U}_{W'} = 72.11 \, \underline{/122.58°} \text{ V}$$

(4) 负载侧的线电压为

$$\dot{U}_{U'V'} = 124.9 \, \underline{/32.58°} \text{ V}$$

$$\dot{U}_{V'W'} = 124.9 \, \underline{/-87.42°} \text{ V}$$

$$\dot{U}_{W'U'} = 124.9 \, \underline{/152.58°} \text{ V}$$

(5) 2651.7 W, 3275.5 V·A, 4214.3 V·A

5.9　(1) $\dot{I}_{UV} = 76 \, \underline{/-53.1°} \text{ A}$

$$\dot{I}_{VW} = 26.95 \ \underline{/-165°} \ A$$

$$\dot{I}_{WU} = 19 \ \underline{/30°} \ A$$

(2)　$\dot{U}_{UV} = 380 \ \underline{/0°} \ V$

　　$\dot{U}_{VW} = 380 \ \underline{/-120°} \ V$

　　$\dot{U}_{WU} = 380 \ \underline{/120°} \ V$

(3)　$P = 24.591 \ kW$

5.10　(1)　$\dot{I}_U = 5.5 \ \underline{/-90°} \ A$

　　　$\dot{I}_V = 5.5 \ \underline{/-120°} \ A$

　　　$\dot{I}_W = 5.5 \ \underline{/-150°} \ A$

　　(2)　$\dot{I}_N = 15 \ \underline{/-120°} \ A$

　　(3)　$P = 1210 \ W, \ Q = 0, \ S = 1210 \ V \cdot A$

5.11　(1)　$\dfrac{U_l}{|Z|}, \quad \dfrac{U_l}{(\sqrt{3} \ |Z|)}, \quad \sqrt{3}$

　　(2)　$\dfrac{\sqrt{3} U_l}{|Z|}, \quad \dfrac{U_l}{(\sqrt{3} \ |Z|)}, \quad 3$

　　(3)　$\dfrac{3 U_l^2}{|Z| \cos\varphi}, \quad \dfrac{U_l^2}{|Z| \cos\varphi}, \quad 3$

5.12　$R = 0.58 \ \Omega, \ X_L = 2.47 \ \Omega$

5.13　(1)　$\dot{I}_{UV} = 19 \ \underline{/0°} \ A$

　　　$\dot{I}_{VW} = 19 \ \underline{/-120°} \ A$

　　　$\dot{I}_{WU} = 19 \ \underline{/120°} \ A$

　　(2)　$\dot{U}_U = 380 \ \underline{/0°} \ V$

　　　$\dot{U}_V = 380 \ \underline{/-120°} \ V$

　　　$\dot{U}_W = 380 \ \underline{/120°} \ V$

　　(3)　21 660 W, 0, 21 660 V·A, 1

5.14　(1)　$\dot{I}_U = 11 \ \underline{/0°} \ A$

　　　$\dot{I}_V = 22 \ \underline{/-30°} \ A$

　　　$\dot{I}_W = 22 \ \underline{/66.9°} \ A$

　　(2)　$\dot{I}_N = 39.92 \ \underline{/13.27°} \ A$

　　(3)　$P = 5324 \ W, \ Q = -968 \ V \cdot A$

# 第 6 章

6.1　(1) 2.24 mH；(2) 0.67；(3) 4.47 mH

6.2　略

6.3　$u_{AB} = -30 \cos 100t \ V$

6.4　0.35 H

6.5　35.5 mH

6.6　(1) $20 \ \underline{/-60°} \ V$；(2) 略

6.7 $Z_i = 6.31 \underline{/19.3^\circ}\ \Omega$, $\dot{I} = 1.58 \underline{/-19.3^\circ}$ A

6.8 $7.79 \underline{/-51.5^\circ}$ A, $3.47 \underline{/150.3^\circ}$ A

6.9 22.2 A, 5.69 A, 21.4 A

6.10 15.6 V, 24.3 W

6.11 (1) $\sqrt{2}$ V, $0.2 + j2000\ \Omega$；(2) 0.707 mA

## 第 7 章

7.1 略

7.2 略

7.3 436.7 V, 53.75 V

7.4 10.8 W

7.5 240 W, 240 V·A, 379 V·A

7.6 $i_R(t) = 11.4 + 0.079\sin(\omega t - 7.4^\circ) + 0.0163\sin(2\omega t - 14.6^\circ)$ A

$u_R(t) = 160 + 1.1\sin(\omega t - 7.4^\circ) + 0.23\sin(2\omega t - 14.6^\circ)$ V

7.7 27.6 V, 3.93 A, 92.7 W

7.8 (1) 31.83 mH, 318.3 $\mu$F；(2) $-99.45^\circ$；(3) 515.4 W

7.9 1 H, 66.67 mH

7.10 9.3 $\mu$F, 75 $\mu$F

## 第 8 章

8.1 0.1 A, 0.1 A, 0, 1 V

8.2 2 A

8.3 $\frac{1}{6}$ A, $-\frac{2}{3}$ A, $\frac{2}{3}$ A

8.4 1 A, 1 A, 0, 6 V

8.5 $100e^{-2.5\times10^4 t}$ V, $0.25e^{-2.5\times10^4 t}$ A, 0.25 A, $5\times10^{-4}$ J

8.6 447.2 V, 894.4 $\Omega$, 0.045 S

8.7 77.7 V, 0.022 A

8.8 $10\sim11$ ms

8.9 $3 - 2e^{-4t}$, $6 - 4e^{-t}$

8.10 $60(1 - e^{-33.3t})$ V, $10(1 + e^{-33.3t})$ mA

8.11 $\frac{9}{5} - \frac{8}{5}e^{-\frac{5}{9}t}$ A, $\frac{6}{5} - \frac{12}{5}e^{-\frac{5}{9}t}$ A

8.12 $2(1 - e^{-100t})$ A, $1.73e^{-50t}$ A

8.13 18 ms

8.14 $10 + 20e^{-5\times10^5 t}$ A

8.15 $25e^{-50t}$ mA

## 第 9 章

9.1　1.2 T

9.2　2230

9.3　(1) 0.25 A；(2) 1.5×10$^{-3}$ Wb

9.4　1.04 T

9.5　2.1×10$^{-4}$ Wb

9.6　200，300

9.7　(1) 2456 A；(2) 197 N；(3) 148 N

9.8　1320 W

9.9　440 W，4.4 Ω，21.6 Ω

9.10　不是

9.11　(1) 4.2×10$^{3}$ A/m；(2) 5.0×10$^{3}$ A/m；(3) 1.05 T；(4) 0.78 T

## 附　　录

1. ±0.625%，±1.25%

2. ±2.5%，±1.875%

3. (a) 磁电式；(b) 电磁式或电动式

4. 0.015 Ω，29.985 kΩ

5. 900 W

6. 1408 W，0.8

7. 1050 Ω

8. $r_1$＝1.875 Ω，$r_2$＝1.125 Ω，$r_3$＝$r_4$＝0.375 Ω

# 参 考 文 献

[1]　邱关源. 电路. 3 版. 北京：高等教育出版社，1989

[2]　徐国凯. 电路原理. 北京：机械工业出版社，1997

[3]　姜钧仁，李礼勋. 电路基础：电路 I. 哈尔滨：哈尔滨工程大学出版社，1996

[4]　范世贵. 电路基础. 西安：西北工业大学出版社，2000

[5]　张洪让. 电工基础. 2 版. 北京：高等教育出版社，1990

[6]　陈正岳. 电工基础. 北京：水利电力出版社，1990